Quantenchemische Studien zur Struktur und Reaktivität von Carben- und Silylenverbindungen des Titaniums und Eisens

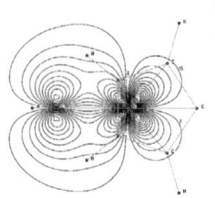

AF222669

Für Heike.

Quantenchemische Studien zur Struktur und Reaktivität von Carben- und Silylenverbindungen des Titaniums und Eisens

Von der Fakultät für Chemie und Physik der TU Bergakademie Freiberg

angenommene

Habilitationsschrift

zur Erlangung des akademischen Grades

doctor rerum naturalium habilitatus

(Dr. rer. nat. habil.)

vorgelegt

von Dr. rer. nat. Uwe Böhme

geboren am 29. 09. 1962   in Stollberg / Erzgebirge

eingereicht am 17. 12. 2003

Gutachter: Prof. Dr. R. Beckhaus

Prof. Dr. G. Frenking

Prof. Dr. G. Roewer

Tag der Verleihung 04. 06. 2004

Bibliografische Information Der Deutschen Bibliothek:
Die Deutsche Bibliothek verzeichnet diese Publikation in der Deutschen
Nationalbibliografie; detaillierte bibliografische Daten sind im Internet über
<http://dnb.ddb.de> abrufbar.

© 2004 Uwe Böhme
Herstellung und Verlag: Books on Demand GmbH, Norderstedt
ISBN 3-8334-2639-X

Inhaltsverzeichnis

Abkürzungsverzeichnis

AIM	Topologische Analyse der Elektronendichteverteilung in Molekülen (Atoms in Molecules)
BSSE	Basissatzüberlagerungsfehler (Basis Set Superposition Error)
CASSCF	Complete Active Space SCF
CCSD(T)	Coupled-Cluster-Methode mit Einfach- und Zweifachanregungen sowie nichtiterativer Näherung für Dreifachanregungen (Coupled Cluster Singles, Doubles and Triples)
CDA	Charge Decomposition Analysis (der englische Begriff ist auch im Deutschen üblich; sonst: Ladungszerlegungsanalyse)
CI	Konfigurationswechselwirkung (Configuration Interaction)
Cp	hapto^5-Cyclopentadienylanion, $C_5H_5^-$
Cp*	hapto^5-Pentamethylcyclopentadienylanion, $C_5Me_5^-$
DFT	Dichtefunktionaltheorie
EHT	Erweiterte Hückel-Theorie (Extended Hückel Theory)
ETS	Energy Transition-State, eine Methode der Bindungsanalyse
GTO	Gaußorbital (Gaussian Type Orbital)
HF	Hartree-Fock
HOMO	höchstes besetztes Molekülorbital (Highest Occupied Molecular Orbital)
LCAO	Linearkombination von Atomorbitalen (Linear Combination of Atomic Orbitals)
LUMO	tiefstes unbesetztes Molekülorbital (Lowest Unoccupied Molecular Orbital)
MCSCF	Multikonfigurations-SCF-Methode
MC/LMO/CI	kombiniertes Verfahren bestehend aus Multikonfigurations- / lokalisierter Molekülorbital- / Konfigurationswechselwirkungs-Methode
Me	Methyl
MO	Molekülorbital
MP	Störungstheorie nach Møller-Plesset
MP2	Störungstheorie zweiter Ordnung nach Møller-Plesset
NBO	natürliche Bindungsorbitalanalyse (Natural Bond Orbital)
PES	Potenzialhyperfläche (Potential Energy Surface)

ROMP	Ringöffnende Metathesepolymerisation von cyclischen Olefinen (Ring Opening Metathesis Polymerization)
SCF	Self Consistent Field
STO	Slaterorbital (Slater Type Orbital)
TS	Übergangszustand (Transition State)
G	freie Enthalpie (Gibbssche Energie)
$\Delta G^{\neq}$	freie Aktivierungsenthalpie
ΔG_0	freie Reaktionsenthalpie
$\Delta H^{\#}$	Aktivierungsenthalpie
ΔH	Reaktionsenthalpie
$\Delta S^{\#}$	Aktivierungsentropie

Besonderheiten im Textsatz in dieser Arbeit

Als Dezimaltrennzeichen wird in dieser Arbeit durchgängig der Punkt verwendet.

Die Nummerierung der Verbindungen erfolgt kapitelweise! In Kapitel 9 sind noch einmal alle berechneten Moleküle übersichtlich zusammengestellt.

Literaturstellen sind ebenfalls kapitelweise zusammengefasst.

1 Einleitung und Problemstellung

Im Rahmen dieser Arbeit sollen ausgewählte Aspekte der Reaktivität von Metallcarben- und Metallsilylenkomplexen der Übergangsmetalle mittels quantenchemischer Methoden näher untersucht werden. Dazu werden zunächst die verwendeten Methoden kurz dargestellt (Kapitel 2), bevor die Reaktivität der Metallcarben- (Kapitel 3 und 4) und Metallsilylenkomplexe (Kapitel 5) untersucht wird. Da eine umfassende Darstellung aller möglichen Reaktionstypen von Metallcarbenen den Rahmen dieser Arbeit sprengen würde, werden die besprochenen Reaktionen auf [2+2]-Cycloadditionen und von den dabei entstehenden Metallacyclobutanderivaten ausgehende Folgereaktionen beschränkt. Im abschließenden Kapitel erfolgt dann eine vergleichende Betrachtung der Metallcarbene und -silylene.

Carbenkomplexe wurden 1964 von E. O. Fischer und A. Maasböl entdeckt [1]. Die Synthese dieser Verbindungen wird typischerweise durch Reaktion von Metallhexacarbonylen des Chroms, Molybdäns oder Wolframs mit Lithiumorganylen und nachfolgender Umsetzung mit Trimethyloxoniumtetrafluoroborat ausgeführt (siehe Gleichung 1-1). Carbenkomplexe dieser Art mit einem Übergangsmetallatom in einer niedrigen Oxidationsstufe und einem Heteroatom am α-Kohlenstoffatom werden als Fischer-Carbenkomplexe bezeichnet.

$$
\begin{array}{ccc}
\underset{\overset{\displaystyle \text{OC}\cdots}{\underset{\displaystyle \text{OC}}{\overset{\displaystyle \text{O}}{\text{M}}}}{\overset{\displaystyle \underset{\displaystyle\text{O}}{\overset{\displaystyle\text{C}}{}}}}\text{CO} + \text{RLi} & \longrightarrow & (\text{OC})_5\text{M} = \text{C}\overset{\displaystyle \text{O}^-\,\text{Li}^+}{\underset{\displaystyle \text{R}}{\big<}}
\end{array}
$$

$$
\xrightarrow[\substack{-\,\text{Me}_2\text{O} \\ -\,\text{LiBF}_4}]{+\,(\text{Me}_3\text{O})\text{BF}_4} \quad (\text{OC})_5\text{M} = \text{C}\overset{\displaystyle \text{OMe}}{\underset{\displaystyle \text{R}}{\big<}}
$$

M = Cr, Mo, W

Gleichung 1-1

Die etwas später entdeckten Carbenkomplexe, bei denen das Übergangsmetallatom in einer hohen Oxidationsstufe vorliegt und an das α-Kohlenstoffatom kein Heteroatom gebunden ist, werden nach ihrem Entdecker R. R. Schrock als Alkylidenkomplexe oder Schrock-Carbenkomplexe bezeichnet [2]. Die Bildung der Tantalum-Kohlenstoff-Doppelbindung entsprechend Gleichung 1-2 ist die Konsequenz einer α-Wasserstoffeliminierung aus einem der Neopentylliganden.

Gleichung 1-2

Metall-Carbenkomplexe besitzen aufgrund ihrer besonderen Reaktivität eine Schlüsselposition in der metallorganischen Chemie der Übergangsmetalle. Diese Verbindungen werden für eine Vielzahl stöchiometrischer und katalytischer Reaktionen verwendet, so z. B. als Reagenzien für die Methylenierung von Carbonylverbindungen [3], für die Cyclopropanierung von Alkenen und die Cyclopropenierung von Alkinen [4], zur Erzeugung von Yliden [5], für die Insertion von Carbenfragmenten in C-H-Bindungen [5], zur Synthese von vier-, fünf- und sechsgliedrigen cyclischen Kohlenwasserstoffen sowie für Heterocyclensynthesen [6]. Weiterhin finden Carbenkomplexe Verwendung als Katalysatoren für die Zersetzung von Diazoverbindungen [5], die Olefinmetathese [7, 8, 9] und die ringöffnende Metathesepolymerisation von cyclischen Olefinen (ROMP) [10].

Eine ähnlich wichtige Funktion wie die Carbenkomplexe könnten eines Tages die Metallsilylenkomplexe einnehmen. Es gibt bisher jedoch nur relativ wenige Übergangsmetall-Silylenkomplexe und die Reaktivität dieser Verbindungen ist kaum untersucht. Hinweise auf die Existenz von Metallsilylenen erhielt man zunächst aus spektroskopischen Untersuchungen bei der fotochemischen Umsetzung von Eisenpentacarbonyl mit geeigneten Organosilanen [11]. Die ersten stabilen Metall-Silylenkomplexe wurden 1987 entdeckt. Zwei Arbeitsgruppen gelang unabhängig voneinander die Synthese dieser

Verbindungen in Form donorstabilisierter Addukte gemäß Gleichung 1-3 [12, 13, 14, 15]. Die am Siliciumatom koordinierte Base erfüllt offensichtlich eine wichtige Funktion zur Stabilisierung dieser höchst reaktiven Verbindungen. Es gibt mittlerweile jedoch auch einige basenfreie Silylenkomplexe [16, 17, 18, 19, 20, 21, 22, 23, 24]. Bekannte Reaktionen von Metall-Silylenkomplexen sind hauptsächlich Polymerisationen der Silyleneinheit, Dimerisierungen und Reaktionen mit Nukleophilen [25, 26].

$$Na_2Fe(CO)_4 \ + R_2SiCl_2 \ \longrightarrow \ OC-\underset{\underset{O}{\overset{|}{C}}}{\overset{OC}{\underset{}{\overset{\diagdown}{Fe}}}}\overset{CO}{\cdots}\overset{HMPA}{\underset{R}{Si}}\overset{R}{\underset{}{}}$$

R = t-BuO, t-BuS, Me, Cl   Gleichung 1-3

$$+ R_2SiCl_2 \uparrow$$
$$HMPA \ \Big| \ \text{- 2 HNEt}_3Cl$$

$$H_2Fe(CO)_4 \ + 2 \ NEt_3 \ \longrightarrow \ (HNEt_3)_2Fe(CO)_4$$

Übergangsmetall-Silylenkomplexe werden außerdem als wichtige Intermediate bei der dehydrierenden Kupplung von Silanen, bei der Hydrosilylierung, bei der Direktsynthese von Methylchlorsilanen und in Silylen-Transferprozessen auf ungesättigte organische Substrate vermutet [26, 27, 28]. Da die Übergangsmetall-Silylenkomplexe Silyleneinheiten auf organische Substrate übertragen können, könnte man sie auch als „Silylenoide" bezeichnen. Bei der Abscheidung von Metallsiliciden aus Metall-Silylkomplexen in der Metalorganic Chemical Vapor Deposition (MOCVD) sollten Metallsilylene als Zwischenstufen auftreten [28]. Eine Verwendung von Metall-Silylenkomplexen als metallorganische Reagenzien ist denkbar. Übergangsmetallkomplexe mit Germylen-, Stannylen- und Plumbylen-Substituenten sind ebenfalls höchst aktuelle Forschungsobjekte [29, 30, 31, 32], werden in dieser Arbeit aber nicht untersucht.

Gegenwärtig werden die Grenzen des Machbaren weiter erforscht: Aktuelle Arbeiten richten sich auf die Synthese von Verbindungen mit Metall-Silicium-Dreifachbindungen [33]. Vergleichbare Metall-Carbinkomplexe sind seit 1973 bekannt [34].

Sowohl Metallcarbene als auch Metallsilylene sind äußerst reaktive Verbindungen. Während die Reaktivität der ersteren ausführlich untersucht wurde und Metallcarbene bereits vielfältige Anwendungen in der Transformation organischer Substrate gefunden haben, ist das Potenzial der Metallsilylene noch weitgehend unbekannt. Im Rahmen dieser Arbeit sollen Gemeinsamkeiten und Unterschiede in der Struktur und Reaktivität von Metallcarbenen und Metallsilylenen herausgearbeitet werden. Dazu werden zunächst die Mechanismen solcher metallinduzierter C-C-Kupplungsreaktionen untersucht, in die Metallcarbene involviert sind. Olefinierungsreaktionen mit Titanocenderivaten stehen dabei im Vordergrund. Diese finden vor allem Anwendung in der organischen Synthese von Olefinen aus Carbonylverbindungen. Es gibt experimentelle Daten zur Kinetik der Olefinierung, quantenchemische Untersuchungen zu den zugrunde liegenden Mechanismen sind jedoch rar.

Im Weiteren wird die Reaktivität von Titanacyclobutanen und –butenen mit exocyclischer Methylengruppe analysiert. Die Vielfalt der bereits experimentell untersuchten Reaktionen und die zahlreichen dabei gewonnenen Einkristall-Strukturanalysen [35] bieten einen exzellenten Ansatzpunkt, um mit Hilfe quantenchemischer Berechnungen zu einem tieferen Verständnis der Reaktivität von Titanocenderivaten zu gelangen.

Anschließend wollen wir erkunden, inwieweit analoge Cycloadditionsreaktionen mit Metallsilylenen möglich sein könnten. Dabei beschränken wir uns exemplarisch auf Derivate die die Tetracarbonyleisen-Einheit enthalten.

Die Mechanismen der [2+2]-Cycloadditionsreaktionen von Metallcarbenen und -silylenen sollen klassifiziert werden. In einem abschließenden Kapitel werden aufgefundene Analogien und Differenzen in der elektronischen Struktur und den daraus ableitbaren Eigenschaften von Metallcarbenen und Metallsilylenen betrachtet.

Die in dieser Arbeit zusammengefassten Ergebnisse beruhen auf quantenmechanischen Berechnungen. Solche Berechnungen halte ich für eine wertvolle Ergänzung der experimentellen Arbeiten. Sie ermöglichen uns ein grundlegendes Verständnis von Stabilität und Reaktivität der Verbindungen. Bei der Darstellung der Ergebnisse habe ich mich um eine leicht verständliche Ausdrucksweise bemüht, die auch von „Nicht-Quantenchemikern" verstanden werden kann. Außerdem wird vor der Präsentation der Ergebnisse eine Einführung in die verwendeten quantenchemischen Methoden gegeben, die sicher zum besseren Verständnis beitragen dürfte.

Literatur:

1   E. O. Fischer, A. Maasböl, *Angew. Chem.* **1964**, *76*, 645; *Angew. Chem. Int. Ed. Engl.* **1964**, *3*, 580.

2   R. R. Schrock, *J. Am. Chem. Soc.* **1974**, *96*, 6796.

3   J. R. Stille, *Transition Metal Carbene Complexes: Tebbe's Reagent and Related Nucleophilic Alkylidenes;* in *Comprehensive Organomet. Chem.* (Eds.: E. W. Abel, F. G. A. Wilkinson, G. Stone), Pergamon, Oxford, **1995**, *Vol. 12*, 577.

4   M. P. Doyle, *Transition Metal Carbene Complexes: Cyclopropanation;* in *Comprehensive Organomet. Chem. II* (Eds.: Abel E. W., F. G. A. Stone, G. Wilkinson), Pergamon, Oxford, **1995**, *Vol. 12*, 387.

5   M. P. Doyle, *Transition Metal Carbene Complexes: Diazodecomposition, Ylide, and Insertion;* in *Comprehensive Organomet. Chem. II* (Eds.: E. W. Abel, F. G. A. Stone, G. Wilkinson), Pergamon, Oxford, **1995**, *Vol. 12*, 421.

6   W. D. Wulff, *Transition Metal Carbene Complexes: Alkyne and Vinyl Ketene Chemistry;* in *Comprehensive Organomet. Chem. II* (Eds.: E. W. Abel, F. G. A. Stone, G. Wilkinson), Pergamon, Oxford, **1995**, *Vol. 12*, 469.

7   N. Calderon, J. P. Lawrence, E. A. Ofstead, *Olefin Metathesis;* in *Adv. Organomet. Chem.* (Eds.: F. G. A. Stone, R. West), Academic Press, New York, **1979**, *Vol. 17*, 449.

8   R. H. Grubbs, R. H. Pine, *Alkene Metathesis and Related Reactions;* in *Comprehensive Organic Synthesis* (Ed.: B. M. Trost), Pergamon, New York, **1991**, *5*, 1115.

9   R. Taube, *Homogene Katalyse*, Akademie-Verlag, Berlin, **1988**, 250 ff.

10 J. S. Moore, *Transition Metals in Polymer Synthesis: Ring-opening Metathesis Polymerization and Other Transition Metal Polymerization Techniques;* in *Comprehensive Organomet. Chem. II* (Eds.: E. W. Abel, F. G. A. Stone, G. Wilkinson), Pergamon, Oxford, **1995**, *Vol. 12*, 1209.

11 G. Schmid, E. Welz, *Angew. Chem.* **1977**, *89*, 823; *Angew. Chem., Int. Ed. Engl.* **1977**, *16*, 785.

12 C. Zybill, G. Müller, *Angew. Chem.* **1987**, *99*, 683; *Angew. Chem., Int. Ed. Engl.* **1987**, *26*, 669.

13 C. Zybill, G. Müller, *Organometallics* **1988**, *7*, 1368.

14   D. A. Straus, T. D. Tilley, A. L. Rheingold, S. J. Geib, *J. Am. Chem. Soc.* **1987**, *109*, 5872.

15   C. Zybill, *Nachr. Chem. Tech. Lab.*, **1989**, *37*, 248.

16   S. D. Grumbine, T. D. Tilley, F. P. Arnold, A. L. Rheingold, *J. Am. Chem. Soc.*, **1993**, *115*, 7884.

17   S. K. Grumbine, T. D. Tilley, F. P. Arnold, A. L. Rheingold, *J. Am. Chem. Soc.*, **1994**, *116*, 5495.

18   M. Denk, R. K. Hayashi, R. West, *J. Chem. Soc., Chem. Commun.* **1994**, 33.

19   B. Gehrhus, P. B. Hitchcock, M. F. Lappert, H. Maciejewski, *Organometallics* **1998**, *17*, 5599.

20   S. K. Grumbine, G. P. Mitchell, D. A. Straus, T. D. Tilley, A. L. Rheingold, *Organometallics* **1998**, *17*, 5607.

21   T. A. Schmedake, M. Haaf, B. J. Paradise, D. Powell, R. West, *Organometallics* **2000**, *19*, 3263.

22   T. A. Schmedake, M. Haaf, B. J. Paradise, A. J. Millevolte, D. R. Powell, R. West, *J. Organomet. Chem.* **2001**, *636*, 17.

23   J. D. Feldman, J. C. Peters, T. D. Tilley, *Organometallics* **2002**, *21*, 4065.

24   D. Amoroso, M. Haaf, G. P. Yap, R. West, D. E. Fogg, *Organometallics* **2002**, *21*, 534.

25   M. Okazaki, H. Tobita, H. Ogino, *Dalton Trans.* **2003**, 493.

26   C. Zybill, *Topics in Current Chem.* **1991**, *160*, 1.

27   T. D. Tilley, *Transition-metal silyl derivatives*; in *The Chemistry of Organic Silicon Compounds* (Eds.: S. Patai, Z. Rappoport), J. Wiley & Sons, Chichester **1989**, 1415.

28   C. E. Zybill, C. Liu, *Synlett*, **1995**, 687.

29   M. F. Lappert, R. S. Rowe, *Coord. Chem. Rev.* **1990**, *100*, 267.

30   M. A. Chaubon, H. Ranaivonjatovo, J. Escudie, J. Satge, *Main Group Metal Chem.* **1996**, *19*, 145.

31   L. Pu, P. P. Power, I. Boltes, R. Herbst-Irmer, *Organometallics* **2000**, *19*, 352.

32   K. E. Litz, J. E. Bender, R. D. Sweeder, M. M. Banaszak Holl, J. W. Kampf, *Organometallics* **2000**, *19*, 1186.

33   B. V. Mork, T. D. Tilley, *Angew. Chem.* **2003**, *115*, 371; *Angew. Chem., Int. Ed. Engl.* **2003**, *42*, 357.

34 E. O. Fischer, G. Kreis, C. G. Kreiter, J. Müller, G. Huttner, H. Lorenz, *Angew. Chem.* **1973**, *85*, 618; *Angew. Chem. Int. Ed. Engl.* **1973**, *12*, 564.

35 R. Beckhaus, *Angew. Chem.* **1997**, *109*, 694; *Angew. Chem. Int. Ed. Engl.* **1997**, *36*, 686.

2 Quantenchemische Methoden

Moleküle bestehen aus Atomen. Atome bestehen aus Elektronen und Atomkernen. Die Elektronenverteilung in einem Molekül bestimmt in wesentlichem Maße dessen Eigenschaften. Wenn man die Elektronenverteilung in einem Molekül kennt, kann man dessen Eigenschaften vorhersagen. Zur Ermittlung der Elektronenverteilung in Molekülen kann man die Einkristall-Strukturanalyse heranziehen. Diese ist jedoch nur für stabile, kristalline Verbindungen möglich. Zur Bestimmung der Elektronenverteilung in reaktiven Intermediaten, Übergangszuständen und unbekannten Molekülen muss man quantenmechanische Verfahren verwenden.

In diesem Kapitel werden die verwendeten theoretischen Methoden besprochen. Eine vollständige Darstellung dieser Methoden würde den Rahmen dieser Arbeit bei weitem übersteigen, daher werden die verwendeten Theorien und Postulate nur ansatzweise behandelt, vor allem mit dem Ziel, dem Leser einen Überblick zu verschaffen. Für weitere Informationen gibt es ausgezeichnete Monographien zur Quantenmechanik [1, 2, 3, 4, 5] und zur Anwendung quantenmechanischer Methoden in der Chemie [6, 7].

2.1 Die Wellenfunktion

Zur genauen Beschreibung der Elektronenverteilung in Molekülen und aller daraus ableitbaren Eigenschaften kann man quantenmechanische Verfahren benutzen. Grundlegende Zusammenhänge wurden dabei von Schrödinger formuliert. Jedes quantenmechanische System lässt sich durch eine Wellenfunktion Ψ beschreiben, welche von den Ortskoordinaten x der enthaltenen Elektronen und Atomkerne und der Zeit abhängig ist. Die Wellenfunktion ist eine komplexe Funktion (Gleichung 2-1).

$$\Psi(x,t) = \Psi_1(x,t) + i\Psi_2(x,t)$$

Gleichung 2-1

Sie besitzt keine physikalische Bedeutung und ist nicht beobachtbar. Man kann jedoch zeigen, dass die Multiplikation der Wellenfunktion mit ihrer konjugiert komplexen Funktion einer Wahrscheinlichkeitsdichteverteilung entspricht. Man kann die Gesamtwellenfunktion als Produkt einer Raum- und einer Zeitfunktion formulieren (Gleichung 2-2). Diese Raum-

Zeit-Separation führt zur zeitunabhängigen Schrödingergleichung (Gleichung 2-3), die für ein stationäres elektronisches System die Energie seines Zustandes liefert.

$$\Psi(x,t) = \Psi(x) \cdot T(t)$$ Gleichung 2-2

$$H\Psi = E\Psi$$ Gleichung 2-3

Hierbei wird der Hamiltonoperator H auf die Wellenfunktion Ψ angewandt und bestimmt dadurch den Energieeigenwert der Wellenfunktion.

Die Wellenfunktion enthält die Ortskoordinaten der Atomkerne und der Elektronen. Da die Atomkerne eine wesentlich größere Masse als die Elektronen besitzen und sich viel langsamer bewegen als die Elektronen, kann man die Bewegung der Elektronen von der Bewegung der Atomkerne separieren. Diese Vereinfachung, die man als Born-Oppenheimer-Näherung bezeichnet, erlaubt eine deutlich vereinfachte Berechung chemischer Systeme. Relativistische Effekt, wie z. B. die Spin-Bahn-Kopplung, werden dabei jedoch vernachlässigt.

Mit Hilfe der Born-Oppenheimer-Näherung lassen sich die Elektronen so betrachten, als bewegten sie sich in einem festen Gerüst aus Atomkernen. Der klassische Begriff der chemischen Struktur wurde sozusagen erst durch diese Näherung möglich. Somit kann man die Berechnung chemischer Systeme auf die Lösung der elektronischen Schrödingergleichung mit dem elektronischen Hamiltonoperator H_{el} vereinfachen:

$$H_{el}\Psi_{el} = E_{el}\Psi_{el}$$ Gleichung 2-4

$$E_{tot} = E_{el} + E_k \,.$$ Gleichung 2-5

Die Summe der elektronischen Energie E_{el} und der Abstoßung der Atomkerne E_k ergibt dann die Gesamtenergie E_{tot} des Systems.

Mit Hilfe der Born-Oppenheimer-Näherung kann man die elektronische Schrödingergleichung für das H_2^+-Molekül vollständig lösen. Trotz der wesentlichen Vereinfachung durch die Born-Oppenheimer-Näherung können Systeme mit mehr als drei miteinander wechselwirkenden Teilchen mit dieser Methode nicht mehr exakt gelöst werden, was auf die Wechselwirkung der Elektronen untereinander zurückzuführen ist. Deshalb wurden verschiedene Näherungsverfahren entwickelt, die die Berechnung chemischer Systeme erlauben.

2.2 Erweiterte Hückel-Theorie

Die erweiterte Hückel-Theorie (Extended Hückel Theory – EHT) stellt das einfachste Verfahren zur Berücksichtigung aller Valenzelektronen im Rahmen einer MO-Rechnung dar [4, 8, 9, 10, 11, 12]. Im Wesentlichen wird hierbei das Hückel-MO-Verfahren auf alle Valenzelektronen ausgedehnt. Dazu wird eine Linearkombination von Atomorbitalen zu Molekülorbitalen mit allen Valenz-Atomorbitalen durchgeführt (Gleichung 2-6). Dabei ist ϕ_i das Molekülorbital (MO), χ_k sind die Atomorbitale und c_{ik} die Anteile der einzelnen Atomorbitale am jeweiligen MO.

$$\phi_i = \sum_{k=1}^{n} c_{ik} \chi_k \qquad (i = 1, 2, \ldots n) \qquad \text{Gleichung 2-6}$$

Die Koeffizienten c_{ik} der Molekülorbitale erhält man durch Lösen des Säulargleichungssystems (Gleichung 2-7). Nichttriviale Lösungen existieren nur, wenn die Säulardeterminante verschwindet (Gleichung 2-8).

$$\sum_{l=1}^{n} (H_{kl} - \varepsilon_i S_{kl}) c_l = 0 \qquad (k = 1, 2, \ldots n) \qquad \text{Gleichung 2-7}$$

$$|H_{kl} - \varepsilon_i S_{kl}| = 0 \qquad (k,l = 1, 2, \ldots n) \qquad \text{Gleichung 2-8}$$

Aus der Säulardeterminante ergeben sich die Eigenwerte ε_i als MO-Energien. Durch Lösen des Gleichungssystems (Gleichung 2-7) für jedes ε_i erhält man jeweils die Koeffizienten c_{ik} für die Molekülorbitale. Zur Lösung von (Gleichung 2-7) und (Gleichung 2-8) benötigt man die Matrixelemente der Hamilton-Matrix (H_{kl}) und die Überlappungsintegrale (S_{kl}).

2.2.1 Überlappungsintegrale

Die Überlappungsintegrale werden explizit berechnet. Dies ist eine entscheidende Verbesserung gegenüber der HMO-Methode. Man verwendet nicht mehr eine Orthogonalbasis, sondern eine Überlappungsbasis. Für das Überlappungsintegral von zwei Atomorbitalen χ_k und χ_l gilt:

$$S_{kl} = \int \chi_k \chi_l dV \; .$$

Gleichung 2-9

Der Wert des Überlappungsintegrals hängt vom Atomabstand und von der gegenseitigen Orientierung der beiden Atomorbitale ab. Da die Überlappungsintegrale S_{kl} explizit berechnet werden, ist es notwendig eine genaue Molekülgeometrie einzugeben. Für die Berechnung der Überlappungsintegrale S_{kl} benötigt man die Gestalt der Atomorbitale. Orbitale vom Typ der Wasserstoff-Atomorbitale wären möglich, da diese aber Polynome vom Radius r als Faktor enthalten, würde jedes Integral in mehrere einzelne zerfallen, was den Rechenaufwand erhöht. Es ist einfacher, Slaterorbitale entsprechend Gleichung 2-10 zu verwenden, die anstelle eines Polynoms von r nur den Faktor r^{n-1} enthalten. Die Slater-Exponenten ζ werden so festgelegt, dass die STOs mit der genauen Gestalt der Orbitale möglichst gut übereinstimmen.

$$\chi_k = r^{n-1} e^{-\zeta r}$$

Gleichung 2-10

2.2.2 Coulombintegrale

Weiterhin müssen noch die Matrixelemente der Hamiltonmatrix parametrisiert werden. Für die Diagonalelemente (Coulombintegrale) gilt:

$$H_{kk} = \int \chi_k H \chi_k dv$$

Gleichung 2-11

H_{kk} kann man näherungsweise als Orbitalenergie E_k eines Elektrons im AO χ_k des untersuchten Atoms interpretieren. Bei MO-Verfahren ohne explizite Berücksichtigung der Elektronenwechselwirkung entspricht die Ionisierungsenergie I_k eines Elektrons aus dem Atomorbital χ_k dem negativen Wert der Orbitalenergie E_k. Deshalb setzt man im

Extended-Hückel-Verfahren die Coulombintegrale H_{kk} gleich der negativen Ionisierungsenergie (Koopmans Theorem):

$H_{kk} = -I_k$. Gleichung 2-12

Die Diagonalelemente H_{kk} werden damit als Parameter aufgefasst, deren Zahlenwerte man
aus experimentellen Daten ableitet.

2.2.3 Resonanzintegrale

Die Nichtdiagonalelemente der Hamiltonmatrix H_{kl} (auch Bindungsintegrale bzw. Resonanzintegrale) werden auf die Diagonalelemente und die Überlappungsintegrale zurückgeführt. Zur Berechnung der Resonanzintegrale in der Wolfsberg-Helmholtz-Formel
(Gleichung 2-13) verwendet man den Mittelwert aus den Orbitalenergien der beiden
beteiligten Atomorbitale und das Überlappungsintegral als Proportionalitätsfaktoren. Dabei
ist k ein empirisch justierter Parameter, für den sich ein Wert von $k = 1.75$ als gut geeignet
erwiesen hat.

$$H_{kl} = k \frac{H_{kk} + H_{ll}}{2} S_{kl}$$ Gleichung 2-13

Mit der Festlegung der Orbitalexponenten für die Berechnung der Überlappungsintegrale
und der Ionisierungspotenziale zur Bildung der Matrixelemente H_{kk} und H_{kl} sind alle
Voraussetzungen für die Lösung der Säulardeterminante und der Säulargleichungen
erfüllt. Die Lösung mit einem geeigneten Computerprogramm ist leicht und schnell
möglich.

2.2.4 Anwendungen

Obwohl die Extended-Hückel-Methode aufgrund der zahlreichen Vereinfachungen mehr
eine qualitative Beschreibung der Elektronenstruktur von Molekülen liefert, erscheint die
Anwendung dieser Methode doch in vielen Fällen zweckmäßig. Der Erfolg dieser Methode
lässt sich unter anderem mit folgenden Argumenten begründen:

- Der elektronische Grundzustand (die Hartree-Fock-Determinante) ist bei den meisten Molekülen die wichtigste Konfiguration. Damit liefert die Extended-Hückel-
  Methode für viele Moleküle qualitativ richtige Ergebnisse.

- Die Verwendung empirischer Parameter bei der Extended-Hückel-Methode führt in
  den meisten Fällen zu Molekülorbitalen, die mit denjenigen aus ab initio-Rechnun-
  gen gut übereinstimmen. Einen Vergleich von Molekülorbitalen aus HF-, DFT- und
  Extended-Hückel-Rechnungen findet man in [13].

- Zur Parametrisierung benötigt man nur die Ionisierungspotenziale der Atome. Deshalb ist diese Methode für alle Elemente des Periodensystems parametrisiert.

- Auch sehr große Systeme und Moleküle mit Übergangsmetallen lassen sich schnell
  und einfach berechnen.

Aufgrund der eingeführten Näherungen kann man mit der Extended-Hückel-Methode
keine Geometrieoptimierungen durchführen. Das wichtigste Anwendungsgebiet dieser
Methode besteht darin, ein qualitativ richtiges Bild der Molekülorbitale zu erhalten und
gegebenenfalls eine Fragmentorbitalanalyse durchzuführen, wofür diese Methode in der
vorliegenden Arbeit Anwendung findet.

2.3 Das Hartree-Fock-Verfahren

Das Hartree-Fock-Verfahren ist eine Methode zur näherungsweisen Lösung der elektronischen Schrödingergleichung. Bei den Berechnungen wird der Elektronenspin berücksichtigt. Jedes Elektron hat eine Spinquantenzahl von 1/2. In Gegenwart eines äußeren
Magnetfeldes existieren zwei mögliche Zustände, in Richtung oder entgegen dem äußeren
Magnetfeld. Die entsprechenden Spinfunktionen werden mit α bzw. β bezeichnet. Diese
beiden Eigenfunktionen sind orthonormiert (Gleichung 2-14).

$$\langle \alpha | \alpha \rangle = \langle \beta | \beta \rangle = 1$$
$$\langle \alpha | \beta \rangle = \langle \beta | \alpha \rangle = 0$$

Gleichung 2-14

Zur näherungsweisen Lösung der Schrödingergleichung kann das Variationsprinzip verwendet werden. Es besagt, dass jede näherungsweise Wellenfunktion eine Energie besitzt,
die höher oder gleich der Energie der exakten Wellenfunktion ist. Man beginnt mit einer
Testfunktion Ψ, die mehrere Parameter enthält und versucht die bestmögliche Wellenfunktion durch Minimierung der Gesamtenergie als Funktion dieser Parameter zu erhalten.

Die Energie der näherungsweisen Wellenfunktion lässt sich entsprechend Gleichung 2-15 berechnen.

$$E = \frac{\langle \Psi | H | \Psi \rangle}{\langle \Psi | \Psi \rangle}$$

Gleichung 2-15

Für eine normalisierte Wellenfunktion ist der Quotient gleich 1, daher kann man die Energie $E = \langle \Psi | H | \Psi \rangle$ setzen.

Die elektronische Wellenfunktion muss antisymmetrisch hinsichtlich der Vertauschung der Koordinaten von zwei Elektronen sein. Das Pauliprinzip ist eine direkte Konsequenz aus dieser Forderung. Die Antisymmetrie der Wellenfunktion kann durch den Aufbau dieser Funktion aus Slaterdeterminanten erreicht werden. Die Spalten der Slaterdeterminante stellen Einelektronen-Wellenfunktionen dar, die Orbitale. Die Zeilen entsprechen den Koordinaten der Elektronen. Für den allgemeinen Fall von N Elektronen und N Spinorbitalen kann man die Slaterdeterminante in folgender Form darstellen:

$$\Phi = \frac{1}{\sqrt{N!}} \begin{vmatrix} \phi_1(1) & \phi_2(1) & \dots & \phi_N(1) \\ \phi_1(2) & \phi_2(2) & \dots & \phi_N(2) \\ \dots & \dots & \dots & \dots \\ \phi_1(N) & \phi_2(N) & \dots & \phi_N(N) \end{vmatrix} .$$

Gleichung 2-16

Betrachten wir das Beispiel des Wasserstoffmoleküls H_2. Im Grundzustand wird das energetisch niedrigste Orbital ϕ_1 mit zwei Elektronen besetzt, die entgegengesetzten Spin haben (α- und β-Spin). Die Gesamtwellenfunktion des Grundzustandes ergibt sich damit als Slaterdeterminante (Gleichung 2-17). Diese kann man auch als Produkt einer reinen Ortsfunktion $\phi_1(1)\phi_1(2)$ mit einer Singulett-Spinfuktion schreiben (Gleichung 2-18).

$$\Phi = \frac{1}{\sqrt{2}} \begin{vmatrix} \phi_1\alpha(1) & \phi_1\beta(1) \\ \phi_1\alpha(2) & \phi_1\beta(2) \end{vmatrix}$$

Gleichung 2-17

$$\Phi = \phi_1(1)\phi_1(2)\frac{1}{\sqrt{2}}[\alpha(1)\beta(2) - \beta(1)\alpha(2)]$$

Gleichung 2-18

Zur Lösung der elektronischen Schrödingergleichung für größere Moleküle geht man meist folgendermaßen vor: Die Einelektronen-Wellenfunktionen sind Molekülorbitale (MO) und können jeweils als Produkt aus Ortsfunktion und Spinfunktion formuliert werden. Als weitere Näherung wird angenommen, dass die Testfunktion nur aus einer einzigen Slaterdeterminante besteht. Das bedeutet, dass die Elektronenkorrelation vernachlässigt wird. Nach Auswahl einer einzigen Determinante als Testfunktion wird das Variationsprinzip verwendet, um die Hartree-Fock-Gleichungen abzuleiten. Die Diagonalisierung der Slaterdeterminante ergibt einen Satz von Pseudo-Eigenwertgleichungen (Gleichung 2-19).

$$F_i\phi_i = \varepsilon_i\phi_i \qquad\qquad\qquad \text{Gleichung 2-19}$$

Hierbei handelt es sich um die Hartree-Fock-Gleichungen (HF), mit deren Hilfe die Testfunktion verbessert werden kann. Dabei ist F_i der Fock-Operator, ϕ_i sind die Molekülorbitale und ε_i die Energie der Molekülorbitale. Der Fockoperator ist ein effektiver Einelektronen-Energieoperator, der die Bewegung des Elektrons i im Feld der Atomkerne (Einelektronenoperator h_i), die Anziehung zu allen Atomkernen (Coulomboperator J) und die gegenseitige Elektronenabstoßung (Austauschoperator K) beschreibt:

$$F = h_i + \frac{1}{2}\sum_i (J_i - K_i) \ . \qquad\qquad \text{Gleichung 2-20}$$

Eine direkte Lösung der Hartree-Fock-Gleichungen ist nicht möglich, weil der Fockoperator über den Coulomboperator und den Austauschoperator auch die Wechselwirkung mit allen anderen Molekülorbitalen enthält, daher auch die Bezeichnung Pseudo-Eigenwertgleichungen. Ein solches Problem kann nur iterativ gelöst werden, indem man mit einem Satz von Startfunktionen beginnt ("initial guess"), daraus den Fockoperator berechnet, mit diesem die HF-Gleichungen löst und letztendlich einen Satz an Lösungsfunktionen erhält. Danach wird ein neuer Zyklus gestartet und die Optimierung solange fortgesetzt, bis sich die Ergebnisse für die Wellenfunktion und die Energie nicht mehr ändern. Der am Ende erhaltene Fockoperator muss also die gleichen Funktionen liefern, wie die Funktionen aus denen er berechnet wurde. Das Ergebnis ist selbstkonsistent und man erhält optimierte Funktionen für die Slaterdeterminante sowie die Energie des HF-Limits. Als selfconsistend-field-Orbitale (SCF-Orbitale) bezeichnet man den Satz von Funktionen, der die Gleichung 2-19 löst.

2.4 Verfahren zur Berücksichtigung der Elektronenkorrelation

Die Hartree-Fock-Methode ignoriert die Abstoßung der Elektronen untereinander. Diese Erscheinung wird auch als Elektronenkorrelation bezeichnet. Die Effekte der Elektronenkorrelation sind vor allem bei solchen Molekülen wichtig, die energetisch niedrig liegende angeregte Zustände besitzen. Bei Verbindungen der Übergangsmetalle in niedrigen Oxidationsstufen befinden sich in der Valenzschale ungepaarte d-Elektronen und man beobachtet häufig intensive fotochemische Effekte, die auf niedrig liegende angeregte Zustände hinweisen. Daher sollte man bei diesen Verbindungen unbedingt die Elektronenkorrelation in geeigneter Weise berücksichtigen [14]. Zur Bewältigung der damit verbundenen mathematischen Probleme sind unter anderem folgende Verfahren bekannt:

- Methode der Konfigurationswechselwirkung (CI)
- Multikonfigurations-SCF-Methode (MCSCF)
- Coupled-Cluster-Verfahren (CC, gekoppelte Paartheorie)
- Møller-Plesset-Methode (MP) [15]
- Dichtefunktionaltheorie (DFT).

Im Rahmen dieser Arbeit wurden hauptsächlich DFT-Verfahren verwendet. Da jedoch in der Literatur auch zahlreiche andere Verfahren Anwendung finden und die entsprechenden Ergebnisse vergleichend diskutiert werden, sollen an dieser Stelle die wichtigsten Methoden zur Berücksichtigung der Elektronenkorrelation kurz erläutert werden.

2.4.1 Methode der Konfigurationswechselwirkung (CI)

Betrachten wir zunächst ein einfaches Beispiel, bei dem zwei Atome A und B durch eine Einfachbindung miteinander verbunden sind. In einer einfachen MO-Darstellung hat man die beiden Orbitale σ_{AB} und σ_{AB}^* und zwei Elektronen zur Beschreibung der Einfachbindung. In der Hartree-Fock-Näherung wird die Wellenfunktion entsprechend Gleichung 2-21 formuliert. Die hochgestellten Zahlen 2 und 0 symbolisieren, dass das bindende Orbital mit zwei Elektronen besetzt und das antibindende Orbital leer ist. Die Hartree-Fock-Methode kann man auch als Ein-Determinanten-Methode bezeichnen, da die genannte Elektronenkonfiguration die einzige ist, die betrachtet wird. Eine solche Wellenfunktion berücksichtigt nicht die Effekte der Elektronenkorrelation.

$$\Psi_{HF} = \left| \cdots (\sigma_{AB})^2 \cdots (\sigma_{AB})^0 \cdots \right| \equiv |20>$$
Gleichung 2-21

Wenn man den beiden Elektronen der Einfachbindung zwischen A und B erlaubt, sich in beiden Orbitalen σ_{AB} und σ_{AB}^* entsprechend Schema 2-1 aufzuhalten, gelangt man zur Multikonfigurations- bzw. Multideterminanten-Wellenfunktion. Auf diese Weise wird die Elektronenkorrelation berücksichtigt. Die entsprechende Multikonfigurations-Wellenfunktion (multiconfiguration wavefunction – MC) zur Beschreibung der Einfachbindung A-B stellt dann eine Linearkombination der drei Konfigurationen in Schema 2-1 dar [14]. In der |ij>-Schreibweise kann man die korrelierte Wellenfunktion dann entsprechend Gleichung 2-22 formulieren.

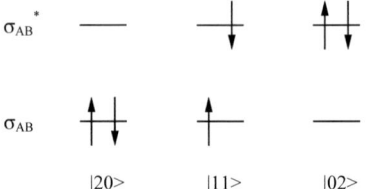

Schema 2-1: Multikonfigurations-Wellenfunktion.

$$\Psi_{MC} = a_1 |20> + a_2 |11> + a_3 |02>$$
Gleichung 2-22

$$\Psi_{MCSCF} = \sum_I a_I |\Psi_I>$$
Gleichung 2-23

Somit ist die Hartree-Fock-Näherung ein Spezialfall der allgemeineren Multikonfigurations-Wellenfunktion für die gilt $a_1 = 1$ und $a_2 = a_3 = 0$. In realen Systemen wird immer ein gewisser Anteil der Konfigurationen |11> und |02> vorliegen. Da diese Anteile jedoch häufig sehr klein sind, erhält man oft ausreichend genaue Ergebnisse mit der HF-Wellenfunktion.

Es gibt verschiedene Methoden, die die Konfigurationswechselwirkung berücksichtigen. Bei der **CI**-Methode wird die Wellenfunktion als Linearkombination aller möglichen angeregten Zustände dargestellt. Diese Methode ist äußerst aufwändig und wird deshalb selten angewandt. Die **CIS**-Methode berücksichtigt einfach angeregte, die **CID**-Methode doppelt angeregte Zustände. Bei der Multikonfigurations-SCF-Methode (**MCSCF**) berücksichtigt man eine beschränkte Anzahl von angeregten Zuständen (Gleichung 2-23). Für diese Konfigurationen werden dann die Koeffizienten a_i und die Orbitale optimiert. Ein wesentliches Problem beim Multikonfigurationsverfahren ist die Auswahl der wichtigen Konfigurationen für die Berechnungen. Eine häufig angewandte Variante des MCSCF-Verfahrens ist die **CASSCF**-Methode (Complete Active Space-SCF), manchmal auch als **FORS**-Methode (Full Optimized Reaction Space) bezeichnet. Hierbei werden die MOs in aktive und nichtaktive MOs aufgeteilt. Die aktiven MOs sind typischerweise einige der höchsten besetzten und einige der tiefsten unbesetzten Molekülorbitale der HF-Rechnung. Die inaktiven MOs sind entweder mit 2 Elektronen besetzt oder leer. Innerhalb der aktiven Molekülorbitale wird eine vollständige CI-Rechnung durchgeführt und die entsprechenden Konfigurationen einer MCSCF-Optimierung unterworfen. Welche Molekülorbitale in die CAS-Rechnungen einbezogen werden, muss man anhand des Problems und der verfügbaren Rechenzeit entscheiden. Im Kapitel 5 wird über FORS-Berechnungen gesprochen, bei denen 4 Molekülorbitale und 4 Elektronen in die Berechnung einbezogen werden. Bei diesen Berechnungen müssen bereits 20 verschiedene Konfigurationen berücksichtigt werden!

2.4.2 Coupled-Cluster-Verfahren (CC)

Bei dieser Methode erzeugt man mit Hilfe des Clusteroperators T aus der Referenzwellenfunktion Φ_0 alle möglichen angeregten Determinanten entsprechend Gleichung 2-24 bis Gleichung 2-26. Der Clusteroperator T wird als Reihe entwickelt und besteht aus den Operatoren T_N mit N = Zahl der Elektronen.

$$\Psi_{CC} = e^T \Phi_0 \qquad\qquad \text{Gleichung 2-24}$$

$$e^T = 1 + T + \frac{1}{2}T^2 + \frac{1}{6}T^3 + \ldots = \sum_{k=0}^{\infty} \frac{1}{k!} T^k \qquad\qquad \text{Gleichung 2-25}$$

$$T = T_1 + T_2 + T_3 + \ldots + T_N \qquad\qquad \text{Gleichung 2-26}$$

Die Operatoren T_i erzeugen die Determinanten in den i-fach angeregten Zuständen. Werden alle möglichen angeregten Determinanten in die Berechnung einbezogen, wird das Coupled-Cluster-Verfahren mit dem CI-Verfahren identisch. In dieser Form wäre das CC-Verfahren nur für sehr kleine Moleküle einsetzbar. Hochangeregte Zustände liefern jedoch nur einen sehr kleinen Beitrag zur Elektronenkonfiguration eines Moleküls, während einfach, zweifach und dreifach angeregte Zustände einen wesentlichen Anteil an der Gesamtwellenfunktion haben. Deshalb beschränkt man sich für praktisch relevante Berechnungen nur auf diese Anregungen. Ein häufig eingesetztes Verfahren ist z.b. die **CCSD(T)**-Methode (Coupled Cluster Singles, Doubles and Triples), bei der die Einfach und Zweifachanregungen mit der Coupled-Cluster-Methode berechnet werden, während man die Dreifachanregungen zur Verringerung des Rechenzeitaufwandes lediglich mit Hilfe eines störungstheoretischen Ansatzes abschätzt.

Die **SAC**-Methode (Symmetry Adapted Cluster) stellt eine Variante des Coupled-Cluster-Verfahrens dar [16].

2.4.3   Störungstheorie nach Møller-Plesset

Bei dieser Methode werden höhere Anregungen in Form eines Störoperators (P) mittels einer Störungsrechnung berücksichtigt. Die Störungsrechnung wird mit der „Many Body Pertubation Theory" - einem Verfahren der mathematischen Physik - ausgeführt. Dazu wird der Hamiltonoperator als Summe aus Hamiltonoperator des ungestörten Systems (H^0) und einem Störungsbeitrag P dargestellt:

$$H = H^0 + P .$$

Gleichung 2-27

Aus einer HF-Rechnung müssen die Energieeigenwerte ($E^{(0)}$) und die Eigenfunktionen ($\Psi^{(0)}$) des ungestörten Systems bekannt sein:

$$H^0 \ \Psi^{(0)} = E^{(0)} \ \Psi^{(0)} .$$

Gleichung 2-28

Die Anwendung des störungstheoretischen Ansatzes setzt voraus, dass die Störung des Systems (also der Beitrag der Korrelationsenergie) klein ist. In diesem Fall liegen $\Psi^{(0)}$ und $E^{(0)}$ nahe an der exakten Wellenfunktion Ψ bzw. der Energie E. Wenn diese Voraussetzung erfüllt ist, kann das gestörte System durch den Hamiltonoperator H_λ beschrieben werden:

$$H_\lambda = H^0 + \lambda P .$$

Gleichung 2-29

Der Störoperator λ ist ein variabler Parameter zur Definition der Größe der Störung. Die Wellenfunktion (Ψ_λ) und die Energieeigenwerte (E_λ) des gestörten Systems können durch Taylor-Reihen dargestellt werden:

$$\Psi = \Psi^{(0)} + \lambda\Psi^{(1)} + \lambda^2\Psi^{(2)} + \lambda^3\Psi^{(3)} + \ldots = \sum_{n=0}^{\infty} \lambda^n\Psi^{(n)} \qquad \text{Gleichung 2-30}$$

$$E = E^{(0)} + \lambda E^{(1)} + \lambda^2 E^{(2)} + \lambda^3 E^{(3)} + \ldots = \sum_{n=0}^{\infty} \lambda^n E^{(n)} \ . \qquad \text{Gleichung 2-31}$$

Die gestörte Wellenfunktion und die Energie werden in die Schrödingergleichung eingesetzt, wodurch sich Gleichung 2-32 und Gleichung 2-33 ergeben.

$$H_\lambda E_\lambda = E_\lambda \Psi_\lambda \qquad \text{Gleichung 2-32}$$

$$(H^0 + \lambda P)(\Psi^{(0)} + \lambda\Psi^{(1)} + \ldots) = (E^{(0)} + \lambda E^{(1)} + \ldots)(\Psi^{(0)} + \lambda\Psi^{(1)} + \ldots) \qquad \text{Gleichung 2-33}$$

Durch Ausmultiplizieren der Produkte erhält man die Bestimmungsgleichungen für die Energien der entsprechenden Ordnungen. Diese werden durch die bekannten Energieeigenwerte ($E^{(0)}$) und Eigenfunktionen ($\Psi^{(0)}$) dargestellt.

$$E^{(0)} = \left\langle \Psi^{(0)} \middle| H^0\Psi^{(0)} \right\rangle$$

$$E^{(1)} = \left\langle \Psi^{(0)} \middle| P\Psi^{(0)} \right\rangle \qquad \text{Gleichung 2-34}$$

$$E^{(2)} = \left\langle \Psi^{(0)} \middle| P\Psi^{(1)} \right\rangle$$

Die Wellenfunktion nullter Ordnung ($\Psi^{(0)}$) ist die Hartree-Fock-Determinante, die Energie nullter Ordnung ($E^{(0)}$) ist die Summe der MO-Energien. Die Energie erster Ordnung ($E^{(1)}$) korrigiert die bei $E^{(0)}$ doppelt summierte Elektronen-Elektronen-Abstoßung. Die Störungsenergie erster Ordnung (E^{MP1}) ergibt sich als Summe aus $E^{(0)}$ und $E^{(1)}$. Diese Energie entspricht exakt der HF-Energie.

$$E^{MP1} = E^{(0)} + E^{(1)} = E^{HF} \qquad \text{Gleichung 2-35}$$

Die Effekte der Elektronenkorrelation werden also erst ab der Energie zweiter Ordnung ($E^{(2)}$) berücksichtigt. Wegen des guten Verhältnisses von Rechenzeit und Genauigkeit wird die Reihenentwicklung oft nach der zweiten Ordnung abgebrochen. Für die Energie können wir dann schreiben:

$$E^{MP2} = E^{(0)} + E^{(1)} + E^{(2)} = E^{HF} + E^{(2)} \ . \qquad\qquad \text{Gleichung 2-36}$$

Diese Methode wird als Störungstheorie zweiter Ordnung nach Møller-Plesset (MP2) bezeichnet. Alle Integrale, die Kombinationen von zwei besetzten und zwei unbesetzten (virtuellen) Orbitalen beschreiben, werden dabei berechnet. Bildhaft ausgedrückt, beschreibt die MP2-Methode die Korrelation zwischen Paaren von Elektronen. Typischerweise werden dabei etwa 80 bis 90 % der Korrelationsenergie erfasst [3].
Man kann auch Störungsrechnungen höherer Ordnung ausführen, hier steigt jedoch der Rechenaufwand extrem an. Während der Rechenaufwand bei der MP2-Methode proportional zu N^5 ansteigt (N = Zahl der Basisfunktionen), ist der Aufwand für Störungsrechnungen der dritten und vierten Ordnung etwa N^6 bis N^7 [5].

2.4.4 Dichtefunktionalverfahren

Die Grundlage der Dichtefunktionaltheorie (DFT) ist der Beweis von Hohenberg und Kohn, dass die elektronische Energie im Grundzustand vollständig von der Elektronendichte bestimmt wird [17]. Oder anders gesagt, es existiert eine direkte Beziehung zwischen der Elektronendichte eines Systems und dessen Energie. Die Bedeutung dieser Aussage kann man am besten verstehen, wenn man diese Herangehensweise mit der Berechnung von Wellenfunktionen vergleicht. Eine Wellenfunktion für ein System mit N Elektronen besitzt 3N Koordinaten. Die Elektronendichte ist das Quadrat der Wellenfunktion, welches über N-1 Koordinaten der Elektronen integriert wird. Die Elektronendichte selbst kann, unabhängig von der Zahl der Elektronen, mit drei Koordinaten beschrieben werden. Während also die Wellenfunktion mit zunehmender Zahl an Elektronen immer komplexer wird, hat die Elektronendichte, unabhängig von der Größe des Systems, immer die gleiche Anzahl von Variablen. Das Problem besteht darin, dass das Funktional, welches die beiden Größen Wellenfunktion und Elektronendichte miteinander verbindet, nicht bekannt ist. Das Ziel der DFT-Methoden besteht darin, Funktionale zu entwickeln, die die Elektronendichte mit der Energie verbinden.
Eine Anmerkung zu den verwendeten Begriffen: Eine Funktion ergibt Zahlenwerte aus einem Satz von Variablen, in diesem Falle Koordinaten. Ein Funktional ergibt Zahlenwerte aus einer Funktion, diese Funktion hängt wiederum von Variablen ab. Die Wellenfunktion

und die Elektronendichte sind also Funktionen. Die Energie, die von der Wellenfunktion oder der Elektronendichte abhängt, ist hingegen ein Funktional [18].

Die mathematische Formulierung der Dichtefunktionaltheorie geht auf Kohn und Sham zurück [19]. Dabei wird die Elektronenenergie in verschiedene Terme zerlegt:

$$E = E^T + E^V + E^J + E^{XC} .$$ Gleichung 2-37

Dabei ist E^T die kinetische Energie der Elektronenbewegung; E^V beschreibt die potenzielle Energie der Elektronen-Kern-Anziehung und die Abstoßung zwischen den Atomkernen; E^J ist der Elektron-Elektron-Abstoßungsterm und E^{XC} der Austausch-Korrelationsterm; dieser beinhaltet weitere Effekte der Elektronenwechselwirkung. Alle Terme, außer dem der Kern-Kern-Abstoßung, sind Funktionen der Elektronendichte ρ. $E^T + E^V + E^J$ entsprechen der klassischen Energie der Ladungsverteilung ρ. Der Term E^{XC} in Gleichung 2-37 beschreibt einerseits die Austauschenergie, die sich aus der Antisymmetrie der quantenmechanischen Wellenfunktion ergibt. Andererseits erfasst dieser Term die dynamische Korrelation der Bewegung der einzelnen Elektronen. E^{XC} hängt ausschließlich von der Elektronendichte ab und wird meist in einen Austausch- und einen Korrelationsterm geteilt:

$$E^{XC} = E^X(\rho) + E^C(\rho) .$$ Gleichung 2-38

Diese Terme sind wiederum Funktionale der Elektronendichte und werden als Austausch- (E^X) und Korrelationsfunktional (E^C) bezeichnet. Beide Terme können als lokale Funktionale oder als gradientenkorrigierte Funktionale verwendet werden. Lokale Funktionale hängen nur von der Elektronendichte ab und bilden die Grundlage der lokalen Dichteapproximation (local density approximation - LDA) [18]. Gradientenkorrigierte Funktionale hängen von der Elektronendichte und dem Gradienten der Elektronendichte ab.

2.4.4.1 Austauschfunktionale

Die lokale Dichteapproximation ermöglicht einen relativ einfachen Ansatz für das Austauschfunktional (E^X), der auf der Austauschenergie für ein homogenes Elektronengas beruht. Die LDA-Methode beschreibt aufgrund der gegenseitigen Kompensation von Fehlern Bindungsenergien relativ gut. Die absoluten Werte für die atomaren Austauschenergien sind allerdings schlechter als in der HF-Näherung, der Fehler kann bis zu 10 % betragen. Das führt häufig zu verkürzten Bindungslängen und zu größeren Bindungs-energien bei berechneten Molekülen [20]. Eine Ursache für diesen Fehler ist, dass die LDA-Methoden die Austauschlochfunktion in kernnahen Bereichen relativ gut beschreibt, während diese Funktion für große Kern-Elektronenabstände eine schlechte Beschreibung liefert [21].

Becke formulierte auf der Grundlage des LDA-Austauschfunktionals ein gradientenkorri-giertes Austauschfunktional. Dieses Verfahren stellt einen wichtigen Beitrag zur Verbes-serung der DFT-Methoden dar, welches den mittleren Fehler für die Austauschenergie auf etwa 1% verringert [21].

2.4.4.2 Korrelationsfunktionale

Ähnlich wie bei den Austauschfunktionalen gibt es auch die Korrelationsfunktionale in lokaler und gradientenkorrigierter Form. Lokale Korrelationsfunktionale überschätzen die Korrelationsenergie um bis zu 100 %. Der Fehler wird vor allem durch die Korrelation zwischen Elektronen gleichen Spins verursacht. Verschiedene gradientenkorrigierte Korrelationsfunktionale sind in der Literatur vorgeschlagen worden [22].

DFT-Methoden vereinen ein Austauschfunktional mit einem Korrelationsfunktional. Die Methoden werden häufig nach den Autoren benannt. So vereint z. B. die BLYP-Methode ein gradientenkorrigiertes Austauschfunktional nach Becke [23] mit einem gradienten-korrigierten Korrelationsfunktional nach Lee, Yang und Parr [24].

2.4.4.3 Hybridfunktionale

In der Praxis führt man eine DFT-Berechnung ganz ähnlich wie eine SCF-Rechnung als iteratives Verfahren durch. Becke formulierte Funktionale, die aus Hartree-Fock-Aus-tauschterm und DFT-Termen bestehen (Gleichung 2-39). Dabei sind c_{HF} und c_{DFT} Konstan-ten.

$$E_{Hybrid}^{XC} = c_{HF} E_{HF}^{X} + c_{DFT} E_{DFT}^{XC} \hspace{3cm} \text{Gleichung 2-39}$$

So wird zum Beispiel das Hybridfunktional B3LYP durch eine Kombination mehrer Funktionale definiert:

$$E^{XC}_{HB3LYP} = E^X_{LDA} + c_0\left(E^X_{HF} - E^X_{LDA}\right) + c_x\Delta E^X_{B88} + E^C_{VWN3} + c_c\left(E^C_{LYP} - E^C_{VWN3}\right).$$ Gleichung 2-40

Das Funktional enthält drei Parameter c_0, c_x und c_C. Der Parameter c_0 erlaubt eine Mischung von Hartree-Fock- (E^X_{HF}) und lokalem Austauschfunktional (E^X_{LDA}). Außerdem ist das gradientenkorrigierte Austauschfunktional nach Becke integriert. Dieses wird mit dem Parameter c_X skaliert. In ähnlicher Weise wird bei den Korrelationsfunktionalen verfahren: Das lokale Korrelationsfunktional nach Vosko, Wilk und Nusair (VWN3) [25] wird mit dem gradientenkorrigierten Korrelationsfunktional nach Lee,Yang und Parr hinsichtlich des Gradienten der Elektronendichte korrigiert. Dieser Korrekturterm wird mit dem Parameter c_C skaliert. Die Parameter wurden durch Optimierung der Atomisierungsenergien, Ionisationspotenziale und Protonenaffinitäten eines Satzes von Testmolekülen (G1-Satz) [26] bestimmt: $c_0 = 0.20$, $c_x = 0.72$ und $c_C = 0.81$.

Nach dieser Methode kann man weitere Hybridfunktionale entwickeln, indem man andere gradientenkorrigierte Korrelationsfunktionale verwendet und die drei Parameter erneut optimiert [7].

2.4.4.4 Kommentar zur Dichtefunktionaltheorie

Die Dichtefunktionaltheorie stellt *ein* Verfahren zur Berücksichtigung der Elektronenkorrelation dar. Obwohl dieses Verfahren im strengen Sinne keine reine *ab initio*-Methode mehr ist, da verschiedene empirische Parameter in die Berechnungen einfließen, hat sich diese Methode in den letzten Jahren durchgesetzt. Die Ursache für den Erfolg liegt vor allem darin, dass auch für relativ große Systeme mit einem vertretbaren Aufwand an Rechenzeit Ergebnisse erhalten werden, die eine vergleichbare und teilweise bessere Qualität als HF- oder MP2-Rechnungen besitzen. Außerdem liegen die Energieeigenwerte deutlich näher an experimentellen Werten als die HF-Energien [27]. Das gilt vor allem für Verbindungen der Übergangsmetalle.

In dieser Arbeit wird vorwiegend das Hybridfunktional B3LYP verwendet, da es sich aufgrund der nachgewiesenen Zuverlässigkeit in den letzten Jahren quasi zu einer Art Standardmethode für Berechnungen an metallorganischen Verbindungen entwickelt hat. Die Genauigkeit dieser Methode wurde detailliert untersucht [28]. Es gibt noch andere Dichtefunktionale, wie z. B. BP86, BPW91 oder BLYP, die ähnlich oder gleich gute Ergebnisse liefern [28, 29].

2.5　Basissätze

Basissätze sind Näherungen, die auf der Linearkombination von Atomorbitalen beruhen (LCAO-MO-Verfahren). Beim LCAO-Verfahren wird jedes Molekülorbital durch eine Linearkombination von Atomorbitalen ausgedrückt (Gleichung 2-6). Die Atomorbitale werden durch Basisfunktionen dargestellt. Hauptsächlich werden zwei Arten von Basisfunktionen verwendet: Slaterfunktionen und Gaußfunktionen. Bei Slaterfunktionen (Slater Type Orbitals - STO) wird der Radialanteil R_n durch eine Exponentialfunktion mit dem Orbitalexponenten ζ beschrieben, während die Winkelabhängigkeit durch eine Kugelfunktion Y gegeben ist. N_ζ ist ein Normierungsfaktor, z_{eff} die effektive Kernladungszahl und n die Hauptquantenzahl.

Slaterfunktion:　　　$\chi = R_n(r,\zeta)Y_{lm}(\theta,\varphi)$　　　　　　　　Gleichung 2-41

mit Radialteil:　　　$R_n(r,\zeta) = N_\zeta r^{n-1}e^{-\zeta r}$　　　$(n \geq 1)$　　　Gleichung 2-42

　　　　　　　　　$\zeta = z_{eff}/n$

Gaußfunktionen (Gaussian Type Orbitals -GTO) werden in der auf Boys zurückgehenden Darstellung gewöhnlich in folgender Form dargestellt:

$$\chi = N_{lmn\alpha}x^l y^m z^n e^{-\alpha r^2} \ . \qquad\qquad \text{Gleichung 2-43}$$

Der Radialteil ist in diesem Fall durch eine Gaußfunktion mit dem Exponenten α gegeben, $N_{lmn\alpha}$ ist ein Normierungsfaktor. Slaterfunktionen sind sowohl mit dem Faktor r^{n-1} als auch im Exponent ($e^{-\zeta r}$) vom Atomradius abhängig, während Gaußfunktionen eine einfachere Abhängigkeit $e^{-\alpha r^2}$ besitzen. Damit führt die Verwendung von Gaußfunktionen zu einer erheblichen Vereinfachung der Integralformeln zur Berechnung der Wellenfunktionen und zu einer deutlichen Verringerung des Rechenzeitaufwandes. Die Koordinatensysteme der Basisfunktionen sind an den Atomen lokalisiert. Slaterfunktionen beschreiben sowohl in Kernnähe als auch für $r \to \infty$ die Wellenfunktion besser als Gaußfunktionen. Die Berechnung von Mehrzentren-Elektronenwechselwirkungsintegralen mit STOs ist jedoch aufwändig und langwierig. Im Unterschied dazu lassen sich diese Integrale mit GTOs viel einfacher berechnen. Gaußfunktionen haben in Kernnähe den Anstieg Null und fallen für große Entfernungen vom Atomkern zu schnell ab. Um diese Nachteile der GTOs zur Beschreibung der Wellenfunktion auszugleichen, verwendet man häufig Linearkombinationen aus mehreren GTOs.

Tabelle 1: Die Bedeutung der Zeichen im Basissatz **6-31G*** von links nach rechts.

Zeichen	Bedeutung
6	Die inneren Schalen werden durch eine kontrahierte Gaußfunktion, die aus einer Linearkombination von 6 primitiven Gaußfunktionen besteht, dargestellt.
31	Die Valenzschale wird durch eine zusammengezogene und eine ausgedehnte Gaußfunktion dargestellt. Die zusammengezogene Funktion ist eine Linearkombination aus 3 primitiven Gaußfunktionen, die ausgedehnte Funktion ist eine primitive Gaußfunktion (double-zeta Basis).
G	Alle verwendeten Funktionen sind Gaußfunktionen.
*	Die schwereren Elemente werden mit Polarisationsfunktionen versehen.

Bei dem in dieser Arbeit verwendeten Basissatz 6-31G* werden die inneren Orbitale durch eine Linearkombination von sechs GTOs und die Valenzorbitale durch zwei Sätze von GTOs beschrieben (siehe Tabelle 1). Der eine Satz besteht aus drei GTOs und der andere aus einem GTO. Wenn die inneren und die äußeren Atomorbitale durch unterschiedliche Basissätze beschrieben werden, spricht man von einem *split-valence-Basissatz*. Die Beschreibung der Valenzelektronen ist bei diesem Basissatz von *double-zeta-Qualität*, da Funktionen mit zwei verschiedenen Orbitalexponenten ζ verwendet werden. Zusätzlich wird eine *Polarisationsfunktion* für alle Nichtwasserstoffatome eingeführt, um die Deformation der Atomorbitale im Molekül besser zu beschreiben. Dabei handelt es sich um eine d-Funktion.

Die Ergebnisse quantenmechanischer Rechnungen hängen von der Wahl der Basisfunktionen ab. Daher ist es sehr zu begrüßen, dass von Pople [1, 30, 31], Huzinaga, Dunning, Duijneveldt und anderen [32] standardisierte Basissätze eingeführt wurden, die einen direkten Vergleich der Arbeiten von verschiedenen Autoren ermöglichen.

Bei der Berechnung von Anionen und Molekülen mit Wasserstoffbrückenbindungen führt die Verwendung von *diffusen Funktionen* zu deutlich besseren Ergebnissen.

2.6 Pseudopotenziale

Der Aufwand zur Lösung der Wellenfunktion und der damit verbundene Rechenaufwand steigt beim Hartree-Fock-Verfahren etwa mit der vierten Potenz der Anzahl der Elektronen. Eine Möglichkeit diesen Aufwand zu verringern, besteht in der Verwendung von Pseudopotenzialen für schwere Elemente, insbesondere für Übergangsmetalle. Bei einem Pseudopotenzial wird ein Teil oder werden alle inneren Elektronen durch ein effektives Rumpfelektronenpotenzial ersetzt. Die Valenzelektronen bewegen sich im Feld dieses effektiven Kernpotenzials. In der Literatur wurden verschiedene Pseudopotenziale vorgeschlagen. Einen Überblick über die verfügbaren Pseudopotenziale findet man in [33].

Die Grundlage für die in dieser Arbeit verwendeten Pseudopotenziale (Effective Core Potential - ECP) nach Hay und Wadt sind relativistische Dirac-Hartree-Fock-Atomrechnungen, die alle Elektronen berücksichtigen [34]. Die zu ersetzenden Rumpfelektronen werden durch einen Satz von Potenzialen für jede Nebenquantenzahl ersetzt. Diese Potenziale müssen in einer weiteren Rechnung zu denselben Valenzorbitalen wie die Allelektronenrechnung führen. Die Potenziale werden durch eine Linearkombination von Gaußfunktionen dargestellt. Obwohl die Pseudopotenzialnäherung nicht exakt ist, erweist sie sich als sehr brauchbare Vereinfachung, die zu erstaunlich guten Ergebnissen führt. Wenn man die inneren Elektronen zu einem Rumpfpotenzial zusammenfasst, braucht man noch eine geeignete Beschreibung für die Valenzelektronen. Deshalb wird zu dem effektiven Kernpotenzial noch ein Basissatz zur Beschreibung der Außenelektronen hinzugefügt. Bei dem verwendeten ECP nach Hay und Wadt handelt es sich um ein kleines Rumpfpotenzial ("small core ECP"), bei dem die Valenzelektronen und die nächstinnere Schale durch einen Valenzbasissatz beschrieben werden. Das Kontraktionsschema der Valenzbasissätze nach Hay und Wadt kann man ganz allgemein mit [55/5/N] beschreiben. Das bedeutet, dass man je 5 Gaußfunktionen für die s-Orbitale der Valenzschale und die s-Orbitale der nächstinneren Schale verwendet, 5 Gaußfunktionen für die p-Orbitale und N Gaußfunktionen für die d-Orbitale. Dabei gilt: N=5 für 3d-Elemente, N=4 für 4d-Elemente und N=3 für 5d-Elemente. Diese Gaußfunktionen werden dann noch in Linearkombinationen zusammengefasst, so dass Valenzbasissätze in double- bzw. triple-zeta-Qualität entstehen.

Für das Titaniumatom wird der Valenzbasissatz z.B. in folgender Weise aufgestellt:

- die 1s- und 2s-Elektronen werden durch das ECP ersetzt,
- die 3s- und 4s-Elektronen werden mit 5 GTO beschrieben (Diese haben dieselben Exponenten, nur unterschiedliche Kontraktionskoeffizienten.),
- die 3p-Elektronen werden mit 5 GTO beschrieben,
- 3d-Elektronen mit 5 GTO.

Damit ergibt sich insgesamt ein Kontraktionsschema von [55/5/5].

Die Aufspaltung dieses minimalen Basissatzes in double- bzw. triple-zeta-Qualität erfolgt nun in folgender Weise:

- eine Linearkombination von 3 Gaußfunktionen für 3s,
- eine Linearkombination von 4 Gaußfunktionen und eine weitere Gaußfunktion für 4s (double-zeta-Qualität),
- eine Linearkombination von 3 Gaußfunktionen für p-Elektronen, plus 1 Gaußfunktion, plus 1 Gaußfunktion (triple-zeta-Qualität),
- eine Linearkombination von 4 Gaußfunktionen für d-Elektronen, plus 1 Gaußfunktion (double-zeta-Qualität).

Da die 3s- und die 4s-Elektronen denselben Exponenten haben, braucht man die äußere Gaußfunktion für 3s nicht. Damit ergibt sich insgesamt ein Kontraktionsschema von [341/311/41].

Für Eisen gilt das gleiche Kontraktionsschema, außerdem wurde zusätzlich noch eine Polarisationsfunktion vom f-Typ verwendet [35]. Diese Polarisationsfunktion gewährleistet eine bessere Beschreibung der Geometrie vor allem für späte Übergangsmetalle.

Im Programmpaket Gaussian 98 [46] kann man zwischen 5 und 6 d-Funktionen wählen. Die 6 d-Funktionen sind im kartesischen Koordinatensystem folgendermaßen orientiert: d_x^2, d_y^2, d_z^2, d_{xy}, d_{xz}, d_{yz}, während die Variante mit 5 d-Funktionen in bekannter Weise definiert ist: $d_{x^2-y^2}$, d_z^2, d_{xy}, d_{xz}, d_{yz}. Bei allen Berechnungen wurden 5 d-Funktionen verwendet.

Um Missverständnisse auszuschließen und die verwendeten Basisfunktionen für den Leser zugänglich zu machen, sind die entsprechenden Tabellen mit den Zahlenwerten im experimentellen Teil eingefügt. Daraus können auch die Kontraktionsschemata für die anderen Elemente entnommen werden.

Entscheidend für die Genauigkeit der Berechnungen an Übergangsmetallverbindungen mit Hilfe von Pseudopotenzialen und dazugehörigen Basissätzen sind die Größe des Pseudopotenzials und die Qualität des Basissatzes. Hierbei sollte ein Pseudopotenzial, welches nur die inneren Elektronenschalen zusammenfasst, in Kombination mit einem double-zeta-Basissatz für die Valenzelektronen **und** die nächstinnere Schale eine sehr gute Beschreibung liefern. Es gibt allerdings keine Hinweise darauf, dass andere Pseudopotenzial-Basissätze schlechtere Ergebnisse liefern würden [33].

2.7　Berechnungsverfahren und Potenzialhyperflächen

Ein häufiges Ziel bei der Anwendung quantenmechanischer Verfahren in der Chemie ist die Optimierung der Kernkoordinaten, um zur Vorhersage der Molekülstruktur zu gelangen. Daher sind Methoden zur Optimierung der Kernkoordinaten ein wichtiges Werkzeug in der Quantenchemie.

2.7.1　Geometrieoptimierungen

Die elektronische Wellenfunktion hängt von den Koordinaten der Atomkerne ab. Für jedes Atom gibt es drei Koordinaten im kartesischen Koordinatensystem. Für ein Molekül mit N Atomen ergeben sich damit 3N Möglichkeiten zur Anordnung der Atome im Raum. Davon können wir 3 Translations- und 3 Rotationsfreiheitsgrade für das gesamte Molekül abziehen. Somit ergeben sich 3N-6 Freiheitsgrade für jedes Molekül (für lineare Moleküle 3N-5). Das ergibt eine (3N-6)-dimensionale Potenzialhyperfläche (Potential Energy Surface - PES). Die Minima auf dieser Potenzialhyperfläche repräsentieren Gleichgewichtsstrukturen des untersuchten chemischen Systems. Falls für ein Molekül mehrere lokale Minima existieren, handelt es sich dabei um verschiedene Isomere. Eine solche Potenzialfläche würde man durch Lösung der elektronischen Schrödingergleichung für jede mögliche Anordnung der Atomkerne erhalten. Dies ist aufgrund des enormen Rechenaufwandes für größere Moleküle nicht möglich. Häufig benötigt man jedoch nicht unbedingt die gesamte Potenzialfläche, sondern die Kenntnis bestimmter ausgezeichneter Punkte auf der Potenzialfläche ist oft ausreichend.

An den Minima der Potenzialfläche liegen stabile Anordnungen der Atomkerne vor. Die Berechnung solcher Minima wird als Geometrieoptimierung bezeichnet. Dazu verwendet man im allgemeinen Gradientenverfahren. Diese erfordern Informationen über den

Gradienten der Energie, d. h. es werden die partiellen Ableitungen der Energie nach den Kernkoordinaten benötigt (Gleichung 2-44).

$$\vec{g} = \frac{\partial E}{\partial \vec{x}}$$ Gleichung 2-44

Gradientenverfahren ermitteln die Kernanordnung für ein Minimum iterativ durch Änderung der Kernkoordinaten entsprechend Gleichung 2-45. Dabei ist λ ein Schrittweiteparameter. Die Optimierungsschritte werden jeweils in Richtung des steilsten Abstieges geführt.

$$\vec{x}_{k+1} = \vec{x}_k - \lambda_k \vec{g}_k$$ Gleichung 2-45

Solche Verfahren des steilsten Abstieges konvergieren relativ langsam. Eine schnellere Konvergenz erzielt man mit Newtonschen Verfahren. Diese benötigen aber zusätzliche Kenntnisse über die zweiten Ableitungen der Energie nach den Kernkoordinaten. Dabei sucht man eine Kernanordnung, für die der Gradient $\vec{g}$ ein Nullvektor ist:

$$\vec{x}_{k+1} = \vec{x}_k - \lambda_k \frac{\vec{g}_k}{H_k}$$ Gleichung 2-46

$$H_k = \frac{\partial^2 E}{\partial \vec{x}_k^2} \; .$$ Gleichung 2-47

Dabei ist H_k die Matrix der zweiten Ableitungen der Energie E nach den Ortskoordinaten $\vec{x}_k$, die sogenannte Hesse-Matrix. Da die Berechnung der zweiten Ableitungen der Energie sehr zeitaufwändig ist, versucht man diesen Schritt zu umgehen. Eine Möglichkeit besteht darin, dass man statt der Hesse-Matrix eine geeignete Näherung für diese verwendet. Diese Verfahren bezeichnet man als quasi-Newton-Verfahren.

Die in dieser Arbeit vorgestellten optimierten Strukturen wurden größtenteils mit Hilfe des Berny-Algorithmus optimiert [36, 37]. Dabei handelt es sich um ein quasi-Newton-Verfahren, bei dem eine Startmatrix aus empirischen Daten erzeugt wird. Dazu wird meist ein Valenzkraftfeld verwendet. Der vollständige Algorithmus ist im Handbuch zu Gaussian 98 dargelegt [38].

2.7.2   Charakterisierung stationärer Punkte

Bei einem zweiatomigen Molekül ist der Kernabstand r der einzige Parameter, von dem die Energie des Moleküls abhängt. Man benötigt in diesem Fall eine zweidimensionale Darstellung, da E = f(r). Bei einem Molekül aus drei Atomen hat man zwei Atomabstände r_1 und r_2 sowie einen Winkel α zwischen den drei Atomen als Parameter. Die Energie des Systems hängt hierbei also von drei Parametern ab: E = f(r_1, r_2, α) und man erhält die Energie aus einer dreidimensionalen Darstellung in einem vierdimensionalen Raum. Die entstehenden Kurven bezeichnet man daher als „Energiehyperfläche". Diese Hyperflächen haben Minima für die Gleichgewichtsgeometrien der Atome. Man kann aus der Energiehyperfläche die mit Geometrieänderungen verknüpften Änderungen der potenziellen Energie des Moleküls ablesen. Deshalb bezeichnet man diese auch als Potenzialhyperfläche („potential energy surface"). Häufig werden diese Wechselwirkungen in Form von Höhenschichtlinien in einem Energiegebirge dargestellt, die ganz ähnlich aussehen wie die Höhenlinien auf einer Landkarte (Abbildung 2-1). Diese Übertragung geografischer Darstellungsweisen auf chemische Reaktionen ist außergewöhnlich suggestiv und bestimmt in starkem Maß die Vorstellungswelt des Chemikers.

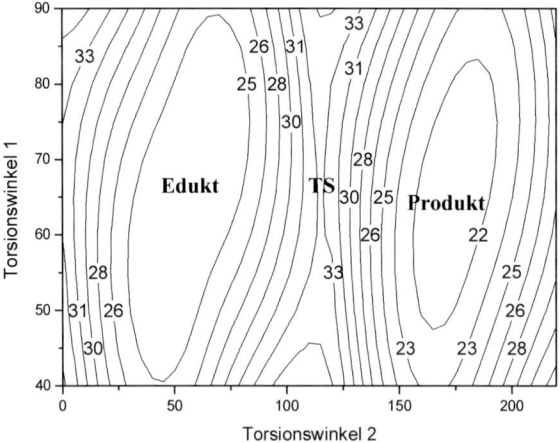

Abbildung 2-1: Zweidimensionale Darstellung einer Potenzialhyperfläche mit Höhenschichtlinien. Die Regionen für Edukt und Produkt liegen jeweils in einem „Tal", der Übergangszustand (TS) auf einem Sattelpunkt. Die Zahlen an den Höhenschichtlinien bezeichnen die potenzielle Energie in kJ/mol.

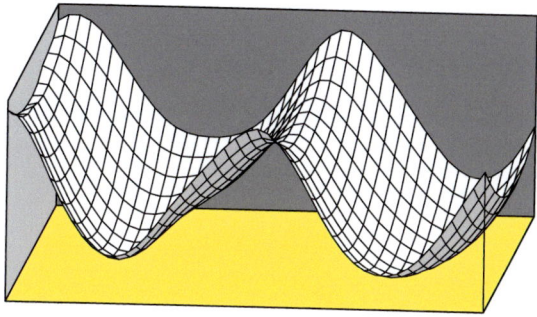

Abbildung 2-2: Dreidimensionale Darstellung derselben Potenzialhyperfläche aus
Abbildung 2-1.

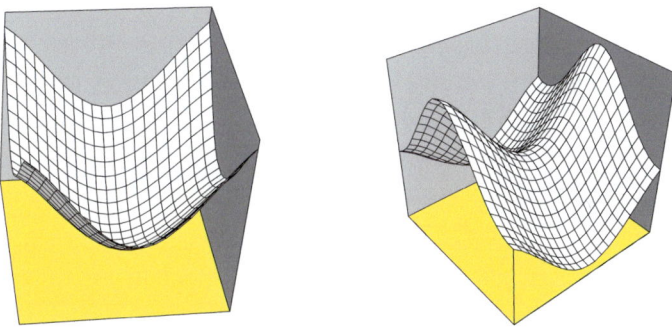

Abbildung 2-3: Minimum (links) und Sattelpunkt (rechts) auf einer Potenzialhyperfläche.

Die Minima und Sattelpunkte sind wichtige stationäre Punkte auf der Potenzialhyperfläche
(Abbildung 2-3). An den Minima liegen stabile Atomanordnungen vor, die Moleküle wie
wir sie kennen. Bei den Sattelpunkten handelt es sich entsprechend der Theorie des Übergangszustandes [39] um Übergangszustände für chemische Reaktionen. Ein stationärer
Punkt auf dieser Potenzialfläche erfordert das Verschwinden der Gradienten $\vec{g}_i$ der massegewichteten Kraftkonstantenmatrix (notwendige Bedingung):

$$\vec{g}_i = \frac{\partial E}{\partial \vec{x}} = 0 \ .$$ Gleichung 2-48

Zur Charakterisierung von stationären Punkten werden die partiellen zweiten Ableitungen der Kraftkonstantenmatrix gebildet. Diese Matrix, die so genannte Hesse-Matrix, wurde bereits in Gleichung 2-47 definiert. Ergeben die Eigenwerte der Hesse-Matrix ausschließlich positive Werte ($H_{ij} \geq 0$), so ist die untersuchte Anordnung von Atomen ein Minimum auf der Potenzialhyperfläche (hinreichende Bedingung). Wenn genau ein negativer Eigenwert vorhanden ist, handelt es sich um einen Sattelpunkt erster Ordnung, also einen Übergangszustand. Dieser eine negative Eigenwert der Hesse-Matrix entspricht der negativen Kraftkonstanten einer imaginären Schwingungsfrequenz. Wenn man diese negative Schwingungsfrequenz verfolgt, sieht man wie sich die Atome des Übergangszustandes in Richtung auf die Geometrie der Reaktanten bzw. Produkte bewegen.

Das zur Optimierung der Molekülgeometrien überwiegend verwendete quasi-Newton-Verfahren hat den Nachteil, dass die bei der Optimierung verwendete Matrix nicht der exakten Hesse-Matrix entspricht und somit die ermittelte Molekülgeometrie nicht unbedingt tatsächlich ein stationärer Punkt auf der Potenzialhyperfläche sein muss. Aus diesem Grund ist zur Charakterisierung der stationären Punkte eine separate Berechnung der Hesse-Matrix notwendig. Dabei wird eine Frequenzanalyse durchgeführt, bei der das Normalkoordinatensystem und die Schwingungsfrequenzen des Moleküls berechnet werden.

Häufig berechnet man nicht vollständige Potenzialhyperflächen, sondern beschränkt sich auf die genaue Ermittlung der Minima und Sattelpunkte. Die Ergebnisse dieser Berechnungen werden dann häufig schematisch als zweidimensionales Energieprofildiagramm dargestellt, bei dem die Minima Edukte (E), Zwischenprodukte (Z) und Produkte (P), und die Maxima Übergangszustände (TS_1, TS_2) sind (Abbildung 2-4). Alle Energieangaben in dieser Arbeit beziehen sich auf die elektronische Energie des untersuchten Systems einschließlich Nullpunktsschwingungskorrektur in kJ/mol. Weitere Angaben wie Enthalpie (H) und freie Enthalpie (G) können aus dem Experimentellen Teil entnommen werden. Es wurde an anderer Stelle [3] gezeigt, dass die Differenz der elektronischen Energie von Molekülen den wichtigsten Beitrag zur freien Aktivierungsenthalpie ($\Delta G^{\neq}$) bzw. zur freien Reaktionsenthalpie (ΔG_0) liefert. Da die berechneten Werte mit Fehlern behaftet sind, ist es nicht sinnvoll absolute Reaktionsgeschwindigkeiten oder Gleichgewichtskonstanten anzugeben. Ein Vergleich von relativen Aktivierungsenergien (E_a) und Reaktionsenthalpien (ΔH) ist jedoch nützlich.

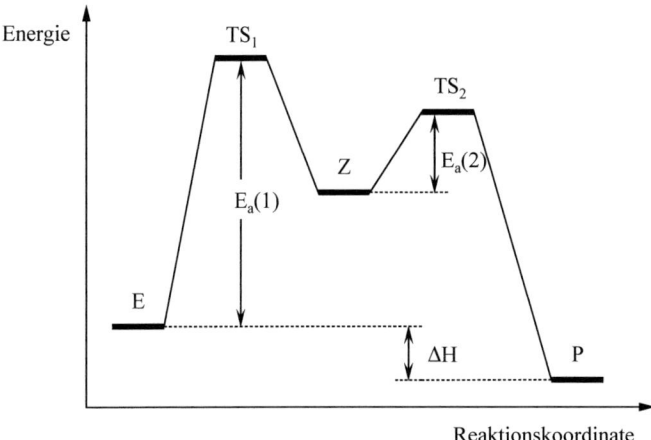

Abbildung 2-4: Energieprofildiagramm einer zweistufigen Reaktion mit Aktivierungsenergien $E_a(1)$ und $E_a(2)$ sowie der Reaktionsenthalpie ΔH.

2.7.3 Theorie des Übergangszustandes

Bei der Theorie des Übergangszustandes [39] nimmt man an, dass eine chemische Reaktion von einem Energieminimum zu einem anderen Energieminimum über ein dazwischen
liegendes Maximum verläuft. Dieses Maximum wird als Übergangszustand (TS) bezeichnet. Die Reaktion verläuft entlang einer so genannten "Reaktionskoordinate", die beim
Reaktanten negativ, beim Übergangszustand Null und beim Produkt positiv ist [40]. Die
Reaktionskoordinate verläuft entlang eines Weges, bei dem die Energie des Systems so
niedrig wie möglich ist. Am Übergangszustand hat das System die höchste Energie. In
einer multidimensionalen Darstellung ist der Übergangszustand ein Sattelpunkt erster Ordnung auf der Potenzialhyperfläche (Abbildung 2-3). Das heißt in Richtung der Reaktionskoordinate ist dieser Punkt ein Maximum, in alle anderen Richtungen ein Minimum.
Bei der Theorie des Übergangszustandes nimmt man eine Gleichgewichtsverteilung aller
möglichen Zustände entlang der Reaktionskoordinate an. Die Wahrscheinlichkeit, ein
Molekül in einem bestimmten Zustand anzutreffen, ist proportional $e^{-\Delta E / k_B T}$. Dabei handelt es sich um eine Boltzmannverteilung. Wenn man annimmt, dass sich der Übergangszustand im Gleichgewicht mit dem Reaktanten befindet, kann man die Geschwindigkeitskonstante der Reaktion durch Gleichung 2-49 ausdrücken.

$$k = \frac{k_B T}{h} e^{-\Delta G^{\neq}/RT}$$ Gleichung 2-49

Dabei ist $\Delta G^{\neq}$ die Differenz der freien Enthalpie (Gibbssche Energie) zwischen dem Übergangszustand und dem Reaktanten und k_B die Boltzmannkonstante. Diese Beziehung gilt nur, wenn alle Moleküle, die sich vom Reaktanten in den Übergangszustand umlagern, weiter zum Produkt reagieren. Da sich jedoch ein Teil der Moleküle vom Übergangszustand in den Reaktanten zurückverwandeln kann, wird häufig noch ein zusätzlicher Koeffizient κ eingeführt. Dieser Faktor berücksichtigt außerdem noch das quantenmechanische Phänomen des "Tunnelns". Dabei können Moleküle, die keine ausreichende Energie zum Überqueren des Übergangszustandes besitzen, durch die Energiebarriere hindurch tunneln und auf der Produktseite erscheinen. Der Koeffizient κ ist schwierig zu bestimmen. Bei tiefen Temperaturen spielt das Tunneln von Molekülen eine größere Rolle, daher hat man in diesem Fall oft κ>1. Bei hohen Temperaturen wandeln sich Moleküle häufig vom Übergangszustand zu den Reaktanten zurück, somit wird hierbei κ<1. Wenn man die freie Enthalpie des Reaktanten und des Übergangszustandes kennt, kann man mit Hilfe der Gleichung 2-49 die Geschwindigkeitskonstante einer Reaktion berechnen. Der Fehler kann dabei allerdings aufgrund der gemachten Vereinfachungen und der mit κ beschriebenen Effekte beträchtlich sein [3].

Weiterhin kann man die Gleichgewichtskonstante K_{eq} einer Reaktion aus der Differenz der freien Enthalpie von Reaktant und Produkt berechnen (Gleichung 2-50). Die freie Enthalpie ergibt sich aus $G = H - TS$. Die Enthalpie (H) und die Entropie (S) eines makroskopischen Ensembles von Molekülen kann man aus den Eigenschaften der einzelnen Moleküle mit Hilfe der chemischen Thermodynamik berechnen [41].

$$K_{eq} = e^{-\frac{\Delta G_0}{RT}}$$ Gleichung 2-50

Zur qualitativen Interpretation der erhaltenen Geometrien der Übergangszustände und des berechneten Ausschnittes der Potenzialhyperfläche gibt es einige wichtige Zusammenhänge. Zum einen wäre hier das **Hammond-Postulat** zu nennen. Dieses besagt: „Wenn ein Übergangszustand und ein benachbarter Zustand fast die gleiche Enthalpie aufweisen, dann erfordert die Überführung dieser Zustände ineinander nur eine kleine Änderung der Molekülstruktur" [42]. Aus diesem Postulat kann man auch folgende Regeln ableiten: Exotherme Reaktionen sollten frühe Übergangszustände haben und umgekehrt endotherme Reaktionen sollten späte Übergangszustände haben.

Ein weiterer wichtiger Zusammenhang ergibt sich aus der **Marcus-Theorie**, die ursprünglich für Elektronentransferreaktionen entwickelt wurde [43]. Bei dieser Theorie geht man von einer verallgemeinerten Potenzialhyperfläche aus, bei der die Energieminima von Reaktant und Produkt durch jeweils eine Parabel dargestellt werden. Die Reaktionskoordinate beginnt beim Reaktant mit x = 0 und führt zum Produkt mit x = 1. An dem Punkt, an dem sich die beiden Parabeln schneiden, befindet sich der Übergangszustand. Wenn man für beide Parabeln denselben Anstieg annimmt, dann ergibt sich folgender mathematischer Zusammenhang:

$$\Delta E^{\neq} = \Delta E_0^{\neq} + \frac{1}{2}\Delta E_0 + \frac{1}{16\Delta E_0^{\neq}}\Delta E_0^2 = \Delta E_0^{\neq}\left(1 + \frac{\Delta E_0}{4\Delta E_0^{\neq}}\right)^2 .$$ Gleichung 2-51

$$x^{\neq} = \frac{1}{2}\left(1 + \frac{\Delta E_0}{4\Delta E_0^{\neq}}\right)$$ Gleichung 2-52

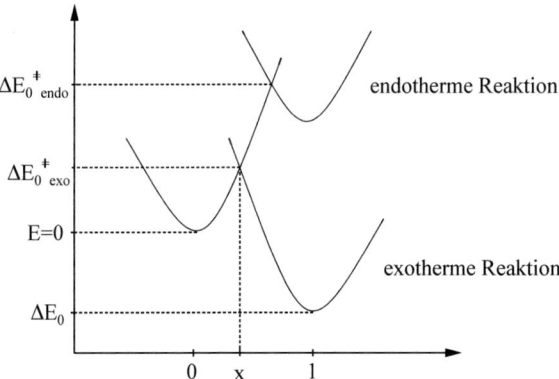

Abbildung 2-5: Schematische Darstellung einer Potenzialhyperfläche mit der Aktivierungsenergie $\Delta E_0^{\neq}$.

Betrachten wir die intrinsische Aktivierungsenergie $\Delta E_0^{\neq}$, so können wir aus den obigen Gleichungen folgende Regeln ableiten:

• Für eine thermoneutrale Reaktion wird $\Delta E_0^{\neq} = 0$. Damit wäre der Übergangs-zustand genau in der Mitte zwischen Edukt und Produkt bei x = 0.5.

• Für endotherme Reaktionen ($\Delta E_0 > 0$) findet man große Aktivierungsenergien.

• Für exotherme Reaktionen ($\Delta E_0 < 0$) findet man kleine Aktivierungsenergien.

Diese Zusammenhänge kann man sich qualitativ durch Verschieben der rechten Parabel in Abbildung 2-5 verdeutlichen.

2.7.4 Finden von Übergangszuständen und Verfolgen von Reaktionspfaden

Die Suche nach Übergangszuständen gehört zu den schwierigsten Aufgaben der theoreti-schen Chemie. Es gibt nahezu keine experimentelle Methode zur Beobachtung von Über-gangszuständen. In jüngster Zeit ist es möglich geworden, Reaktionsmechanismen mit Hilfe der gepulsten Femtosekunden-Laserspektroskopie direkt zu verfolgen [44, 45]. Aus kinetischen Messungen kann man nur Aussagen über die Höhe der Aktivierungsenergie für eine Reaktion gewinnen, man erhält jedoch keine Information über die Geometrie des Übergangszustandes. Weiterhin liegen Moleküle im Übergangszustand häufig in einer der chemischen Erfahrung widersprechenden oder zumindest ungewöhnlichen Form vor, d.h. es können völlig unerwartete Bindungen und Geometrien auftreten. Die üblichen Regeln für Valenzstrukturen gelten hier nicht, da ja gerade Bindungen gebrochen werden und sich Atome neu zueinander anordnen.

Hinzu kommen rein praktische Probleme beim Auffinden von Übergangszuständen:

• Die Potenzialhyperfläche ist in der Nähe des Übergangszustandes häufig flacher als in der Umgebung eines Minimums. Das kann man damit erklären, dass der Übergangs-zustand eine diffizile Balance zwischen dem Aufbrechen und Neubilden von Bindun-gen darstellt, während bei einem Minimum die Bindungsparameter in ihrer energie-günstigsten Form vorliegen.

• Da wir nur sehr wenig über die Geometrie von Übergangszuständen wissen, fällt es sehr schwer diese Geometrie vorherzusagen, also eine geeignete Startgeometrie zur Optimierung vorzugeben. Hierfür benötigt man Erfahrungen, die im Rahmen dieser Arbeit erst gesammelt werden mussten.

- Der vermutete Reaktionsmechanismus kann falsch sein, so dass es auch nicht gelingt, einen entsprechenden Übergangszustand zu finden.

Zum Auffinden von Übergangszuständen gibt es keine generell anwendbare Methode. Es gibt viele verschiedene Verfahren, welche man in zwei Kategorien einteilen kann: Verfahren, die nur Informationen zum Übergangszustand verwenden und solche, die auf der Interpolation zwischen zwei Minima beruhen.

Die direkte Lokalisierung eines Übergangszustandes gelingt unter Umständen recht einfach, wenn man zusätzliche Informationen aus der Symmetrie der Moleküle zu Hilfe nehmen kann. So kann man z.B. den Übergangszustand bei der Inversion von Ammoniak durch Eingabe der Startgeometrie in der Symmetriepunktgruppe D_{3h} ermitteln. Ausgangs- und Endzustand haben die Symmetriepunktgruppe C_{3v}. Die Optimierung in der Symmetrie D_{3h} führt zu einem Minimum. Dieses Minimum entspricht dem Übergangszustand auf der Potenzialhyperfläche (Gleichung 2-53).

$$C_{3v} \qquad\qquad TS\ in\ D_{3h} \qquad\qquad C_{3v} \qquad\qquad Gleichung\ 2\text{-}53$$

Bei komplizierteren Molekülen kann man jedoch in den meisten Fällen keine zusätzlichen Informationen aus deren Symmetrie verwenden. Das direkte Auffinden eines Übergangszustandes gelingt dann häufig nur, wenn man eine genügend genaue Startgeometrie eingibt. Der Optimierungsalgorithmus versucht daraus eine Geometrie zu finden, bei der die erste Ableitung der Energie nach den Kernkoordinaten gleich Null ist. Dabei können alle Arten von Minima, Maxima und Sattelpunkten gefunden werden! Wichtig ist deshalb unbedingt die Verifizierung des so gefundenen Übergangszustandes durch eine Frequenzrechnung. Die direkte Lokalisierung von Übergangszuständen versagt häufig bei größeren Molekülen und ist deshalb für eine routinemäßige Anwendung völlig ungeeignet.

Deutlich zuverlässiger sind dagegen Methoden, die auf der **Interpolation zwischen zwei Minima** beruhen. Für diese Verfahren benötigt man die Geometrien von Reaktant und Produkt. Man kann dann annehmen, dass sich der Übergangszustand irgendwo zwischen der Geometrie dieser beiden Zustände befindet. Die Methoden zum Auffinden des Übergangszustandes unterscheiden sich in der Art, wie die Interpolation ausgeführt wird. Bei der Methode des **linearen synchronen Anstieges** ("Linear Synchronous Transit" - **LST**) wird der geometrische Differenzvektor zwischen Reaktant und Produkt gebildet und entlang dieser Linie die Struktur mit der höchsten Energie gesucht. Dabei setzt man voraus, dass sich die Variablen entlang des Reaktionspfades gleichmäßig verändern. Das ist jedoch häufig nicht der Fall, daher versagt diese Methode häufig. Die Methode des **quadratischen synchronen Anstieges** ("Quadratic Synchronous Transit" - **QST**) modelliert den Reaktionspfad durch eine Parabel statt einer geraden Linie (Abbildung 2-6).

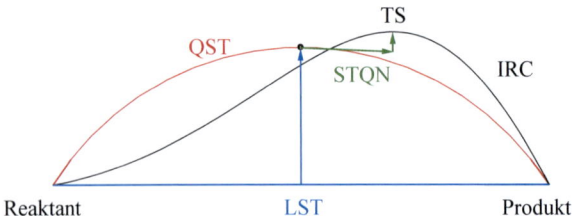

Abbildung 2-6: Schematische Darstellung der Methoden des linearen und des quadratischen synchronen Anstieges zum Auffinden eines Übergangszustandes.

Das **Synchronous Transit Guided Quasi-Newton Verfahren** (**STQN**) stellt eine modernere Variante der QST-Methode dar. Hierbei verwendet man einen Kreisbogen statt einer Parabel zur Interpolation des Übergangszustandes. An diesen Kreisbogen wird eine Tangente angelegt, um die Suche in die Nähe des TS zu lenken (Abbildung 2-6). Wenn die Nähe des Übergangszustandes erreicht ist, wird die Optimierung mit dem quasi-Newton-Raphson-Verfahren fortgesetzt. Dabei wird die Energie in Richtung des Eigenvektors des Übergangszustandes der Hesse-Matrix maximiert und in alle anderen Richtungen minimiert [3]. Dieses Verfahren wird in der aktuellen Version des verwendeten Softwarepaketes (Gaussian 98 [46]) zum Auffinden von Übergangszuständen eingesetzt. Dabei gibt es zwei mögliche Varianten: Entweder man gibt nur die Geometrie von Edukt und Produkt ein („QST2"-Verfahren) oder man gibt die Geometrie von Edukt, Produkt und die vermutete Geometrie des Übergangszustandes ein („QST3"-Verfahren) [38]. Das letztgenannte Verfahren führt in den meisten Fällen zum Erfolg, vorausgesetzt die Geometrie des Übergangszustandes wird einigermaßen richtig postuliert!

Wenn ein Übergangszustand gefunden und anhand der Hesse-Matrix verifiziert ist, muss man noch überprüfen, ob dieser Zustand wirklich den Reaktanten mit dem Produkt verbindet oder etwa den Übergangszustand einer ganz anderen Reaktion darstellt! Diese Überprüfung vollzieht man durch Verfolgen des intrinsischen Reaktionspfades ("intrinsic reaction coordinate" - IRC). Dieser entspricht dem Weg des steilsten Abstieges in den massegewichteten Koordinaten vom Übergangszustand zum Reaktanten und zum Produkt.

2.8 Analyse der Wellenfunktion

Es gibt eine Reihe von Verfahren zur Analyse der Elektronendichteverteilung in Molekülen. Populationsanalysen ergeben Maßzahlen für Atomladungen und Bindungsstärken. Bei den quantenmechanischen Verfahren, die Überlappungsintegrale verwenden (z.B. EHT, HF), wird häufig die Mulliken-Populationsanalyse verwendet [47].

Populationsanalysen sind immer mit einer gewissen Willkür behaftet. Atomladungen sind von der Art der Analyse und vom Basissatz abhängig. Die Basissatzabhängigkeit ist in Populationsanalysen weit ausgeprägter als die der "realen" Elektronendichteverteilung [48].

2.8.1 Elektrostatische Ladungen

Elektrostatische Ladungen (Electrostatic Charge Population - ESP) werden aus dem elektrostatischen Potenzial abgeleitet. Das elektrostatische Potenzial wird auf einer Reihe von Punkten auf der Oberfläche des Moleküls berechnet. Als Moleküloberfläche verwendet man für gewöhnlich die van-der-Waals-Oberfläche. Eine Kurvenanpassung ergibt dann die Partialladungen an den Atomkernen, die das elektrostatische Potenzial verursachen. Diese Methode ergibt eine gute Beschreibung für Ladungswechselwirkungen mit anderen Molekülen.

Es gibt verschiedene Methoden zur Berechnung von elektrostatischen Ladungen. Diese unterscheiden sich vor allem darin, wie die Punkte zur Berechnung des elektrostatischen Potenzials gewählt werden. Bekannte Methoden sind Merz-Singh-Kollman (MK) [49, 50], Chelp [51] und ChelpG [52].

2.8.2 Mulliken-Populationsanalyse

Die grundlegende Annahme der Mulliken-Populationsanalyse besteht darin, dass die Überlappung zwischen zwei Orbitalen gleichmäßig aufgeteilt wird [47]. Dabei wird die Elektronegativität der einzelnen Atome nicht berücksichtigt! Diese Methode ist recht einfach und hat sich als nützlich für Berechnungen mit kleinen Basissätzen erwiesen. Bei sehr großen Basissätzen kann diese Methode aber falsche Ergebnisse liefern. Das ist darauf zurückzuführen, dass diffuse Funktionen mehr die gebundenen Atome beschreiben, als das Atom, an welchem sie eigentlich lokalisiert sind.

Nachteile der Mullikenanalyse:

- Es können negative Populationen auftreten, die physikalisch keine Bedeutung haben.
- Die Ergebnisse sind stark basissatzabhängig.
- Man erhält häufig falsche Beschreibung der Ladungsverteilung in ionischen Verbindungen.

Ungeachtet dieser Nachteile ist die Mullikenanalyse immer noch sehr populär. Eine Ursache dafür ist, dass die Methode einfach zu implementieren ist und daher in viele Softwarepakete integriert wurde. Der wichtigste Grund ist aber wahrscheinlich, dass die Mullikenanalyse einfach zu verstehen ist und numerische Werte, also einfache Zahlenwerte für Ladungen liefert!

2.8.3 NBO-Analyse (Natural Bond Orbital)

Bei der Natürlichen Bindungsorbitalanalyse (NBO) [53] werden die Elektronen im Molekül Bindungen bzw. den Atomen als Elektronenpaare zugeordnet. Dabei werden die Molekülorbitale nicht direkt analysiert, sondern erst in natürliche Orbitale umgewandelt. Natürliche Orbitale sind die Eigenfunktionen der reduzierten Dichtematrix. Die natürlichen Orbitale werden an den Atomen lokalisiert und orthogonalisiert. Bei der Lokalisierung der Orbitale werden diese entweder einem Atom oder einer Bindung zwischen zwei Atomen zugeordnet. Über die Orbitale kann man integrieren, um „natürliche Atomladungen" (natural population analysis - **NPA**) zu erhalten. Die Analyse der lokalisierten Orbitale hinsichtlich ihres Aufenthaltsortes und ihrer Knoteneigenschaften erlaubt eine Klassifizierung als bindende (bond), kernnahe (core), freie Elektronenpaare (lone pair) und antibindende Orbitale (Rydberg). Eine weitere Analyse der Orbitale ergibt Wechselwirkungen zwischen Donor und Akzeptor und zwischen drei Zentren.

Bei der NBO-Analyse wird der Basissatz des Moleküls in folgender Weise transformiert:

- lokalisierte Atomorbitale (NAO = natural atomic orbitals),
- Hybridorbitale (NHO = natural hybrid orbitals),
- Bindungsorbitale (NBO = natural bond orbitals),
- lokalisierte Molekülorbitale (NLMO = natural localized molecular orbitals).

Die so erhaltenen Bindungsorbitale entsprechen weitgehend der üblichen Schreibweise von Lewis-Formeln. Die NBO-Analyse ist kaum basissatzabhängig und kann für Hartree-Fock- und DFT-Methoden verwendet werden.

Der **Wiberg-Bindungsindex** [54] wird als Summe der Quadrate der Nichtdiagonal-elemente der Dichtematrix zwischen jeweils zwei Atomen berechnet. Dazu wird die NAO-Basis verwendet. Dieser Index hat stets positive Zahlenwerte, wodurch man nicht zwischen bindendem und antibindendem Charakter der zu untersuchenden Wechselwirkung zwischen den beiden Atomen unterscheiden kann.

2.8.4 Charge-Decomposition-Analysis (CDA) [55]

Hierbei handelt es sich um eine Methode der Populationsanalyse auf der Grundlage von Orbitalen [56]. Mit dieser Methode kann man die Bindungsverhältnisse in Donor-Akzeptorkomplexen analysieren. Entsprechend dem Dewar-Chatt-Duncanson-Modell [57, 58] werden die synergistischen Wechselwirkungen zwischen Donor und Akzeptor mit dieser Methode quantitativ analysiert. Dabei betrachtet man die σ-Donorbindung vom Ligand zum Metall und die π-Rückbindung vom Metall zum Liganden als die wichtigsten Faktoren. Bei der CDA wird die Wellenfunktion eines Komplexes L_nM-D als Linear-kombination der Molekülorbitale des Donors D und des Komplexfragmentes L_nM darge-stellt. Beide Fragmente müssen abgeschlossene Elektronenschalen (closed shell-Konfi-guration) aufweisen. Die Beiträge der Orbitale der Fragmente zur Wellenfunktion des Komplexes werden in vier Wechselwirkungen zerlegt:

- **d**   Wechselwirkung der besetzten Molekülorbitale von D mit den unbesetzten Molekülorbitalen von L_nM (Donorbindung: $D \rightarrow ML_n$),

- **b**   Wechselwirkung der unbesetzten Molekülorbitale von D mit den besetzten Molekülorbitalen von L_nM (Rückbindung: $D \leftarrow ML_n$),

- **r**   Wechselwirkung der besetzten Molekülorbitale von D mit den besetzten Molekülorbitalen von L_nM (repulsive Polarisierung $D \leftrightarrow ML_n$),

- **Δ**   Wechselwirkung der unbesetzten Molekülorbitale von D mit den unbesetzten Molekülorbitalen von L_nM (Restterm).

Der letzte Term sollte nicht zur Elektronenstruktur des Komplexes beitragen und deshalb gleich oder nahezu Null sein. Eine deutliche Abweichung von Null für Δ weist darauf hin, dass die untersuchte Bindung den Charakter einer normalen kovalenten Bindung zwischen zwei Fragmenten mit nicht abgeschlossener Elektronenschale hat und deshalb nicht als Donor-Akzeptor-Wechselwirkung betrachtet werden kann. Die Donorbindung und die Rückbindung wird für jedes Molekülorbital getrennt berechnet. Daher kann man die Beiträge der σ-Bindung vom Ligand zum Metall und der π-Rückbindung vom Metall zum Ligand zur gesamten Wechselwirkung der untersuchten Fragmente bestimmen [59]. Die CDA-Methode kann man auf der Grundlage der Orbitale von Hartree-Fock-Rechnungen oder mit Kohn-Sham-Orbitalen aus DFT-Rechnungen durchführen.

2.8.5 Atoms in Molecules (AIM)

Bei der **AIM**-Methode (Atoms in Molecules) [60, 61] wird eine topologische Analyse der Elektronendichteverteilung durchgeführt. Die erste Ableitung (Gradientenvektorfeld) und die zweite Ableitung der Elektronendichte (skalare Ableitung des Gradientenvektorfeldes) liefern wertvolle Informationen über die elektronische Struktur von Molekülen. Diese Methode ist recht anschaulich, da die topologische Analyse eine direkte Beschreibung von Atomen, Bindungen und Ringen ermöglicht. Dazu ermittelt man die Extrema (Minima, Maxima und Sattelpunkte) der Elektronendichte. Diese bezeichnet man auch als kritische Punkte. An den Maxima befinden sich die Atomkerne, die Sattelpunkte dienen zur Ermittlung der Bindungspfade im Molekül und mit den Minima kann man Ringe und Käfige charakterisieren. Die Sattelpunkte werden auch als bindungskritische Punkte (bond critical points) bezeichnet. Ein bindungskritischer Punkt stellt das Minimum der Elektronendichte entlang der Linie dar, die die beiden Atome miteinander verbindet. Diese Methode berücksichtigt die Größe von Atomen, da der bindungskritische Punkt dichter am kleineren Atom lokalisiert ist. Die Bindungsordnung kann aufgrund der Elektronendichte an diesem Punkt vorhergesagt werden.

Ausgehend von den bindungskritischen Punkten kann man den Gradientenvektor bestimmen. Das ist die Richtung des steilsten Anstieges der Elektronendichte. Der Gradientenvektor kann in alle Richtungen um das Atom herum ermittelt werden und definiert Oberflächen im dreidimensionalen Raum um jedes Atom. Dadurch wird der Raum in Regionen um jeden Atomkern aufgeteilt. Die Zahl der Elektronen in diesem Raum kann integriert werden, dadurch erhält man eine Elektronenbesetzung und damit eine Atomladung. Die AIM-Methode ist populär, da sie auch mit großen Basissätzen funktioniert, bei denen die einfacheren Populationsanalysen versagen. Diese Methode ist kaum basissatzabhängig.

2.8.6   Andere Methoden

Es gibt noch weitere Methoden zur Analyse der Wellenfunktion. Diese wurden jedoch in dieser Arbeit nicht verwendet und sollen deshalb hier nur kurz erwähnt werden:

Die **Populationsanalyse nach Löwdin** [62] bietet einige Verbesserungen gegenüber der Mullikenanalyse. Die Atomorbitale werden hierbei erst in einen Satz orthogonaler Orbitale umgewandelt und die Koeffizienten der Molekülorbitale werden so transformiert, dass sie die Wellenfunktion in dieser neuen Basis darstellen. Die Löwdin-Analyse ist immer noch basissatzabhängig.

Neben den bisher geschilderten Methoden, die die **Ladungsverteilung** in einem Molekül beschreiben, gibt es noch Methoden zur **Aufteilung der Energie** der chemischen Bindung. Dabei wären vor allem die **EDA** (Energy Decomposition Analysis) [63, 64] und **ETS-Analyse** (Energy Transition-State) [65] zu nennen. Diese beiden Methoden ähneln sich weitgehend. Bei der Analyse wird die Energie der betrachteten Bindung A-B in verschiedene Beiträge zerlegt:

$$\Delta E = \Delta E_{prep} + \Delta E_{els} + \Delta E_{Pauli} + \Delta E_{orb} \, . \qquad \text{Gleichung 2-54}$$

Dabei ist ΔE_{prep} die Energie, die notwendig ist, um die Fragmente A und B aus der Gleichgewichtsgeometrie und dem elektronischen Grundzustand in die Geometrie und den elektronischen Zustand zu bringen, die im Molekül A-B vorliegen. ΔE_{els} ist die elektrostatische Wechselwirkungsenergie zwischen den Fragmenten A und B. ΔE_{Pauli} ist die abstoßende Energie, die durch Austauschwechselwirkung ("Pauli-Wechselwirkung") zwischen den beiden Fragmenten entsteht. ΔE_{orb} ist die stabilisierende Wechselwirkung, die durch Orbitalwechselwirkung der beiden Fragmente zustande kommt.

2.9 Basissatzüberlagerungsfehler

Die in dieser Arbeit verwendeten Basisfunktionen sind aus Linearkombinationen von Gaußfunktionen aufgebaut, mit denen die reale Elektronendichteverteilung um die Atome möglichst genau beschrieben werden soll. Die Basisfunktionen sind nur aus einer endlichen Anzahl von Gaußfunktionen aufgebaut und enthalten daher gewisse Fehler. Betrachten wir die Bildung eines Moleküls AB aus den Molekülen A und B. Im Dimer AB können die Basisfunktion des Moleküls A vom Molekül B mit genutzt werden und umgekehrt. Dadurch wird der Basissatz für beide Moleküle "vollständiger". Die damit verbundene Erniedrigung der Gesamtenergie bezeichnet man als Basissatzüberlagerungsfehler ("BSSE" - basis set superposition error). Zum Vermeiden des Basissatzüberlagerungsfehlers bieten sich zwei Möglichkeiten an. Entweder verwendet man größere Basissätze, was jedoch die Rechenzeiten enorm erhöht, oder man wendet die "Gegengift-Korrektur" (Counterpoise Correction) an. Bei diesem Korrekturverfahren wird die Größe des BSSE aus einfachen Rechnungen ermittelt. Für unser Beispiel der beiden Moleküle A und B brauchen wir die optimierten Geometrien der Moleküle A, B und des Produktes AB. Die Energie, die bei der Bildung des Produktes AB frei wird, ergibt sich aus der Differenz der Energie des Produktes $E(AB)^*_{ab}$ und der Monomerenergien $E(A)_a$ und $E(B)_b$. Die Indizes "a" und "b" bezeichnen jeweils die Basissätze der Moleküle A und B, der Stern "*" steht für die Geometrie des Komplexes.

$$\Delta E(\text{Komplexierung}) = E(AB)^*_{ab} - E(A)_a - E(B)_b \qquad \text{Gleichung 2-55}$$

Zur Abschätzung, welcher Anteil dieser Komplexierungsenergie auf den BSSE zurückzuführen ist, werden vier weitere Rechnungen benötigt, bei denen man ausschließlich die Geometrie der Moleküle im Komplex verwendet:

- $E(A)^*_a$ - die Energie des Moleküls A mit dem Basissatz a des Moleküls,
- $E(B)^*_b$ - die Energie des Moleküls B mit dem Basissatz b des Moleküls,
- $E(A)^*_{ab}$ - die Energie des Moleküls A mit den Basissätzen a und b und
- $E(B)^*_{ab}$ - die Energie des Moleküls B mit den Basissätzen a und b.

Bei den letzten beiden Rechnungen "sieht" das Molekül sozusagen jeweils die Orbitale des anderen Moleküls und kann diese mit nutzen. Zu diesem Zweck gibt man z. B. das Molekül A und dazu an den entsprechenden Positionen im Raum die Basisfunktionen für B **ohne** die entsprechenden Atomkerne ein. Solche Orbitale ohne dazu gehörenden Atomkerne bezeichnet man auch als "Geisterorbitale". Die Energie des Fragmentes A wird durch diese Geisterorbitale niedriger. Aus den oben genannten vier Energien kann man dann die Counterpoise Correction mit der Gleichung 2-56 berechnen.

$$\Delta E(CP) = E(A)^*_{ab} + E(B)^*_{ab} - E(A)^*_a - E(B)^*_b \qquad \text{Gleichung 2-56}$$

Die Komplexierungsenergie kann man dann durch die Differenz ΔE(Komplexierung) minus ΔE(CP) korrigieren.

2.10 Pericyclische Reaktionen

Pericyclische Reaktionen oder auch konzertierte Reaktionen sind diejenigen, bei denen ein cyclischer Bindungswechsel innerhalb eines, meist nur vorübergehend gebildeten, Rings von Atomen stattfindet, ohne dass zwischendurch ungepaarte Elektronen oder Ionen in Erscheinung treten. Öffnen und Schließen der Bindungen erfolgen einstufig, also synchron. Ausgangspunkt für die Erklärung der Mechanismen pericyclischer Reaktionen ist das von Woodward und Hoffmann aufgestellte Prinzip von der Erhaltung der Orbitalsymmetrie: "Die σ- und π-MOs der an der Reaktion beteiligten Bindungen bleiben bei Synchronreaktionen symmetrisch oder antisymmetrisch in Bezug auf bestimmte Symmetrieelemente" [66]. Die Mechanismen von Cycloadditionsreaktionen lassen sich sehr anschaulich mit diesem Prinzip erklären [67].

Da [2+2]-Cycloadditionen einen zentralen Platz in dieser Arbeit einnehmen, soll an dieser Stelle soweit wie notwendig auf die Mechanismen dieser Reaktionen eingegangen werden. Aufgrund der häufig vorhandenen hohen Symmetrie pericyclischer Reaktionen kann man wesentliche Aussagen über die möglichen Mechanismen aus Symmetrieargumenten gewinnen.

2.10.1 [2+2]-Cycloadditionen

Für [2+2]-Cycloadditonsreaktionen kann man ein Korrelationsdiagramm zeichnen, bei dem auf der linken Seite die Energieniveaus der Reaktanden und auf der rechten Seite die Energieniveaus des Produktes erscheinen. Betrachten wir zunächst die parallele Annäherung von zwei Ethylenmolekülen. Im Verlauf der Reaktion gehen die vier π-Orbitale der beiden Ethylenmoleküle in vier σ-Orbitale des Cyclobutans über. Die C-C- und C-H-σ-Bindungen erfahren während der Reaktion keine wesentliche Änderung, deshalb können diese außer Acht gelassen werden. Bei der in Abbildung 2-7 gewählten parallelen Annäherung der beiden Ethylenmoleküle kann man zwei Symmetrieebenen **1** und **2** einzeichnen. Die Ebene **1** steht senkrecht auf den Ebenen der beiden Ethylenmoleküle, die Ebene **2** ist parallel zwischen den beiden Molekülen.

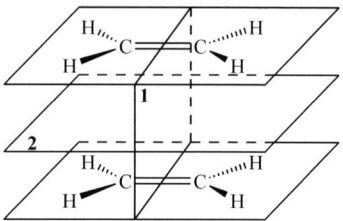

Abbildung 2-7: Symmetrieelemente bei der parallelen Annäherung von zwei Ethylenmolekülen.

Die lokalisierten π-Bindungen der beiden Ethylenmoleküle eignen sich nicht zur Beschreibung des aus zwei Ethylenmolekülen bestehenden Komplexes, denn sie sind bezüglich der Symmetrieebene **2** weder symmetrisch noch antisymmetrisch . Die Linearkombination der π-Molekülorbitale ergibt entsprechende symmetrieadaptierte MOs, die in Abbildung 2-8 mit πSS, πSA und so weiter gekennzeichnet sind. Die Bezeichung SS bzw. SA steht jeweils für Symmetrie oder Antisymmetrie bezüglich der beiden Symmetrieebenen **1** und **2**. Die im Cyclobutan gebildeten σ-Bindungen werden in gleicher Weise einer Linearkombination unterworfen und entsprechend ihrer Symmetrieeigenschaften als σSS, σSA usw. bezeichnet (Abbildung 2-8).

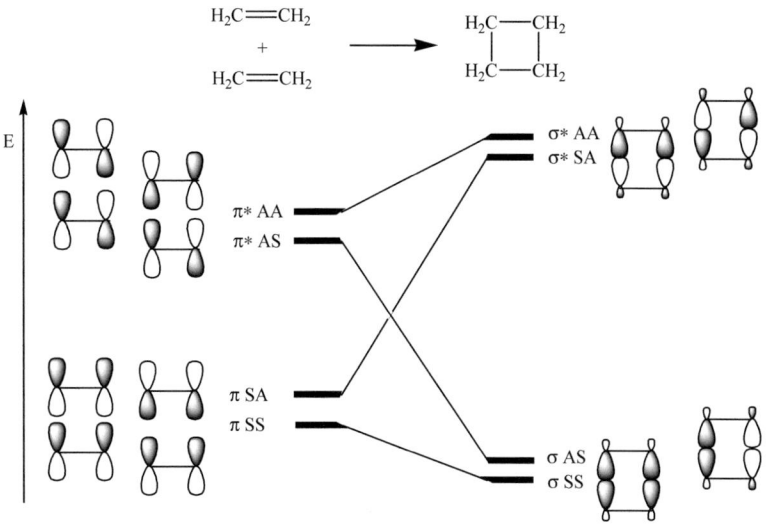

Abbildung 2-8: Korrelationsdiagramm für die Bildung von Cyclobutan aus zwei Molekülen Ethylen.

Abschließend verbindet man die Zustände gleicher Symmetrie von Eduken mit denen der Produkte mit Verbindungslinien. Aus dem Korrelationsdiagramm kann man entnehmen, dass der bindende Zustand πSA der Edukte in den antibindenden Zustand σ^*SA übergeht. Dagegen wird aus dem antibindenden Zustand π^*AS der bindende Zustand σAS. Da die Orbitalsymmetrie bei der Reaktion erhalten bleiben muss, können sich also zwei im Grundzustand vorliegende Ethylenmoleküle nicht in einer Synchronreaktion zum Cyclobutan im Grundzustand vereinigen. Diese Reaktion hat also eine sehr hohe, durch die Symmetrie der Orbitale verursachte Barriere. Diese Barriere verschwindet allerdings, wenn ein Elektron durch fotochemische Anregung in einen angeregten Zustand angehoben wird. Anders ausgedrückt kann man auch sagen, dass [2+2]-Cycloadditionen thermisch verboten, aber fotochemisch erlaubt sind.

Für Cycloadditionen gibt es verschiedene Möglichkeiten der Annäherung der beiden Moleküle. Reaktionen, bei denen sich die gebildeten oder geöffneten Bindungen auf der gleichen Seite des reagierenden Moleküls befinden, bezeichnet man als suprafacial. Befinden sich dagegen die reagierenden Bindungen auf entgegengesetzten Seiten des Moleküls, bezeichnet man den Prozess als antarafacial. Die beiden Möglichkeiten sind noch einmal in

Abbildung 2-9 dargestellt. Die in Abbildung 2-7 gezeigten Moleküle gehen beide eine suprafaciale Reaktion ein. Daher bezeichnet man diese auch als supra, supra-Reaktion.

Abbildung 2-9: Suprafacialer (links) und antarafacialer (rechts) Angriff an einem Ethylen-molekül.

Zur eindeutigen Bezeichnung von pericyclischen Reaktionen wird häufig die Zahl der an der Reaktion beteiligten Elektronen in eckigen Klammern als [m+n] angegeben, also z. B. als [2+2]-Cycloaddition. Zur weiteren Klassifizierung fügt man noch die Art der reagierenden Orbitale als vorangestellten Index hinzu. Die in Abbildung 2-8 gezeigte Reaktion kann man dann als $[_\pi 2 +_\pi 2]$-Cycloaddition bezeichnen. Außerdem wird noch die Art des Angriffs mit den nachgestellten Indizes "s" für supra und "a" für antara bezeichnet. Somit ist die vollständige Bezeichnung der in Abbildung 2-8 dargestellten Reaktion $[_\pi 2_s +_\pi 2_s]$.

Um für diese Reaktionen kein vollständiges Korrelationsdiagramm zeichnen zu müssen, kann man in einem vereinfachten Verfahren zunächst die delokalisierten bindenden σ-Molekülorbitale des Produktes aufzeichnen. Wenn man aus diesen Orbitalen bei der Cycloreversion unter Erhaltung der Symmetrie bindende Orbitale erhält, ist die Reaktion symmetrieerlaubt. Zunächst soll das Verfahren an der $[_\pi 2_s +_\pi 2_s]$-Reaktion demonstriert werden (Abbildung 2-10). Bei Spaltung der beiden σ-Bindungen können die Elektronen aus dem Orbital **a** unter Erhaltung der Orbitalsymmetrie in ein bindendes Orbital **b** von einem der beiden Ethylenmoleküle gelangen. Die Elektronen des Orbitals **c** können allerdings nur das antibindende Orbital **d** des anderen Ethylenmoleküls erreichen. Damit ist die Reaktion symmetrieverboten.

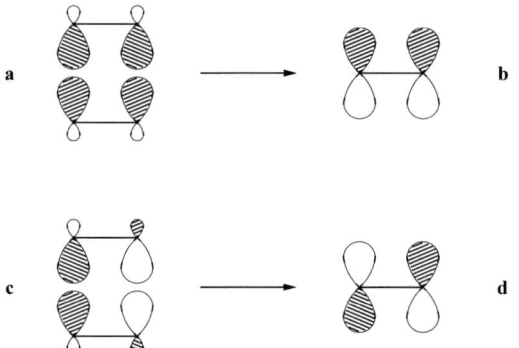

Abbildung 2-10: Vereinfachtes Korrelationsdiagramm für eine $[_\pi 2_s +_\pi 2_s]$-Reaktion.

Prinzipiell wäre bei Cycloadditionen auch eine supra, antara- und eine antara, antara-Reaktion möglich. Diese sollen im Folgenden noch diskutiert werden. Die Wechselwirkung der Orbitale bei der supra, antara-Reaktion sind rein schematisch in Abbildung 2-11 dargestellt. Bei der Spaltung der σ-Bindungen gelangen die Elektronen aus dem Orbital **a** in das bindende Orbital **b** des einen Ethylenmoleküls. Die Elektronen des Orbitals **c** erreichen hingegen das π-Orbital **d** des anderen Ethylenmoleküls. Die supra, antara-Reaktion ist also symmetrieerlaubt. Die verzerrt gezeichnete Geometrie der Orbitale in **a** und **c** gibt natürlich nicht die korrekte Geometrie der Annäherung der beiden Ethylenmoleküle wieder. Um eine maximale Überlappung der π-Orbitale bei einer supra, antara-Cycloaddition zu erreichen, kommt nur die in Abbildung 2-11**e** skizzierte Geometrie der beiden Moleküle in Frage.

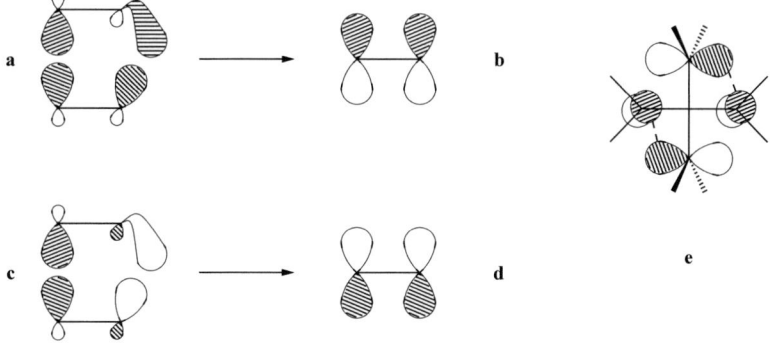

Abbildung 2-11: Vereinfachtes Korrelationsdiagramm für eine $[_\pi 2_s +_\pi 2_a]$-Reaktion (**a** bis **d**) und Geometrie der Annäherung für diese Reaktion (**e**).

In Abbildung 2-12 ist schematisch die Wechselwirkung der Orbitale bei der antara, antara-Reaktion dargestellt. Die Elektronen des Orbitals **a** können nur in das antibindende π-Orbital **b** des einen Ethylenmoleküls gelangen, während die Elektronen des Orbitals **c** in ein bindendes π-Orbital gelangen können. Die antara, antara-Reaktion ist also symmetrieverboten. Die einzig mögliche Geometrie der beiden Ethylenmoleküle für eine antara, antara-Cycloaddition zueinander ist in Abbildung 2-12**e** dargestellt.

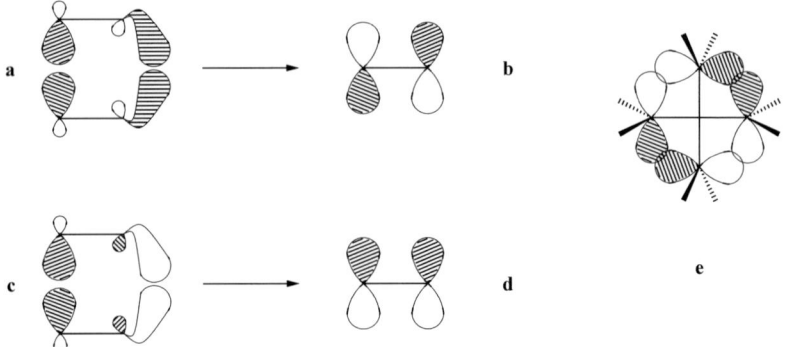

Abbildung 2-12: Vereinfachtes Korrelationsdiagramm für eine $[_{\pi}2_a+_{\pi}2_a]$-Reaktion (**a** bis **d**) und Geometrie der Annäherung für diese Reaktion (**e**).

Die symmetrieerlaubte Reaktion $[_{\pi}2_s+_{\pi}2_a]$ wurde theoretisch untersucht [68, 69]. In der Realität läuft diese Reaktion mit Ethylen nicht ab, da die sterische Abstoßung zwischen den Wasserstoffatomen eine antarafaciale Annäherung der beiden Ethylenmoleküle verhindert. Die einzigen Reaktionen dieser Art, die durch thermische Aktivierung unter den üblichen Reaktionsbedingungen ablaufen, sind die Addition von Ketenen oder Allenen an Doppelbindungen [70, 71]. In Abbildung 2-13 ist der mit MP2/6-31G* berechnete Übergangszustand der Reaktion von Ethylen mit Keten dargestellt. Die Geometrie dieses Zustandes erinnert an den Übergangszustand bei der Reaktion eines Carbenoides mit einer Doppelbindung. Die Struktur hat einen deutlich zwitterionischen Charakter mit einer Ladungsseparation von 0.2 Elektronen und ist sehr unsymmetrisch [72, 73]. Einerseits ist die C-C-Bindung vom zentralen elektrophilen Kohlenstoffatom des Ketens bereits ausgebildet, andererseits ist die andere C-C-Bindung noch sehr schwach [74].

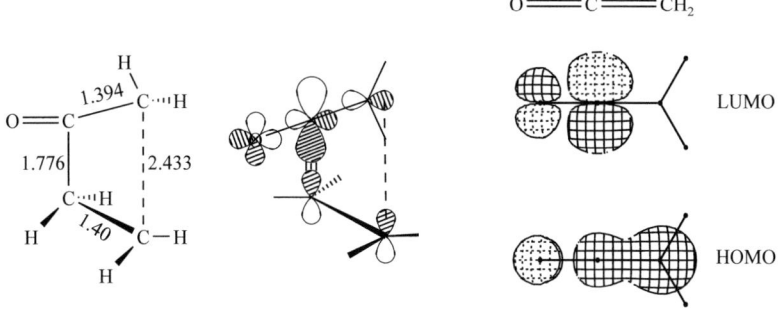

Abbildung 2-13: Schematische Darstellung des Übergangszustandes (MP2/6-31G*) der Cycloaddition von Keten und Ethylen nach [73] (links), dominante Orbitalwechselwirkung bei der Annäherung der beiden Moleküle (mitte) und Gestalt der Grenzorbitale von Keten aus einer EHT-Rechnung (rechts).

Es gibt verschiedene mögliche Interpretationen für den Mechanismus dieser Cyclo-addition: Einmal könnte diese Reaktion nichtsynchron ablaufen. Das LUMO des Ketens hat einen deutlich größeren Orbitallappen am zentralen Kohlenstoffatom. Dieser kann besser mit dem HOMO des Ethylens in Wechselwirkung treten. Eine weitere Möglichkeit stellt die bereits oben diskutierte $[_\pi 2_s +_\pi 2_a]$-Reaktion dar. Zum anderen können sich an dieser Cycloaddition noch zwei weitere Elektronen aus einem π-Orbital des Ketens beteiligen. Damit wird diese eigentlich zu einer [2+4]-, genauer gesagt zu einer $[_\pi 2_s +(_\pi 2_s +_\pi 2_s)]$-Cycloaddition und ist damit symmetrieerlaubt (Abbildung 2-13, mitte und rechts). Die beiden neu entstandenen Bindungen stammen aus unterschiedlichen Orbitalwechsel-wirkungen und man bezeichnet solche Reaktionen auch als „nichtsymmetrische" konzer-tierte Cycloadditionen [75] oder „quasi-pericyclische" Reaktionen [73]. Welche der Erklärungen auch besser sein mag, so ist ihnen doch gemeinsam, dass erst die besondere Geometrie und Orbitalsituation des Ketens bzw. Allens den Ablauf dieser Reaktion ermöglicht.

Bei der Anwesenheit von Heteroatomen in den dimerisierenden Molekülen wird das Symmetrieverbot für thermische [2+2]-Cycloadditionen unter Umständen ebenfalls aufge-hoben. Drei Beispiele dafür seien hier angeführt:

Silaethene vom Typ $R_2Si=CH_2$ und $R_2Si=CHR'$ unterliegen in Abwesenheit von Abfang-reagenzien sehr schnell einer Kopf-Schwanz-Dimerisierung [76, 77]. Bei Silaethenen hat das Kohlenstoffatom einen wesentlich größeren Anteil am HOMO und das Siliciumatom einen größeren Anteil am LUMO (Abbildung 2-14). Dementsprechend sind die Elektronen der π-Bindung vor allem am Kohlenstoffatom lokalisiert. Die elektronische Verzerrung des π-Systems durch das Heteroatom führt dazu, dass das Symmetrieverbot nicht mehr gilt. Quantenchemische Berechnungen zeigen, dass die Kopf-Schwanz-Dimerisierung von Silaethenen sowohl nach einem synchronen $[_\pi2_s+_\pi2_s]$- [78] als auch nach einem schritt-weisen Mechanismus mit einem radikalischen Intermediat verlaufen kann [79, 80].

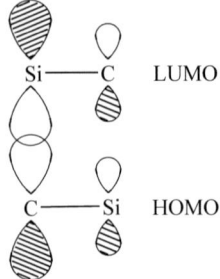

Abbildung 2-14: Schematische Darstellung der dominanten Orbitalwechselwirkung bei der Dimerisierung von zwei Molekülen Silaethen.

Eine weitere Möglichkeit, wie eigentlich symmetrieverbotene [2+2]-Cycloadditionen ablaufen können, stellt der nukleophile Angriff an eine Doppelbindung mit nachfolgender Cycloaddition dar. So sind wahrscheinlich freie Elektronenpaare an Cycloadditionen von Carbonylverbindungen, Phenylazid, Nitrosobenzen oder Diazomethan an Disilene beteiligt [81]. Falls die Cycloaddition durch Koordination eines freien Elektronenpaares an einem der beiden Siliciumatome eingeleitet wird, so handelt es sich nicht mehr um eine pericyclische Reaktion, da der Übergangszustand keine ringförmige ununterbrochene Kette überlappender Orbitale enthält. Anders gesagt ist der Übergangszustand nicht isokonjugiert mit einem cyclischen π-System, welches aromatisch oder antiaromatisch sein kann, sondern entspricht eher einem linearen π-System, welches nichtaromatisch ist [82, 83]. Die Regeln von der Erhaltung der Orbitalsymmetrie gelten dann nicht mehr und [2+2]-Cyclo-additionen dieses Typs sind symmetrieerlaubt. Übergangszustände dieser Art wurden schon lange in der organischen Chemie diskutiert und werden dort unterschiedlich als „pseudopericyclisch" [84] oder „cruciconjugated" [85, 86] bezeichnet.

Die [2+2]-Cycloaddition von Olefinen an die Doppelbindung von Übergangsmetall-Carbenkomplexen ist eine häufig angewandte Reaktion, z.B. bei der Olefinmetathese [87]. In theoretischen Untersuchungen wurde gezeigt, dass diese Reaktionen mit überraschend geringer Aktivierungsenergie ablaufen [88, 89, 90, 91, 92, 93]. Die Beteiligung der d-Orbitale des Übergangsmetallatoms an der Cycloaddition bewirkt, dass das Symmetrieverbot für die $[_\pi 2_s +_\pi 2_s]$-Reaktion aufgehoben wird [89, 91]. Alternative Mechanismen, wie z.B. ein nukleophiler Angriff verbunden mit einer asynchronen konzertierten Addition bzw. ein $[_\pi 2_s + (_\pi 2_s +_\pi 2_s)]$-Mechanismus wurden für die Cycloaddition von M=O-Doppelbindungen an Keten (M = Re, Os) [94, 95] bzw. von Titanocencarben an Carbonylverbindungen [75] diskutiert.

Die in dieser Arbeit besprochenen Cycloadditionen von Metallcarbenen und Metallsilylenen mit ungesättigten Reagenzien sind also grundsätzlich **symmetrieerlaubt**. Inwieweit diese Cycloadditionen dem einen oder anderen Mechanismus gehorchen, wird jeweils im betreffenden Kapitel diskutiert.

In der Literatur gibt es sehr unterschiedliche Bezeichnungen für die Mechanismen von [2+2]-Cycloadditionen, wobei häufig mehrere Begriffe den gleichen Sachverhalt beschreiben.

Literatur:

1   W. J. Hehre, L. Radom, P. v. R. Schleyer, J. A. Pople, *Ab Initio Molecular Orbital Theory*, J. Wiley & Sons, Chichester, **1986**.

2   A. Szabo, N. S. Ostlund, *Modern Quantum Chemistry*, McGraw Hill, New York, **1989**.

3   F. Jensen, *Introduction to Computational Chemistry*, J. Wiley & Sons, Chichester, **1999**.

4   J. Reinhold, *Quantentheorie der Moleküle*, B. G. Teubner, Stuttgart, **1994**.

5   C. J. Cramer, *Computational Chemistry*, J. Wiley & Sons, Chichester, **2002**.

6   T. M. Klapötke, A. Schulz, *Quantenmechanische Methoden in der Hauptgruppenchemie*, Spektrum akademischer Verlag, Heidelberg, **1996**.

7   J. B. Foresman, A. Frisch, *Exploring Chemistry with Electronic Structure Methods*, Gausian, Inc., Pittsburgh, **1993**.

8   R. Hoffmann, *J. Chem. Phys.* **1963**, *39*, 1397.

9   R. Hoffmann, W. N. Lipscomb, *J. Chem. Phys.* **1962**, *36*, 2179.

10   R. Hoffmann, W. N. Lipscomb, *J. Chem. Phys.* **1962**, *37*, 2872.

11   J. W. Lauher, R. Hoffmann, *J. Am. Chem. Soc.* **1976**, *98*, 1729.

12   C. Mealli, D. M. Proserpio, *J. Chem. Educ.* **1990**, *67*, 399.

13   R. Stowasser, R. Hoffmann, *J. Am. Chem. Soc.* **1999**, *121*, 3414.

14   T. R. Cundari, M. T. Benson, M. L. Lutz, S. O. Sommerer, *Effective Core Potential Approaches to the Chemistry of the Heavier Elements;* in *Reviews in Computational Chemistry, Vol.8*, (Eds. K. B. Lipkowitz, D. B. Boyd), VCH Publishers Inc., USA, **1996**, 145.

15   C. Møller, M. S. Plesset, *Phys. Rev.* **1934**, *46*, 618.

16   H. Nakatsuji, K. Hirao, *J. Chem. Phys.* **1978**, *68*, 2053.

17   P. Hohenberg, W. Kohn, *Phys. Rev. A 1964*, *136*, 864.

18   F. Jensen, *Introduction to Computational Chemistry*, J. Wiley & Sons, Chichester, **1999**, 177.

19   W. Kohn, L. J. Sham, *Phys. Rev. A.* **1965**, *140*, 1133.

20   A. D. Becke, *Int. J. Quantum Chem.* **1989**, *23*,1915.

21   T. M. Klapötke, A. Schulz, *Quantenmechanische Methoden in der Hauptgruppenchemie*, Spektrum akademischer Verlag, Heidelberg, **1996**, 75.

22   Einen Überblick über die bekanntesten Methoden findet man in: F. Jensen, *Introduction to Computational Chemistry*, J. Wiley & Sons, Chichester, **1999**, 184.

23   A. D. Becke, *J. Chem. Phys.* **1993**, *98*, 5648.

24   C. Lee, W. Yang, R. G. Parr, *Phys. Rev. B.* **1988**, *37*, 785.

25   S. J. Vosko, L. Wilk, M. Nusair, *Can. J. Phys.* **1980**, *58*, 1200.

26   J. A. Pople, M. Head-Gordon, D. J. Fox, K. Raghavachari, L. A. Curtis, *J. Chem. Phys.* **1989**, *90*, 5622.

27   T. Ziegler, *Chem. Rev.* **1991**, *91*, 651.

28   N. Fröhlich, G. Frenking, *Theoretical models derived from ab initio calculations describing the binding situation in transition metal complexes;* in *Solid State*

Organometallic Chemistry (Eds.: M. Gielen, R. Willem, B. Wrackmeyer), John Wiley & Sons, **1999**, 173ff.

29 M. Diedenhofen, T. Wagener, G. Frenking, *The accuracy of Quantum chemical Methodes for the Calculation of Transition Metal Compounds;* in *Computational Organometallic Chemistry* (Ed. T. R. Cundari), Marcel Dekker, New York, **2001**, 69.

30 P.C. Hariharan and J.A. Pople, *Chem Phys. Lett.* **1972**, *16*, 217.

31 M. M. Francl, W. J. Pietro, W. J. Hehre, J. S. Binkley, M. S. Gordon, D. J. DeFrees and J. A. Pople, *J. Chem. Phys.* **1982**, *77*, 3654.

32 Eine Übersicht über die verschiedenen Basissätze findet man in: F. Jensen, *Introduction to Computational Chemistry*, J. Wiley & Sons, Chichester, **1999**, 160.

33 G. Frenking, I. Antes, M. Böhme, S. Dapprich, A. W. Ehlers, V. Jonas, A. Neuhaus, M. Otto, R. Stegmann, A. Veldkamp, S. F. Vyboishchikov, *Pseudopotential Calculations of Transition Metal Compounds: Scope and Limitations;* in *Reviews in Computational Chemistry, Vol.8*, (Eds. K. B. Lipkowitz, D. B. Boyd), VCH Publishers Inc., USA, **1996**, 63.

34 P. J. Hay, W. R. Wadt, *J. Chem. Phys.* **82** (1985) 270, 284, 299.

35 A. W. Ehlers, M. Böhme, S. Dapprich, A. Gobbi, A. Höllwarth, V. Jonas, K. F. Köhler, R. Stegmann, A. Veldkamp, G. Frenking, *Chem. Phys. Lett.* **1993**, *208*, 111.

36 H. B. Schlegel, *J. Comp. Chem.* **1982**, *3*, 214.

37 H. B. Schlegel, *Theor. Chim. Acta* **1984**, *66*, 333.

38 A. Frisch, M. J. Frisch, *Gaussian 98 User's Reference*, Gaussian Inc., Pittsburgh, **1999**, 141.

39 H. Eyring, *J. Chem. Phys.* **1934**, *3*, 107.

40 Der Einfachheit halber sprechen wir im Kapitel 2.7 immer von "dem Reaktant" und "dem Produkt". Falls bei einer Reaktion mehrere Reaktanten vorliegen oder mehrere Produkte entstehen, gilt sinngemäß das Gleiche.

41 R. Brdička, *Grundlagen der physikalischen Chemie*, Deutscher Verlag der Wissenschaften, Berlin **1990**, 400.

42 G. S. Hammond, *J. Am. Chem. Soc.* **1955**, *77*, 334.

43 R. A. Marcus, *J. Phys. Chem.* **1968**, *72*, 891.

44   A. H. Zewail, *Angew. Chem.* **2000**, 112, 2689; *Angew. Chem. Int. Ed. Engl.* **2000**, 39, 2586.

45   H. Ihee, V. Lobastov, U. Gomez, B. Goodson, R. Srinivasan, C. Y. Ruan, A. H. Zewail, *Science*, **2001**, *291*, 385.

46   Gaussian 98, Revision A.6, M. J. Frisch, G. W. Trucks, H. B. Schlegel, G. E. Scuseria, M. A. Robb, J. R. Cheeseman, V. G. Zakrzewski, J. A. Montgomery, Jr., R. E. Stratmann, J. C. Burant, S. Dapprich, J. M. Millam, A. D. Daniels, K. N. Kudin, M. C. Strain, O. Farkas, J. Tomasi, V. Barone, M. Cossi, R. Cammi, B. Mennucci, C. Pomelli, C. Adamo, S. Clifford, J. Ochterski, G. A. Petersson, P. Y. Ayala, Q. Cui, K. Morokuma, D. K. Malick, A. D. Rabuck, K. Raghavachari, J. B. Foresman, J. Cioslowski, J. V. Ortiz, B. B. Stefanov, G. Liu, A. Liashenko, P. Piskorz, I. Komaromi, R. Gomperts, R. L. Martin, D. J. Fox, T. Keith, M. A. Al-Laham, C. Y. Peng, A. Nanayakkara, C. Gonzalez, M. Challacombe, P. M. W. Gill, B. Johnson, W. Chen, M. W. Wong, J. L. Andres, C. Gonzalez, M. Head-Gordon, E. S. Replogle, and J. A. Pople, Gaussian, Inc., Pittsburgh PA, **1998**.

47   R. S. Mulliken, *J. Chem. Phys.* **1955**, *23*, 1833, 1841, 2338, 2743.

48   R. Ahlrichs, C. Ehrhardt, *Chemie in unserer Zeit*, **1985**, *19*, 120.

49   B. H. Besler, K. M. Merz Jr., P. A. Kollman, *J. Comp. Chem.* **1990**, *11*, 431.

50   U. C. Singh, P. A. Kollman, *J. Comp. Chem.* **1984**, *5*, 129.

51   L. E. Chirlian, M. M. Francl, *J. Comp. Chem.* **1987**, *8*, 894.

52   C. M. Breneman, K. B. Wiberg, *J. Comp. Chem.* **1990**, *11*, 361.

53   A. E. Reed, L. A. Curtiss, F. Weinholt, *Chem. Rev.* **1988**, *88*, 899.

54   K. Wiberg, *Tetrahedron* **1968**, *24*, 1083.

55   Der englische Begriff ist auch im Deutschen üblich. Sonst: „Ladungszerlegungs-analyse". Siehe: H. Zipse, A. Schulz, *Angew. Chem.* **2003**, *115*, 2248.

56   S. Dapprich, G. Frenking, *J. Phys. Chem.* **1995**, *99*, 9352.

57   M. J. S. Dewar, *Bull. Soc. Chim. Fr.* **1951**, *18*, C71.

58   J. Chatt, L. A. Duncanson, *J. Chem. Soc.* **1953**, 2939.

59   G. Frenking, N. Fröhlich, *Chem. Rev.* **2000**, *100*, 717.

60   R. F. W. Bader, *Atoms in Molecules. A Quantum Theory*, Oxford University Press, Oxford, **1990**.

61   R. F. W. Bader in *Encyclopedia of Computational Chemistry*, P. v. R. Schleyer, N. L. Allinger, P. A. Kollmann, T. Clark, H. F. S. Schaefer, J. Gasteiger, P. R. Schreiner (Eds.), Wiley-VCH, Chichester, **1998**, Vol. 1, 64.

62   P.-O. Löwdin, *Adv. Quantum Chem.*, **1970**, *5*, 185.

63   K. Morokuma, *J. Chem. Phys.* **1971**, *55*, 1236.

64   K. Morokuma, *Acc. Chem. Res.* **1977**, *10*, 294.

65   T. Ziegler, A. Rauk, *Theor. Chim. Acta* **1977**, *46*, 1.

66   S. Hauptmann: *Organische Chemie*, VEB Deutscher Verlag für Grundstoffindustrie, Leipzig **1985**, 187.

67   R. B. Woodward, R. Hoffmann: *Die Erhaltung der Orbitalsymmetrie*, Akademische Verlagsgesellschaft Geest & Portig K.-G., Leipzig 1970, bzw. Verlag Chemie GmbH, Weinheim 1970.

68   F. Bernardi, A. Bottoni, M. Olivucci, M. A. Robb, H. B. Schlegel, G. Tonachini, *J. Am. Chem. Soc.* **1988**, *110*, 5993.

69   F. Bernardi, A. Bottoni, M. A. Robb, H. B. Schlegel, G. Tonachini, *J. Am. Chem. Soc.* **1985**, *107*, 2260.

70   D. J. Pasto, *J. Am. Chem. Soc.* **1979**, *101*, 37.

71   I. Fleming, *Grenzorbitale und Reaktionen organischer Verbindungen*, Verlag Chemie, Weinheim **1979**, 166.

72   F. Bernardi, A. Bottoni, M. A. Robb, A. Venturini, *J. Am. Chem. Soc.* **1990**, *112*, 2106.

73   X. Wang, K. N. Houk, *J. Am. Chem. Soc.* **1990**, *112*, 1754.

74   O. Wiest, *Transition States in Organic Chemistry: Ab Initio;* in *Encyclopedia of Computational Chemistry*, Hrsg: P. von Ragué Schleyer, J. Wiley & Sons, Chichester, **1998**, 3104.

75   B. Schiøtt, K. A. Jørgensen, *J. Chem. Soc., Dalton Trans.* **1993**, 337.

76   L. E. Gusel'nikov, N. S. Nametkin, *Chem. Rev.* **1979**, *79*, 529.

77   T. Müller, W. Ziche, N. Auner, *Silicon-carbon and silicon-nitrogen multiply bonded compounds;* in *The Chemistry of Organic Silicon Compounds*, Vol. 2 (Eds.: Z. Rappoport, Y. Apeloig), J. Wiley & Sons, Chichester **1998**, 857.

78   E. T. Seidl, R. S. Grev, H. F. Schaefer III, *J. Am. Chem. Soc.* **1992**, *114*, 3643.

79   F. Bernardi, A. Bottoni, M. Olivucci, M. A. Robb, A. Venturini, *J. Am. Chem. Soc.* **1993**, *115*, 3322.

80   F. Bernardi, A. Bottoni, M. Olivucci, A. Venturini, M. A. Robb, *J. Chem. Soc. Faraday Trans.* **1994**, *90*, 1617.

81   G. Raabe, J. Michl, *Chem. Rev.* **1985**, *85*, 419 und dort zitierte Literatur.

82   M. G. Evans, *Trans. Faraday Soc.* **1939**, *35*, 824.

83   M. G. Evans, E. Warhurst, *Trans. Faraday Soc.* **1938**, *34*, 614.

84   J. A. Ross, R. P. Seiders, D. M. Lemal, *J. Am. Chem. Soc.* **1976**, *98*, 4325.

85   M. J. S. Dewar, M. L. McKee, *J. Am. Chem. Soc.* **1978**, *100*, 7499.

86   Der Begriff „cruciconjugated" darf nicht mit „crossconjugated" bzw. kreuzkonjugiert verwechselt werden. Letzterer bezeichnet Kohlenwasserstoffe bei denen zwei ungesättigte Reste nicht miteinander in Konjugation stehen, jeder einzelne aber mit einem dritten ungesättigten Rest konjugiert ist. Ein gutes Beispiel ist 3-Methylen-penta-1,4-dien.

87   N. Calderon, J. P. Lawrence, E. A. Ofstead, *Olefin Metathesis;* in *Comprehensive Organomet. Chem.* (Eds.: F. G. A. Stone, R. West), Academic Press, New York, **1979**, *Vol. 17*, 449.

88   T. H. Upton, A. K. Rappé, *Organometallics* **1984**, *3*, 1440.

89   T. H. Upton, A. K. Rappé, *J. Am. Chem. Soc.* **1985**, *107*, 1206.

90   T. R. Cundari, M. S. Gordon, *Organometallics* **1992**, *11*, 55.

91   E. Folga, T. Ziegler, *Organometallics* **1993**, *12*, 325.

92   Y.-D. Wu, Z.-H. Peng, *J. Am. Chem. Soc.* **1997**, *119*, 8043.

93   K. Monteyne, T. Ziegler, *Organometallics* **1998**, *17*, 5901.

94   D. V. Deubel, S. Schlecht, G. Frenking, *J. Am. Chem. Soc.* **2001**, *123*, 10085.

95   D. V. Deubel, *J. Phys. Chem. A* **2002**, *106*, 431.

3 Olefinierungsreaktionen über Titanocencarben und alternative Mechanismen

Die Verknüpfung zweier beliebig komplexer Molekülhälften im Zuge einer konvergenten Synthesesequenz zählt zu den wertvollsten gerüstaufbauenden Reaktionen in der organischen Synthese [1]. Besonders nützlich sind hierbei Reaktionen zur Knüpfung von C-C-Doppelbindungen, wie z. B. die Wittig-Reaktion und davon abgeleitete Varianten [2, 3, 4, 5, 6, 7]. Ein Nachteil der Wittig-Reaktion ist die Beschränkung auf Aldehyde und Ketone als Reaktionspartner. Carbonsäurederivate sind inert gegenüber Wittig-Reagenzien. Außerdem erfordert die Wittig-Reaktion ein basisches Reaktionsmedium. Bei Verwendung von leicht enolisierbaren Carbonylverbindungen kann dies zu unerwünschten Nebenreaktionen wie z. B. zur Eliminierung oder zur Racemisierung benachbarter Stereozentren führen [1]. Es wurden daher erhebliche Anstrengungen unternommen, um diese Schwachstellen der Wittig-Olefinierung zu umgehen. Die Suche nach alternativen Olefinierungsreagenzien führte zu Titanocenverbindungen vom Typ **1**, **2** und **3** (Schema 3-1). Die Verbindungen **1** und **2** sind unter neutralen bis Lewis-aciden Bedingungen reaktiv, so dass damit auch leicht enolisierbare Carbonylverbindungen ohne Nebenreaktionen umgesetzt werden können [1]. Ein weiterer Vorteil dieser Reagenzien besteht in der direkten Methylenierung von Carbonsäureestern und anderen Carbonsäurederivaten. Dabei entstehen präparativ wertvolle Synthone wie z. B. Enolether und Enamine [8].

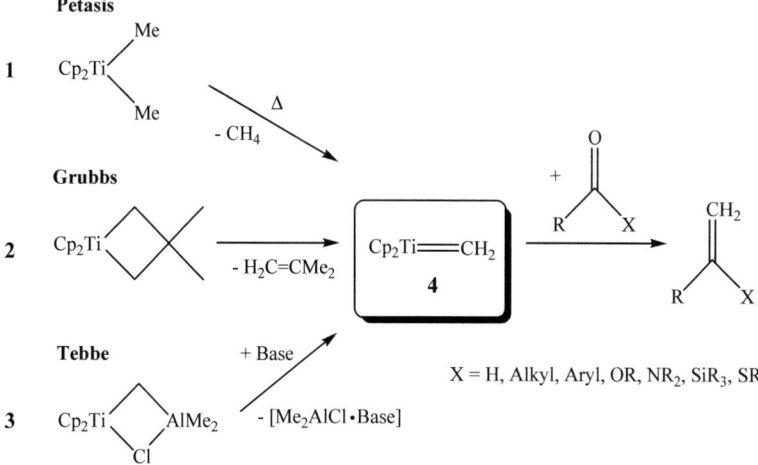

Schema 3-1: Erzeugung von Titanocencarben und Olefinierung von Carbonylverbindungen.

Titanocencarben (**4**) wird als Intermediat dieser Olefinierungsreaktionen vermutet. Dieser sehr reaktive Schrock-Carben-Komplex konnte in freier Form noch nicht isoliert werden. Bei der Umsetzung der Verbindungen **1** bis **3** mit organischen Substraten erhält man weitgehend die gleichen Reaktionsprodukte. Das spricht für einen einheitlichen Reaktionsmechanismus und das Auftreten von **4** als eigentlich reaktive Spezies. Eine Übersicht über die wichtigsten Transformationen organischer Substrate mit Titanocencarben ist im Schema 3-2 zusammengefasst. Links oben beginnend und dem Uhrzeigersinn folgend sind folgende Reaktionen dargestellt: Das Erhitzen von Norbornen in Gegenwart von **1** oder **2** führt zur Ringöffnungspolymerisation (ROMP; **a**) [9, 10].

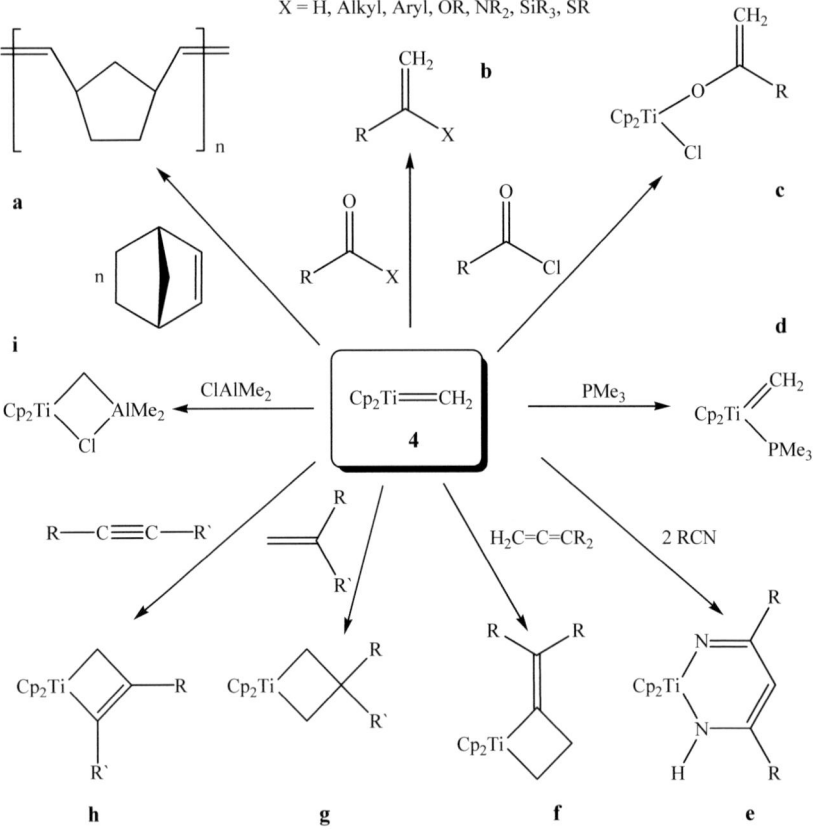

Schema 3-2: Reaktionen von Titanocencarben.

Mit den Reagenzien **1** bis **3** gelingt die Methylenierung einer Vielzahl von Carbonylverbindungen und sogar Carbonsäurederivaten (**b**) [11, 12, 13]. Die Reaktionen von **2** oder **3** mit Säurechloriden führen zu Titanocenchloridenolaten von Methylketonen (**c**) [12]. Es ist sogar möglich, das Titanocencarben in Form des entsprechenden Trimethylphosphan-Adduktes abzufangen (**d**) [14]. Die Reaktion von **1**, **2** oder **3** mit zwei Äquivalenten Carbonsäurenitril führt zu 1,3-Diaza-2-titana-3,5-cyclohexadienen (**e**) [15]. Die Reaktionen mit Allenen, Alkenen und Alkinen ergeben verschiedene Titanacyclobutanderivate (**f**, **g**, **h**) [16]. Schließlich kann man durch Umsetzung von intermediär erzeugtem Titanocencarben mit Chlordimethylaluminium das Tebbe-Reagenz (**3**) herstellen (**i**) [17].

Die Verbindungen **1** bis **3** unterscheiden sich deutlich hinsichtlich ihrer Reaktivität. Während das Tebbe-Reagenz (**3**) bereits bei -40°C in Lösung reagiert, zeigen Titanacyclobutanderivate vom Typ **2** eine je nach Substituenten am Titanacyclobutanring abgestufte Reaktivität (siehe Tabelle 3-1). Petasis-Reagenz (**1**) reagiert erst in siedendem THF, also ab etwa 60°C.

Tabelle 3-1: Reaktionstemperaturen zur Methylenierung von Carbonylverbindungen mit verschiedenen Titanocenverbindungen [11, 16].

Titanocenverbindung	Reaktionstemperatur in °C
Cp_2Ti Al + Base Cl **3**	-40
Cp_2Ti **2**	5
Cp_2Ti	45
Cp_2Ti	60
Cp_2Ti Me Me **1**	60

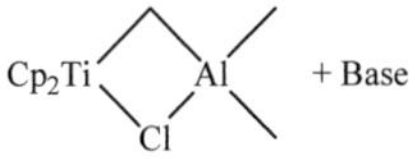

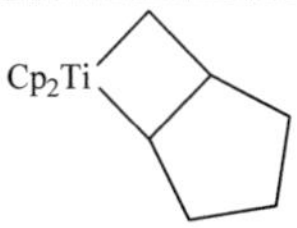

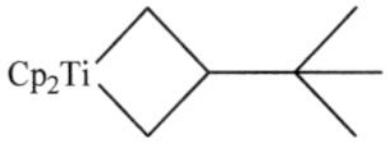

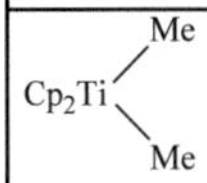

Die Reaktionsmechanismen bei der Olefinierung von Carbonylverbindungen mit Petasis-Reagenz (**1**), mit Titanacyclobutanen nach Grubbs (**2**) und mit dem Tebbe-Reagenz (**3**) werden in den nachfolgenden Kapiteln näher untersucht. Da Titanocencarben (**4**) bei den hier geschilderten Transformationen organischer Moleküle eine wichtige Rolle spielt, sollen zunächst die elektronischen Eigenschaften dieses reaktiven Moleküls näher besprochen werden.

3.1 Titanocencarben

Titanocencarben (**4**) hat eine planare Struktur, wenn man die Mittelpunkte der beiden Cyclopentadienylliganden, das Titaniumatom und die Konformation der CH_2-Gruppe betrachtet. Die Gleichgewichtsgeometrien und die günstigsten Konformationen von Titanium- und Zirconium-Methylidenkomplexen wurden bereits von anderen Autoren mit der Hartree-Fock-Methode und einem minimalen Basissatz (STO-3G) untersucht [18]. Dabei wurde gezeigt, dass die Verbindungen $X_2M=CH_2$ mit X=H, Cp, Cl und M=Ti, Zr immer eine planare Anordnung bevorzugen. Die mit der DFT-Methode B3LYP optimierte Struktur von Titanocencarben zeigt ebenfalls eine planare Anordnung der Substituenten an der Ti=C-Doppelbindung (Abbildung 3-1). Der Bindungswinkel zwischen den beiden Cyclopentadienylliganden in **4** ist deutlich größer als 120°, da diese beiden Liganden einen entsprechend größeren Platzbedarf als die relativ kleine CH_2-Gruppe haben. Die Bindungslänge Ti-C1 beträgt 1.922 Å.

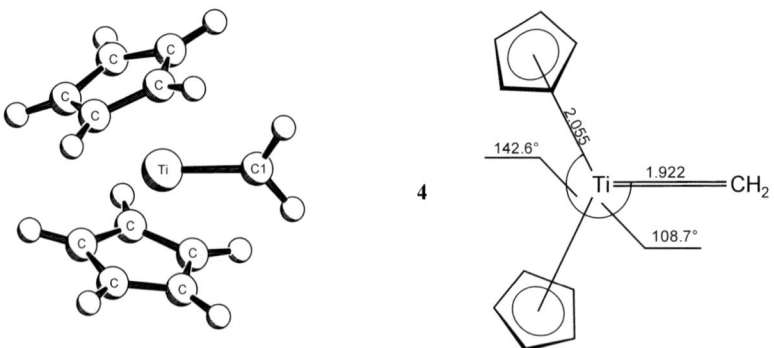

Abbildung 3-1: Optimierte Geometrie von Titanocencarben (**4**).

Es gibt nur relativ wenige strukturell charakterisierte Titaniumcarbenkomplexe. Eine Recherche nach der Struktureinheit "Ti=C" in der Cambridge Structure Database ergab neun Treffer mit acht Strukturen. Die Verbindungen sind in Tabelle 3-2 zusammengefasst.

Tabelle 3-2: Strukturell charakterisierte Titaniumcarbenkomplexe und Ti=C-Bindungslängen.

Struktur	Ti=C in Å	Lit.	Struktur	Ti=C in Å	Lit.
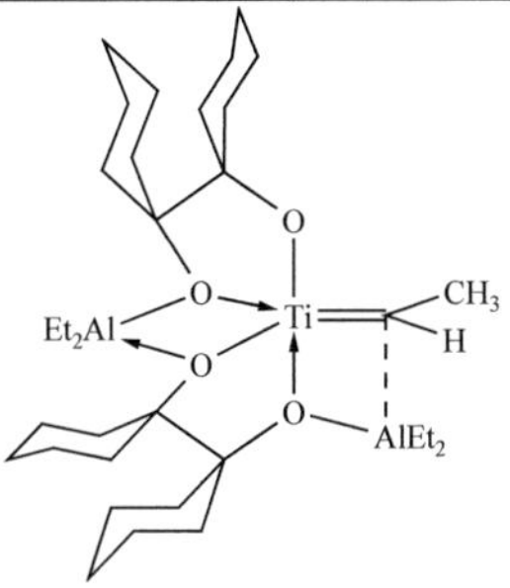 (Et$_2$Al–O–O–Ti=CH–CH$_3$ ... O–AlEt$_2$)	1.933(6)	[19]	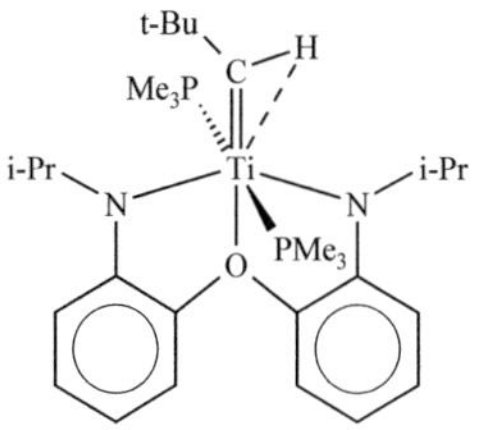 (t-Bu, Me$_3$P, C–H, i-Pr–N–Ti–N–i-Pr, O PMe$_3$)	1.883(4)	[20]
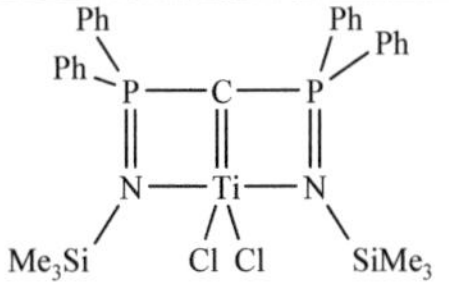 (Ph$_2$P–C–PPh$_2$, N–Ti–N, Me$_3$Si, Cl Cl, SiMe$_3$)	2.007(4)	[21]	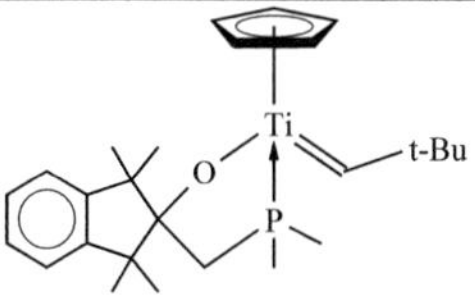 (Cp–Ti=... t-Bu, O, P)	1.912(3)	[22]
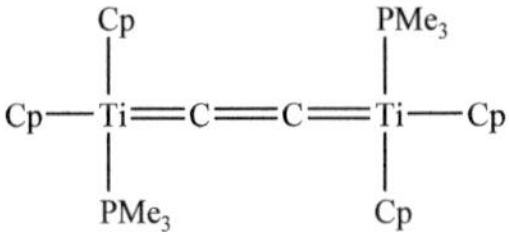 Cp–Ti≡C=C≡Ti–Cp (PMe$_3$, Cp)	2.051(2)	[23]	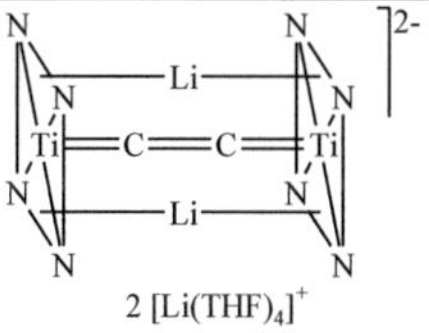 (N$_4$Ti=C=C=TiN$_4$)$^{2-}$, 2 [Li(THF)$_4$]$^+$, [N$_4$] = Octaethylporphyrin	1.808(9) und 1.757(7)	[24]
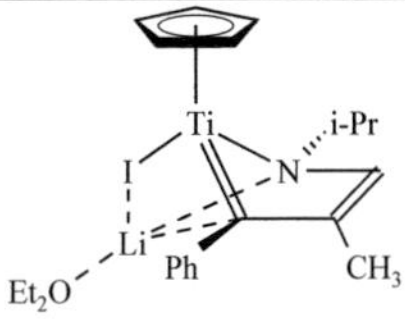 (Cp–Ti···i-Pr, Li, N, Ph, CH$_3$, Et$_2$O)	1.980(3)	[25]	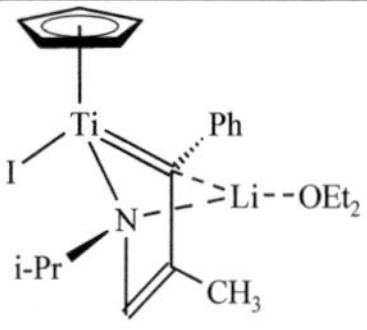 (Cp–Ti, Ph, Li--OEt$_2$, N, i-Pr, CH$_3$)	1.958(3)	[25]

Bei den in der Tabelle aufgeführten Verbindungen gibt es nur eine Struktur, die die Titanoceneinheit enthält. Zur Stabilisierung der höchst reaktiven Titanium-Kohlenstoff-Doppelbindung sind offensichtlich besondere Ligandenkombinationen notwendig. Ent-

sprechend den oben skizzierten Strukturen sind dazu wohl vor allem Amido-, Phosphido-
und sterisch anspruchsvolle Alkoxidliganden in der Lage. Der Mittelwert der in Tabelle
3-2 aufgeführten TiC-Bindungslängen beträgt 1.921 Å. Dieser Wert stimmt überraschend
gut mit dem berechneten Wert von 1.922 Å in **4** überein. Allerdings muss an dieser Stelle
angemerkt werden, dass der Mittelwert von 9 Bindungslängen kein statistisch gesicherter
Wert ist.

Mit Hilfe der Extended-Hückel-Methode wurde eine Fragmentorbitalanalyse von Titanocencarben vorgenommen (siehe Abbildung 3-2). Die beiden Molekülfragmente und das
resultierende Titanocencarben haben die Symmetrie C_{2v}. Die entsprechenden Symmetriebezeichnungen der Fragmentorbitale sind in der Abbildung vermerkt. Die beiden a_1-Orbi-
tale des Titanocens treten mit dem a_1-Orbital des Carbens in Wechselwirkung. Dabei wird
das σ-bindende Orbital bei -13.3 eV gebildet, außerdem ein nichtbindendes Orbital bei
-10.4 eV und schließlich noch ein σ^*-Orbital bei wesentlich höherer Energie. Die Gestalt
der resultierenden Molekülorbitale ist auf der rechten Seite der Abbildung dargestellt. Die
π-Bindung entsteht durch Überlappung des b_2-Orbitals des Titanocens mit dem b_2-Orbital
des Carbenfragmentes.

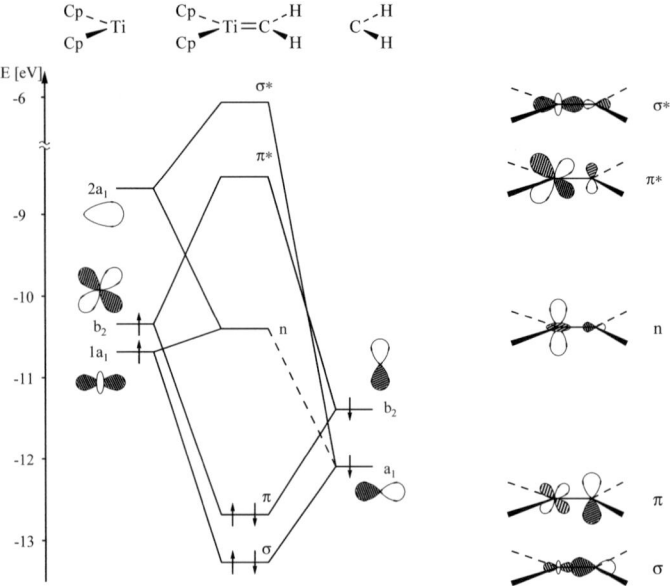

Abbildung 3-2: Fragmentorbitalanalyse (links) und ausgewählte Molekülorbitale von
Titanocencarben (rechts) aus der EHT-Rechnung.

Entsprechend der unterschiedlichen Elektronegativität von Titanium und Kohlenstoff liegen die Grenzorbitale des Carbenfragmentes energetisch tiefer als die Orbitale des Metallocenfragmentes. Dadurch sind die bindenden Molekülorbitale stärker am Kohlenstoffatom lokalisiert und verleihen diesem einen nukleophilen Charakter. Das nichtbindende MO ist stärker am Titanium lokalisiert, siehe auch [26]. Dementsprechend sollte das Titaniumatom als Elektrophil reagieren. Das betrachtete Titanocencarben ist ein typisches Schrock-Carben:

- der Carbenrest hat keine Heteroatome mit π-Donorcharakter als Substituenten,

- das Metallatom liegt in einer hohen Oxidationsstufe vor und

- die Metall-Carben-π-Bindung ist durch die günstige energetische Lage der b_2-Orbitale zueinander stark ausgeprägt.

An dieser Stelle ergibt sich nun die Frage, inwieweit die Orbitale aus der Extended-Hückel-Rechnung überhaupt mit den Molekülorbitalen aus der DFT-Rechnung übereinstimmen. Die beiden Methoden unterscheiden sich stark in Herangehensweise und Genauigkeit. Während die EHT-Methode mehr ein qualitatives Modell zum besseren Verständnis der Bindungsverhältnisse darstellt, sind die DFT-Methoden mit dem Ziel höchstmöglicher Genauigkeit bei der Vorhersage von Molekülgeometrien entwickelt und parametrisiert worden. Durch die Parametrisierung haben die Kohn-Sham-Orbitale aus den DFT-Rechnungen nicht mehr dieselbe Bedeutung wie die Orbitale aus einer Hartree-Fock- oder einer EHT-Rechnung. In der Literatur wurden die Molekülorbitale aus EHT-, HF- und DFT-Rechnungen für einfache Moleküle miteinander verglichen [27]. Obwohl sich die Molekülorbitale, die man mit diesen drei Rechenverfahren erhält, signifikant in ihrer MO-Energie unterscheiden, kann man durchaus bestimmte Gemeinsamkeiten feststellen. So findet man mit allen drei Rechenverfahren Molekülorbitale, die die gleiche Symmetrie haben und dieselben Wechselwirkungen der Atomorbitale miteinander repräsentieren. Außerdem haben die einander entsprechenden Orbitale dieselbe energetische Reihenfolge. Dieser Effekt lässt sich auch für die Molekülorbitale des Titanocencarbens zeigen. In Abbildung 3-3 sind drei ausgewählte Molekülorbitale im Vergleich dargestellt. Links sieht man die MOs aus der EHT-Rechnung, rechts die MOs aus der DFT-Rechnung. Die Gestalt der Orbitale ist qualitativ die gleiche! Die energetische Reihenfolge stimmt ebenfalls überein.

Ti-C-nichtbindendes Orbital (LUMO)

Ti-C π-Bindung (HOMO)

Ti-C σ-Bindung

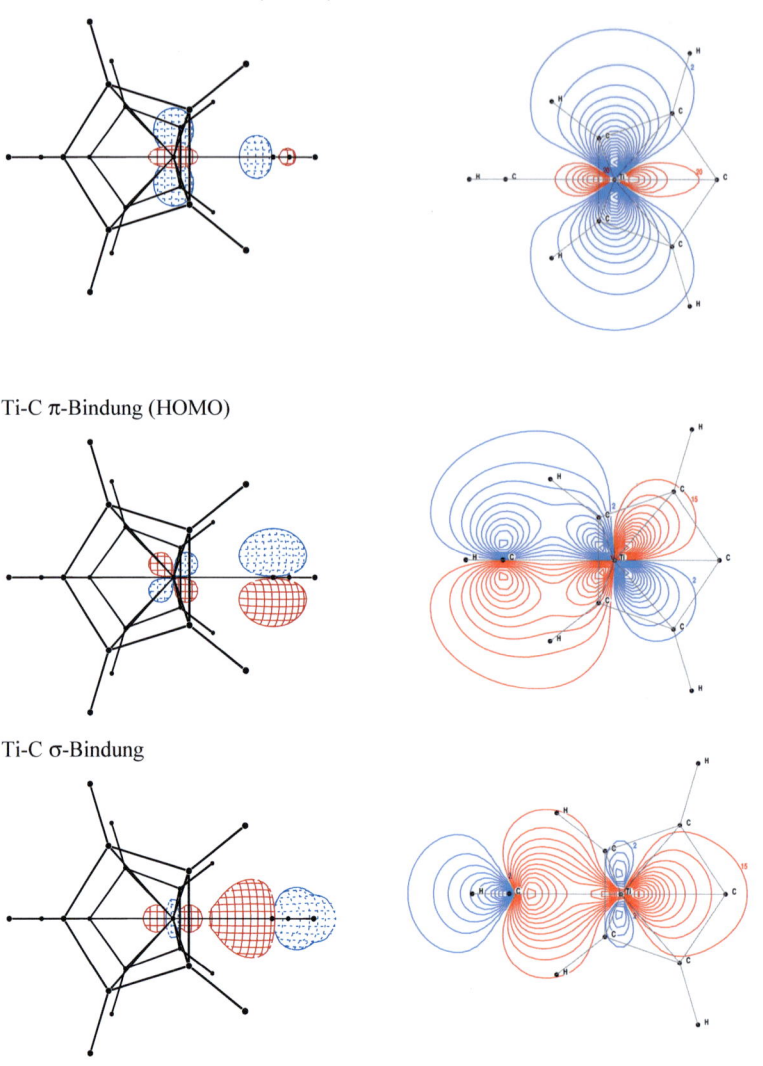

Abbildung 3-3: Vergleich der Molekülorbitale von Titanocencarben aus der EHT-Rechnung (links) und der DFT-Rechnung (rechts).

Die Bindungsverhältnisse zwischen Titaniumatom und Carben-Kohlenstoffatom kann man außerdem noch mit Hilfe der NBO-Analyse untersuchen. Stark vereinfacht ausgedrückt wird dabei aus der Geometrie der Atome eine Valenzstruktur abgeleitet. Die NBO-Analyse bestätigt das Vorliegen einer σ- und einer π-Bindung zwischen dem Titaniumatom und dem Carben-Kohlenstoffatom. Die Ergebnisse für diese beiden Bindungen sind in Tabelle 3-3 zusammengefasst. Die NBO-Analyse liefert einen quantitativen Beleg für die Aussage, dass die bindenden Molekülorbitale stärker am Kohlenstoffatom als am Titaniumatom lokalisiert sind. Die Ti-C-σ-Bindung ist zu mehr als zwei Dritteln am Kohlenstoffatom lokalisiert (68.5%). Die Ti-C-π-Bindung ist ungefähr an beiden Atomen gleichmäßig lokalisiert.

Tabelle 3-3: Ergebnisse der NBO-Analyse für die Ti-C-Bindung in Titanocencarben (4). Alle Angaben in %.

Bindung	Anteil am MO	beteiligte AO vom Ti	beteiligte AO vom C
σ(Ti-C)	31.5 vom Ti und 68.5 vom C	s-Orbital (17%) und d-Orbitale (83%)	s-Orbital (43%) und p-Orbital (57%)
π(Ti-C)	53.8 vom Ti und 46.2 vom C	d-Orbital	p-Orbital

In der Literatur wurden für ausgewählte Metallcarbenkomplexe lokalisierte Valenzstrukturen mit Hilfe der Boys-Methode berechnet [28]. Für das Fischer-Carben $(OC)_5CrC(CH_3)(OCH_3)$ wurde nur ein lokalisiertes Molekülorbital (LMO) zwischen Chromium und Carben-Kohlenstoff gefunden. Zwischen dem Carben-Kohlenstoffatom und dem Sauerstoffatom befindet sich eine stark polare C-O-Doppelbindung, die durch Delokalisierung eines freien Elektronenpaares vom Sauerstoffatom zum Carbenkohlenstoffatom gebildet wird. Bei der Verbindung $Cp(CO)_2Mn=C(CH_3)_2$ sind formal drei Carbonylgruppen durch einen Cyclopentadienylliganden ersetzt worden. Dies bewirkt eine deutlich höhere π-Donorfähigkeit des Metalls und führt dadurch zu einer Mn-C-Doppelbindung. Diese Doppelbindung kann in einen σ- und einen π-Anteil separiert werden, wobei die σ-Bindung überwiegend vom Carben-Kohlenstoff zum Metall verläuft (Hinbindung) und die π-Bindung vom Metall zum Kohlenstoffatom erfolgt (Rückbindung). Im Unterschied zu den beiden geschilderten Strukturen findet man bei dem Schrock-Carben $Cp(CH_3)Ti=CH_2$ eine nahezu unpolare Doppelbindung. Die drei beschriebenen Strukturen sind in Abbildung 3-4 noch einmal dargestellt.

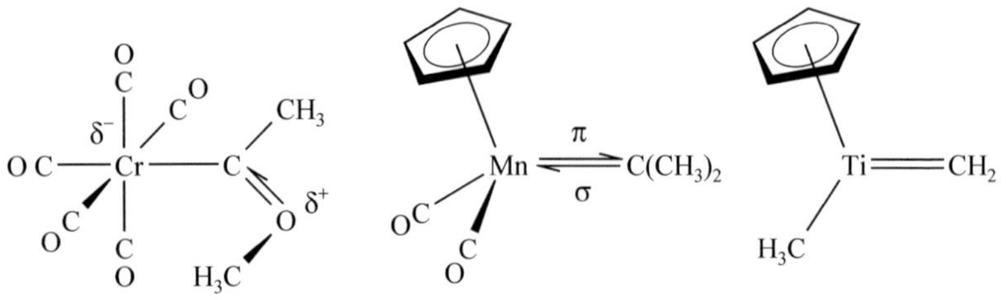

Abbildung 3-4: Darstellung der Bindungsverhältnisse für Übergangsmetallcarbenkomplexe entsprechend den lokalisierten Valenzstrukturen aus [28].

3.2 Petasis-Reagenz

Dimethyltitanocen Cp_2TiMe_2 (**1**) ist seit 1956 bekannt [29, 30]. Man erhält die Verbindung relativ einfach durch Umsetzung von Titanocendichlorid mit Methyllithium in Diethylether. Die Verbindung ist als Feststoff nicht stabil, man kann jedoch Lösungen von Dimethyltitanocen in THF oder Toluen unter Lichtausschluss monatelang lagern. Überraschenderweise können sowohl der Feststoff als auch die Lösungen dieser Verbindung kurzzeitig an der Luft gehandhabt werden, ohne dass dabei Zersetzung der Verbindung eintritt. Dimethyltitanocen wird für verschiedene stöchiometrische Reaktionen und neuerdings auch als Katalysator verwendet. So kann man mit diesem Reagenz zum Beispiel Carbonylverbindungen methylenieren. Es gelingt sogar die Umsetzung von leicht enolisierbaren Ketonen, Estern und Lactonen sowie von säurelabilen Substraten [9, 11].

Wieso kann man mit einer Dimethyltitanverbindung Methylenierungen ausführen?

Zwei grundsätzliche Mechanismen, welche im Schema 3-3 dargestellt sind, können hierbei diskutiert werden. Beim Reaktionsweg **A** entsteht der sehr reaktive Schrock-Carben-Komplex (**4**) durch thermische α-Wasserstoff-Eliminierung von Methan aus **1**. Titanocencarben reagiert mit der Carbonylverbindung unter [2+2]-Cycloaddition zum Titanaoxetan. Dieses unterliegt einer Metathesereaktion unter Freisetzung des Olefins. Falls die Reaktion nach dem Mechanismus **B** abläuft, sollte zuerst eine Insertion der Carbonylverbindung in die Titanium-Kohlenstoffbindung unter Ausbildung eines Titanocenalkoholates erfolgen. Diese Insertion würde der Reaktion einer Grignardverbindung mit einer Carbonylverbindung entsprechen. Bei der anschließenden Eliminierung unter Bildung des Olefins werden $Cp_2Ti(OH)Me$ oder alternativ $[Cp_2TiO]$ und Methan freigesetzt. Experimentelle Untersuchungen zum Mechanismus der Olefinierung von Carbonsäureestern haben gezeigt, dass

Titanocencarben (4) das reaktive Intermediat bei diesen Reaktionen ist und zumindest in diesem Fall die Reaktion über den Weg **A** verläuft [31]. Beide Reaktionswege wurden mit quantenmechanischen Methoden untersucht.

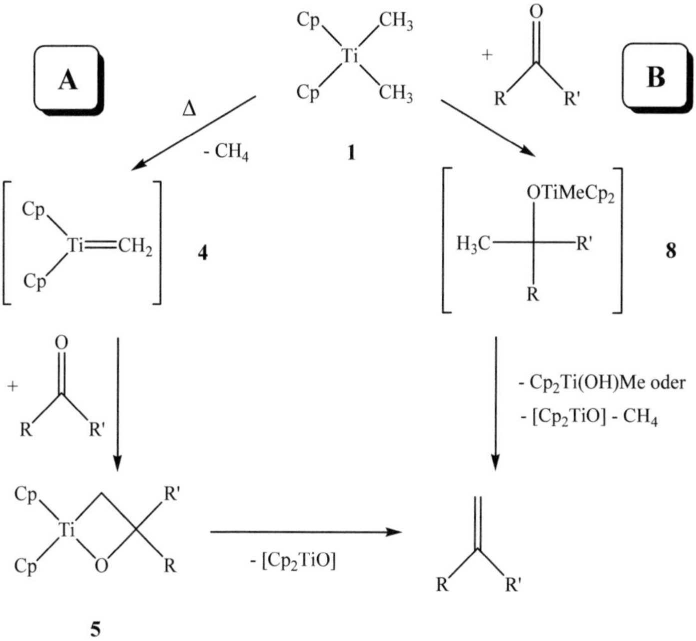

Schema 3-3: Mögliche Mechanismen bei der Olefinierung mit Petasis-Reagenz.

3.2.1 Mechanismus der Olefinierung mit Petasis-Reagenz über Titanocencarben

Betrachten wir zunächst den Reaktionsweg **A**. Die Strukturen der beteiligten Moleküle sind in Abbildung 3-5 gezeichnet. Das Energieprofil, welches sich aus den Differenzen der Gesamtenergien der Moleküle ergibt, ist im Schema 3-5 am Ende dieses Kapitels dargestellt.

Dimethyltitanocen (1) besitzt eine pseudotetraedrische Struktur. Der Vergleich der optimierten Struktur mit den Daten der Strukturanalyse aus der Literatur [32] zeigt bei den Bindungslängen Abweichungen bis zu 0.034 Å. Die berechneten und gemessenen Winkel zwischen den beiden Methylgruppen und Ti sowie zwischen den Mittelpunkten der Cyclopentadienylringe und Ti sind nahezu identisch (siehe Tabelle 3-4).

Tabelle 3-4: Vergleich der optimierten Struktur von Dimethyltitanocen (**1**) mit den Strukturdaten der Kristallstrukturanalyse [32].

Bindungslängen in Å	Kristallstrukturanalyse	optimierte Struktur
Cp-Ti [a)	2.076 und 2.081	2.110
C(Cp)-Ti	2.415 bis 2.430	2.40 bis 2.44
C(Methyl)-Ti	2.181 und 2.170	2.155
Bindungswinkel in °		
C(Methyl)-Ti-C(Methyl)	91.287	91.8
Cp-Ti-Cp [a)	134.54	135.5

[a) Mittelpunkt der Cyclopentadienylringe

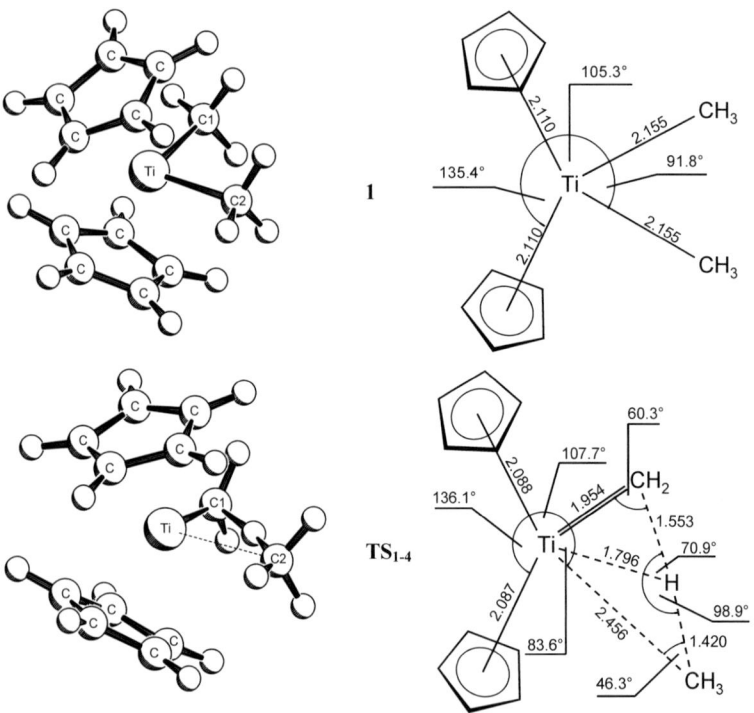

Abbildung 3-5: Optimierte Strukturen bei der Olefinierung mit Petasis-Reagenz über Titanocencarben (Bindungslängen in Å, Winkel in °).

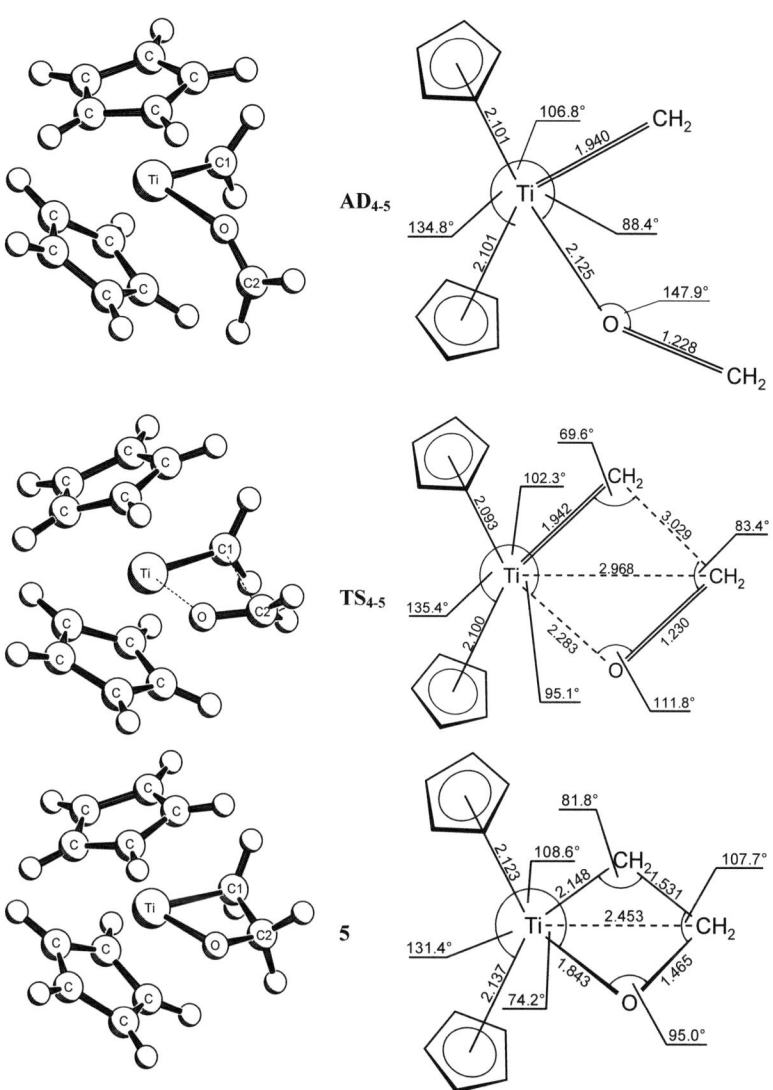

Fortsetzung von Abbildung 3-5

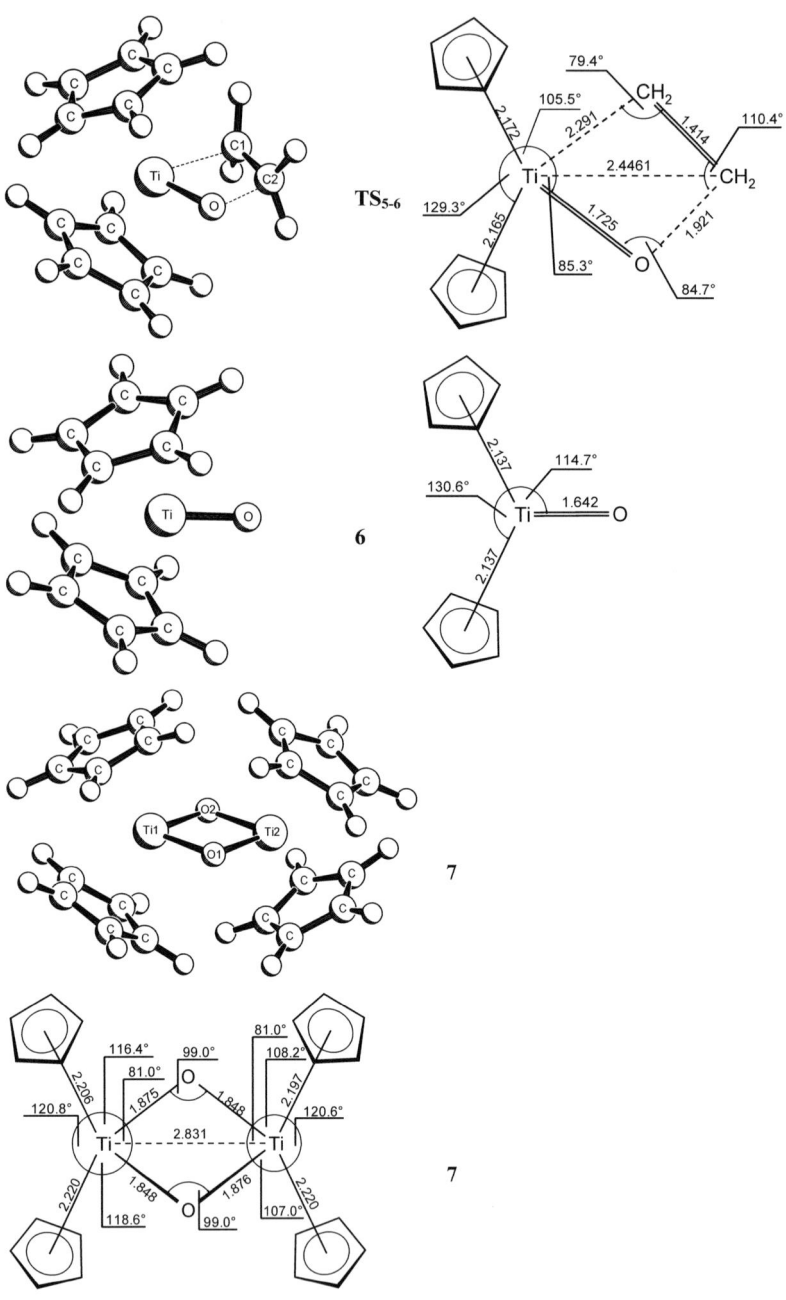

Fortsetzung von Abbildung 3-5

Zum Erreichen des Übergangszustandes TS_{1-4} bei der Eliminierung von Methan aus **1** ist eine Aktivierungsenergie von 141.7 kJ/mol notwendig. Die Aktivierungsenthalpien für die α-Wasserstoffeliminierung aus Bis(neopentyl)titanocen [33] und aus Dimethyl-bis(pentamethylcyclopentadienyl)titanium ($Cp^*_2TiMe_2$) [34] wurden experimentell ermittelt und liegen in vergleichbarer Größenordnung (siehe Gleichung 3-1 und Gleichung 3-2). Bei der thermischen Zersetzung von $Cp^*_2TiMe_2$ wurde der monomolekulare Verlauf der α-Wasserstoffeliminierung durch Kreuzexperimente mit der entsprechend deuterierten Verbindung $Cp^*_2Ti(CD_3)_2$ nachgewiesen. Beim Vergleich der Entropiewerte fällt auf, dass die Aktivierungsentropie bei der Thermolyse von $Cp_2Ti(CH_2CMe_3)_2$ deutlich negativer ist als bei der Thermolyse von $Cp^*_2TiMe_2$. Vermutlich bewirken die großen tert-Butyl-substituenten einen höheren Ordnungsgrad im Übergangszustand [33].

$$Cp_2Ti(CH_2CMe_3)_2 \longrightarrow Cp_2Ti=CHCMe_3 + CMe_4 \quad \Delta H^{\#}= 76.2 \text{ kJ/mol} \qquad \text{Gleichung 3-1}$$
$$\Delta S^{\#}= -49.8 \text{ J/mol K}$$

$$Cp^*_2TiMe_2 \longrightarrow Cp^*_2Ti=CH_2 + CH_4 \quad \Delta H^{\#}= 115.6 \text{ kJ/mol} \qquad \text{Gleichung 3-2}$$
$$\Delta S^{\#}= -11.9 \text{ J/mol K}$$

Der Übergangszustand TS_{1-4} zeigt eine auf 2.456 Å gedehnte Bindung vom Titaniumatom zur Methylgruppe (C2). Die Bindung vom Titaniumatom zur entstehenden Methylen-einheit an C1 ist gegenüber der Ausgangsverbindung **1** um 0.201 Å verkürzt. Bei dieser Reaktion wird ein Wasserstoffatom vom Kohlenstoffatom C1 auf die Methylgruppe C2 übertragen. Dieses Wasserstoffatom befindet sich nahezu in der Mitte zwischen den beiden Kohlenstoffatomen. Der Abstand von Titanium- zum Wasserstoffatom beträgt nur 1.796 Å. Aufgrund dieses geringen Abstandes kann man eine schwache Wechselwirkung zwischen diesen beiden Atomen diskutieren. Die gesamte Einheit Ti-C1-H-C2 ist planar. Die Struktur von TS_{1-4} hat sehr starke Ähnlichkeit mit der Struktur des Übergangszustandes bei der Eliminierung von Methan aus Methylvinyltitanocen (siehe Struktur TS_{1-2} in Kapitel 3.2). Bei der Eliminierung von Methan aus TS_{1-4} werden 92.2 kJ/mol frei. Die Struktur des dabei entstehenden Titanocencarbens wurde bereits im Kapitel 3.1 besprochen. Das hochreaktive Titanocencarben (**4**) kann mit verschiedenen organischen Reagenzien reagieren. An dieser Stelle sollen ausschließlich Cycloadditionsreaktionen mit Carbonylverbindungen untersucht werden. Bei der Wechselwirkung von **4** mit Formaldehyd bildet sich primär das Addukt AD_{4-5} (siehe Abbildung 3-5). Die Adduktbildung ist leicht exotherm mit einer Reaktionsenthalpie von 27.5 kJ/mol. Durch die Koordination des Formaldehyds ist die Methylengruppe lateral ausgelenkt und die TiC-Bindung ist 0.018 Å länger als in **4**. Die O=CH$_2$-Gruppe liegt nicht in der Ebene zwischen den Cyclopentadienylringen, sondern ist mit einem Torsionswinkel C2-O-Ti-C1 von 92.9° aus der Ebene herausgedreht. Vom Addukt **AD$_{4-5}$** zum Übergangszustand der Cycloadditionsreaktion (**TS$_{4-5}$**) wird nur eine geringe Aktivierungsenergie von 9.5 kJ/mol benötigt. Die Bindungslängen Ti-C1 und C2-O in **TS$_{4-5}$** sind fast identisch mit den Bindungslängen im Addukt **AD$_{4-5}$**. Bemerkenswerterweise ist der Abstand Ti-O im Übergangszustand sogar etwas länger als im Addukt. Der Abstand zwischen den beiden reagierenden Kohlenstoffatomen C1 und C2 ist mit 3.029 Å noch extrem lang. Wenn man diesen Übergangszustand mit dem Produkt der Cycloaddition (**5**) vergleicht, so wird deutlich, dass sich die reagierenden Atome zwar in der für die Cycloaddition geeigneten Anordnung zueinander befinden, aber die Bindungslängen noch sehr weit von der Geometrie des Reaktionsproduktes entfernt sind. Es handelt sich also hierbei um einen sogenannten "frühen" Übergangszustand, bei dem die Bindungslängen und -winkel der Reaktanten noch weitgehend den Bindungsparametern der Ausgangsstoffe (in diesem Falle **AD$_{4-5}$**) ähneln. Entsprechend dem Hammond-Prinzip ist in diesem Falle auch ein früher Übergangszustand zu erwarten, da es sich bei der Reaktion von **AD$_{4-5}$** zu **5** um eine exotherme Reaktion handelt [35].

Tabelle 3-5: Ergebnisse der CDA der Übergangszustände **TS$_{4-5}$**, **TS$_{5-6}$** und des Adduktes **AD$_{4-5}$**.

Verbindung	Hinbindung (d)	Rückbindung (b)	repulsive Polarisierung (r)	Restterm (Δ)
AD$_{4-5}$	0.226	0.055	-0.199	-0.001
TS$_{4-5}$	0.246	0.062	-0.211	-0.008
TS$_{5-6}$	0.367	0.205	-0.429	0.052

Zusätzliche Informationen über die Bindungsverhältnisse im Addukt **AD$_{4-5}$** und den beiden Übergangszuständen bei der Bildung und der Ringöffnung des Titanaoxetanringes **TS$_{4-5}$** und **TS$_{5-6}$** können mit Hilfe der CDA gewonnen werden (siehe Tabelle 3-5) [36, 37]. Bei dieser Methode werden die Kohn-Sham-Orbitale der zu untersuchenden Strukturen als Linearkombination der Orbitale geeigneter Fragmente dargestellt. Dabei wird die Donorwirkung (**d**) aus der Wechselwirkung der besetzten Orbitale des Donors mit den unbesetzten Orbitalen des Akzeptors und die Rückbindung (**b**) aus der Wechselwirkung der unbesetzten Orbitale des Donors mit den besetzten Orbitalen des Akzeptors ermittelt. Die repulsive Polarisierung (r) ist ein Maß für die Wechselwirkung der besetzten Orbitale des Donors mit den besetzten Orbitalen des Akzeptors. Wichtig zur Diskussion ist außerdem noch der Restterm Δ. Dieser gibt den Beitrag der unbesetzten Orbitale des Donors und der unbesetzten Orbitale des Akzeptors zur elektronischen Struktur des Komplexes an. Bei allen drei Molekülen ist der Restterm Δ nahezu Null, so dass Fragmente mit abgeschlossenen Elektronenschalen vorliegen und man von Donor-Akzeptor-Wechselwirkungen sprechen kann. Die beiden Strukturen AD_{4-5} und TS_{4-5} wurden willkürlich in die Fragmente $Cp_2Ti=CH_2$ als Akzeptor und $O=CH_2$ als Donor zerlegt. Die Hinbindung vom Carbonylfragment zum Titanocencarben beträgt bei diesen beiden Verbindungen 0.226 bzw. 0.246 Elektronen. Die Rückbindung vom Titanocencarben zum Donor ist dagegen bei beiden Molekülen deutlich schwächer ausgeprägt. Die beiden Moleküle haben nahezu gleiche Donor- und Akzeptoreigenschaften. Dies ist nicht überraschend, da die Moleküle ja im Reaktionsablauf unmittelbar aufeinander folgen und sehr ähnliche Geometrien aufweisen. Deutlich andere Bindungsverhältnisse liegen hingegen bei der Öffnung des Titanaoxetanringes im Übergangszustand TS_{5-6} vor. Hierbei werden $Cp_2Ti=O$ als Akzeptor und Ethylen als Donor betrachtet. Die Hinbindung vom Ethylen zum Titanocenoxid ist mit 0.367 Elektronen stärker ausgeprägt als bei TS_{4-5}. Ebenso finden wir eine viel stärkere Rückbindung vom Titanocenoxid zum Ethylen mit 0.205 Elektronen.

Die Bildung des Titanaoxetans (5) aus dem Übergangszustand TS_{4-5} ist mit 188.9 kJ/mol exotherm. Der Titanaoxetanring ist mit einem Torsionswinkel von 9.1° leicht geknickt. Das Abknicken des Vierringes vermindert offensichtlich die Wechselwirkung der Wasserstoffatome an C1 mit den Wasserstoffatomen der Cyclopentadienylringe. Die Bindungslängen und -winkel im Titanaoxetanring zeigen keine überraschenden Werte und ähneln weitgehend den Bindungsparametern von Titanaoxetanen mit exocyclischer Methylengruppe (siehe 6 und 7 in Kapitel 3.2, bzw. [38]). Das Titanaoxetan (5) ist jedoch nicht stabil, sondern zerfällt über eine Cycloreversion in das Produkt der Carbonylmethylenierung und $Cp_2Ti=O$. Zum Erreichen des Übergangszustandes TS_{5-6} der Cycloreversion ist lediglich eine Aktivierungsenergie von 35 kJ/mol notwendig. Die Bindungslängen in TS_{5-6} sind gegenüber den Bindungslängen in 5 deutlich verändert. Die Bindung Ti-C1 ist um 0.143 Å und die Bindung O-C2 sogar um 0.456 Å gedehnt. Demgegenüber sind die Bindungen Ti-O und C2-C3 bereits verkürzt. Beim Übergang von TS_{5-6} zum Produkt der Carbonylolefinierung (in diesem Falle Ethylen) und zu Titanocenoxid (6) werden 31.1 kJ/mol frei. Damit ist dieser letzte Schritt der Reaktion mit 3.9 kJ/mol schwach endotherm und es ist eigentlich unverständlich, warum der Zerfall des Titanaoxetans überhaupt vollständig ablaufen sollte. Zwei Argumente, die für einen deutlich exothermen Reaktionsverlauf sprechen, können hierbei ins Feld geführt werden. Zum einen werden Olefinierungen an Carbonylverbindungen normalerweise nicht mit Formaldehyd, sondern mit größeren und komplizierteren Substraten durchgeführt. Formaldehyd haben wir für die Berechnungen als die einfachste aller möglichen Modellverbindungen verwendet. Betrachten wir deshalb die Energiedifferenzen für den letzten Schritt der Carbonylolefinierung von Aceton und Cyclohexanon. Bei Verwendung dieser beiden Substrate wird diese Reaktion exotherm! Im Falle der Umsetzung von Aceton zu Isobuten mit 10.9 kJ/mol und bei der Umsetzung von Cyclohexanon zu Methylencyclohexan mit 14.7 kJ/mol (siehe Schema 3-4).

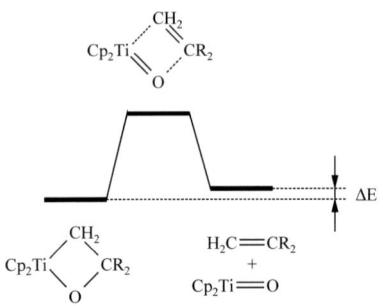

Schema 3-4: Energiedifferenzen beim Zerfall von Titanaoxetanen zu Olefinen und $Cp_2Ti=O$ (Energiedifferenzen in kJ/mol mit Nullpunktsschwingungskorrektur).

Das andere Argument, welches für einen vollständigen Zerfall des Titanaoxetans (**5**) spricht, ergibt sich bei näherer Betrachtung des primären Nebenproduktes Titanocenoxid (Cp$_2$Ti=O, **6**). Dieses existiert in freier Form wahrscheinlich nicht, sondern unterliegt je nach vorhandenen Reaktionspartnern bestimmten Folgereaktionen. Dabei können zweikernige, mehrkernige oder sogar polymere sauerstoffverbrückte Titanocenverbindungen entstehen. Es gibt umfangreiche Untersuchungen zur Existenz und Struktur solcher μ-Oxo-verbrückter Titanocenverbindungen [39]. Diese wurden entweder durch kontrollierte Oxidation geeigneter Titanium(III)-verbindungen oder durch Hydrolyse von Titanium(IV)-verbindungen erhalten. Dabei wurden dimere, trimere und polymere Strukturen, wie sie in Abbildung 3-6 skizziert sind, gefunden. Trimere μ-Oxo-verbrückte Zirconocenverbindungen sind ebenfalls bekannt [40, 41, 42], zwei Beispiele für solche Verbindungen sind in Abbildung 3-6 mit aufgenommen.

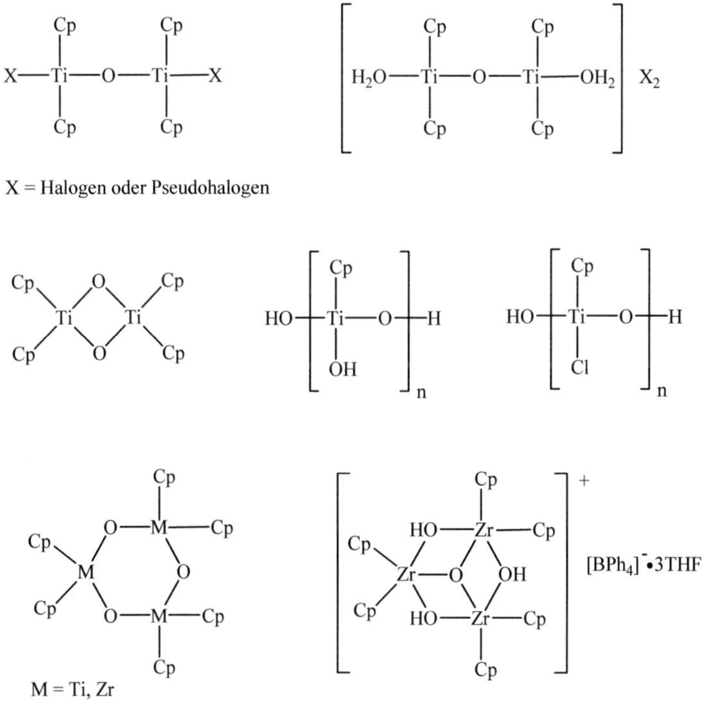

Abbildung 3-6: Bekannte Strukturen von μ-Oxo-verbückten Titanium- und Zirconiumverbindungen.

Um für die berechneten Energieprofile möglichst realistische Reaktionsenthalpien zu erhalten, geht man mindestens von einer Dimerisierung des Titanocenoxids aus. Die dabei frei werdende Reaktionsenthalpie beträgt 82 kJ/mol. Bei der Bildung von **7** aus zwei Molekülen Titanocenoxid werden zwei relativ große Molekülhälften zu einem neuen Molekül kombiniert. Man muss damit rechnen, dass der Basissatzüberlagerungsfehler (BSSE) in diesem Fall recht groß werden kann. Mit Hilfe der "Counterpoise"-Methode (siehe Kapitel 2.4) wurde ein Fehler von -33.8 kJ/mol abgeschätzt. Somit verringert sich die Energiedifferenz zwischen monomerem und dimerem Titanocenoxid auf 48.2 kJ/mol. Die Reaktion ist aber immer noch deutlich exotherm.

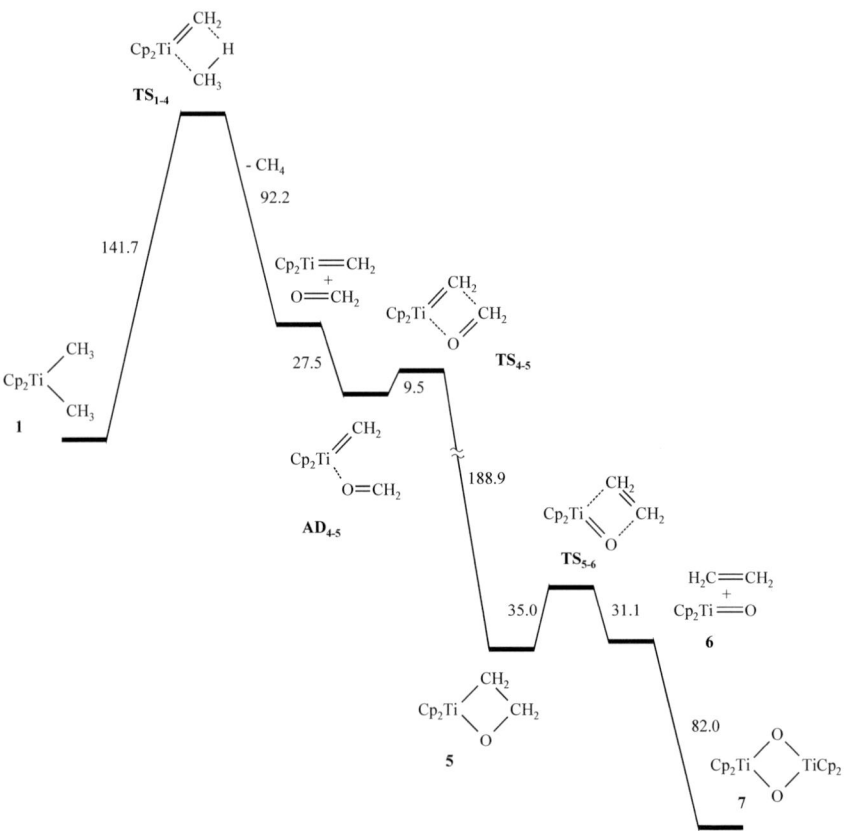

Schema 3-5: Energieprofildiagramm der Olefinierung von Formaldehyd über Titanocencarben (Energiedifferenzen in kJ/mol mit Nullpunktsschwingungskorrektur).

Schema 3-5 fasst das Energieprofil für den besprochenen Reaktionsverlauf zusammen. Die Wasserstoffübertragung im ersten Schritt der Reaktion benötigt eine Aktivierungsenergie von 141.7 kJ/mol. Diese Aktivierungsenergie ist in Lösung leicht zu erreichen. Der weitere Ablauf der Reaktionssequenzen erfolgt kaskadengleich mit nur noch sehr geringen Aktivierungsenergien zum Endprodukt der Olefinierungsreaktion. Dieser Reaktionsmechanismus ist somit sehr wahrscheinlich.

3.2.2   Mechanismus der Olefinierung mit Petasis-Reagenz über Titanocenalkoholate

In diesem Abschnitt wird der im Schema 3-3 mit **B** bezeichnete Reaktionsweg untersucht, der über ein Titaniumalkoholat als Zwischenprodukt verläuft. Die Strukturen der beteiligten Moleküle sind in Abbildung 3-7 und die Energieprofile in Schema 3-6 dargestellt. Bei diesem Reaktionsverlauf sollte die Carbonylverbindung zunächst am Dimethyltitanocen koordinieren. Es gelang nicht, eine Adduktgeometrie zu finden, bei der das Formaldehydmolekül lateral am Dimethyltitanocen koordiniert ist. Es war jedoch möglich, eine Adduktstruktur zu optimieren, bei der das Formaldehydmolekül zentral, d. h. zwischen den beiden Methylgruppen, am Titanium koordiniert ist. Zur Bildung des Adduktes AD_{1-8} aus **1** müssen 81.8 kJ/mol aufgewendet werden. Um Platz für die Koordination des Formaldehydes zu schaffen, ist der Winkel zwischen den beiden Methylgruppen und dem Titaniumatom in AD_{1-8} um nahezu 43° gegenüber dem Winkel in der Ausgangsverbindung Dimethyltitanocen (**1**) aufgeweitet. Das Formaldehydmolekül befindet sich fast genau in der Mitte zwischen den beiden Methylgruppen. Das Molekül AD_{1-8} hat jedoch nur C_1-Symmetrie, da die Carbonylgruppe am Titaniumatom nicht linear koordiniert, sondern mit einem Winkel von 144.0°. Das Sauerstoffatom befindet sich nahezu in der Ebene, die von den Methylgruppen und dem Titaniumatom aufgespannt wird (Torsionswinkel O-Ti-C1-C2 = 3.8°). Das Kohlenstoffatom der Carbonylgruppe (C3) ist jedoch aus dieser herausgedreht (Torsionswinkel C3-Ti-C1-C2 = 10.0°). Durch diese Koordinationsgeometrie kann eines der beiden freien Elektronenpaare vom Sauerstoffatom mit dem unbesetzten $2a_1$-Orbital am Dimethyltitanocen in Wechselwirkung treten.

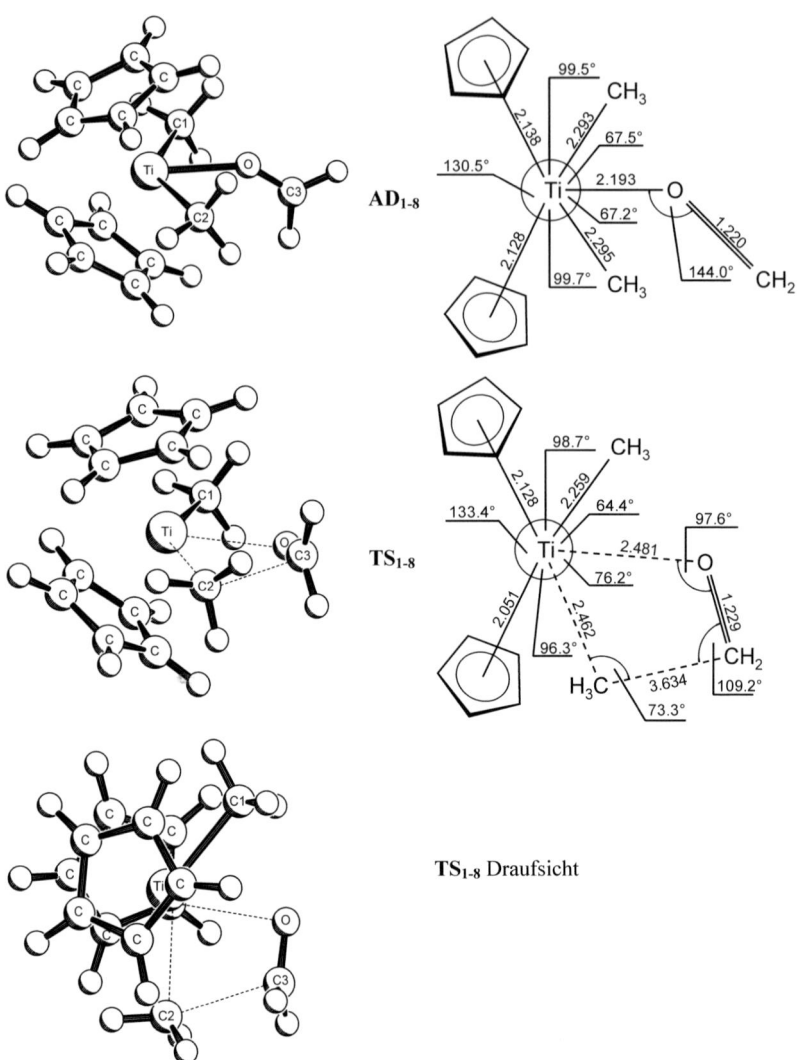

Abbildung 3-7: Optimierte Geometrien der Olefinierung mit Petasis-Reagenz über Titanocenalkoholate (Bindungslängen in Å, Winkel in °).

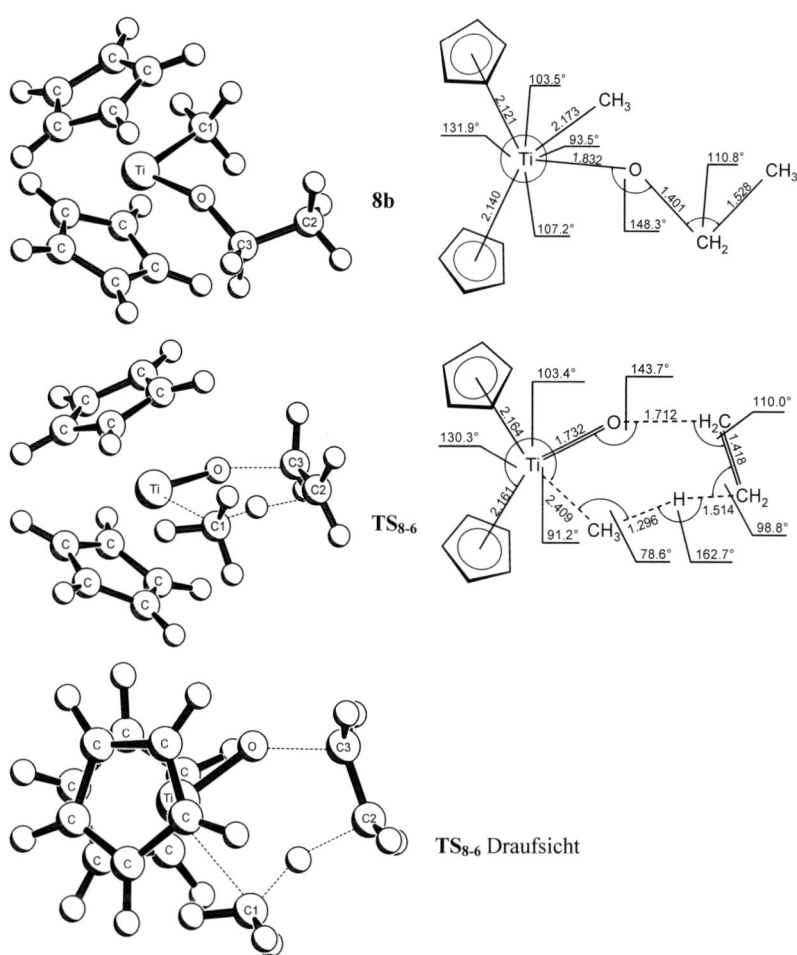

8b

TS$_{8-6}$

TS$_{8-6}$ Draufsicht

Fortsetzung von Abbildung 3-7

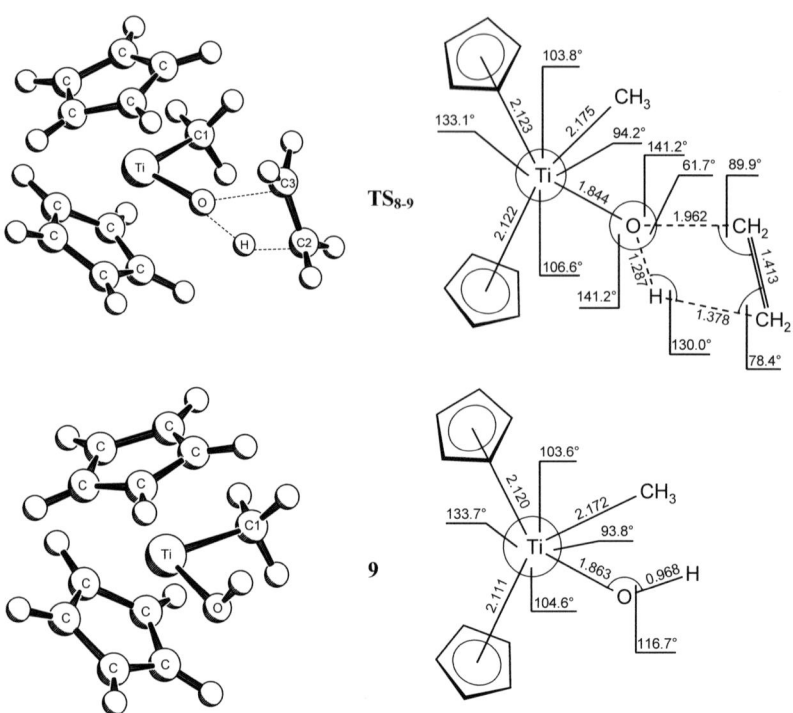

Fortsetzung von Abbildung 3-7

Vom Addukt AD_{1-8} zum Übergangszustand TS_{1-8} müssen 61.4 kJ/mol aufgewendet werden. Die beiden Methylgruppen sind in diesem Übergangszustand nicht mehr gleichartig
an das Titaniumatom gebunden, sondern man erkennt bereits eine deutliche Verlängerung
der Ti-C2-Bindung und eine Aufweitung des Bindungswinkels C2-Ti-O. Die CH_2-Gruppe
der Carbonylverbindung hat sich in Richtung der CH_3-Gruppe (C2) orientiert, dadurch
wurde der Winkel C3-O-Ti auf nur noch 97.6° verringert. Die CH_2-Gruppe ist noch nahezu
planar und mit 3.641 Å recht weit von der CH_3-Gruppe entfernt. Das deutet auf einen
frühen Übergangszustand hin. Gegenüber dem Addukt AD_{1-8} fand wiederum eine Verlängerung der Bindung Ti-O statt. Der Übergangszustand TS_{1-8} führt in einer stark exothermen Reaktion zum Methyltitanocenethanolat 8. Für diese Verbindung wurden zwei
Minima für rotamere Einstellungen des Ethoxyrestes gefunden, wie sie im Schema 3-6
skizziert sind. Die beiden Rotamere unterscheiden sich in ihrer Gesamtenergie nur um 2.1

kJ/mol. Von hier aus gibt es zwei Möglichkeiten für den weiteren Verlauf der Reaktion. Einmal könnte die Verbindung **8b** über einen cyclischen sechsgliedrigen Übergangszustand in Titanocenoxid, Methan und Ethylen zerfallen. Die andere Möglichkeit besteht in der intramolekularen Abspaltung von Ethen unter Bildung von Hydroxy(methyl)titanocen (**9**). Dieses kann dann weiter in Titanocenoxid (**6**) und Methan zerfallen. Beide Möglichkeiten wurden berücksichtigt und werden hier kurz diskutiert.

Zum Erreichen des Übergangszustandes TS_{8-6} werden 267.2 kJ/mol benötigt. Im Übergangszustand TS_{8-6} wird aus der Ethoxygruppe Ethylen abgespalten und dabei auf die benachbarte Methylgruppe ein Wasserstoffatom übertragen, was zur Bildung von Methan führt. Es handelt sich um einen nahezu planaren sechsgliedrigen cyclischen Übergangszustand. So hat sich z. B. der Torsionswinkel Ti-O-C3-C2 von 123.9° in **8b** auf lediglich 9.6° in TS_{8-6} verringert. Im Übergangszustand hat die Ti-O Bindung mit 1.732 Å nahezu die Länge der Doppelbindung erreicht. Die Bindung Ti-C1 ist um 31 % und die Bindung O-C3 um 22 % verlängert. Das zu übertragende Wasserstoffatom befindet sich bereits näher an der Methylgruppe (C1) als am Ethylrest (C2). Die Bindung zwischen C2 und C3 ist zwar nur geringfügig verkürzt, allerdings erkennt man in Abbildung 3-7, dass der Ethylrest bereits in die Konformation des Ethylens mit sp^2-hybridisierten Kohlenstoffatomen übergeht. Beim Zerfall des Übergangszustandes in die Produkte Titanocenoxid (**6**), Ethylen und Methan werden 222.6 kJ/mol frei.

Der zweite mögliche Weg zum Erhalt des Produktes der Olefinierungsreaktion aus dem Titanocenalkoholat würde über den Übergangszustand TS_{8-9} verlaufen. Zum Erreichen von TS_{8-9} sind 266.9 kJ/mol notwendig. Bei dieser Reaktion wird ein Wasserstoffatom von C2 auf das Sauerstoffatom am Titanium übertragen und dadurch Ethylen eliminiert. Die vier am Übergangszustand beteiligten Atome sind planar angeordnet (Torsionswinkel Ti-O-H-C2 0.4°). Die Bindung O-C3 ist mit 1.962 Å um 40 % gegenüber der entsprechenden Bindung in **8** gestreckt. Das zu übertragende Wasserstoffatom befindet sich bereits in einem Abstand von 1.287 Å vom Sauerstoffatom. Die Konformation des entstehenden Ethylens ist durch eine deutliche Planarisierung der Kohlenstoffatome C2 und C3 bereits vorgebildet. Das bei dieser Reaktion schließlich entstehende Hydroxy(methyl)titanocen (**9**) besitzt Bindungsparameter ohne nennenswerte Besonderheiten. Ein weiterer Zerfall dieser Verbindung in Titanocenoxid und Methan ist durchaus wahrscheinlich, hat aber keine Bedeutung für den Verlauf der Olefinierungsreaktion.

Der in diesem Abschnitt geschilderte hypothetische Reaktionsverlauf ist noch einmal als Energieprofildiagramm im Schema 3-6 dargestellt. Ausgehend vom Dimethyltitanocen (**1**) ist eine Aktivierungsenergie von 143.2 kJ/mol zum Erreichen des Übergangszustandes **TS$_{1-8}$** notwendig. Dieser Wert ist fast identisch mit der Aktivierungsenergie bei der α-Wasserstoffeliminierung entsprechend dem in Abschnitt 3.2.1 diskutierten Mechanismus. Die Entstehung von Titanocenalkoholaten vom Typ **8** ist also durchaus wahrscheinlich. Das Titanocenalkoholat **8** ist jedoch eine recht stabile Verbindung, erkennbar an den sehr hohen Aktivierungsenergien, die zur Weiterreaktion notwendig sind. Die beiden diskutierten Reaktionswege zur Vollendung der Olefinierungsreaktion erfordern Aktivierungsenergien von 266.9 bzw. 267.2 kJ/mol. Es ist wenig wahrscheinlich, dass diese Reaktionen unter den praktischen Bedingungen der Olefinierung mit Petasis-Reagenz ablaufen. Der in diesem Abschnitt diskutierte Verlauf der Olefinierungsreaktion über Titanocenalkoholate kann somit als Reaktionsmechanismus ausgeschlossen werden.

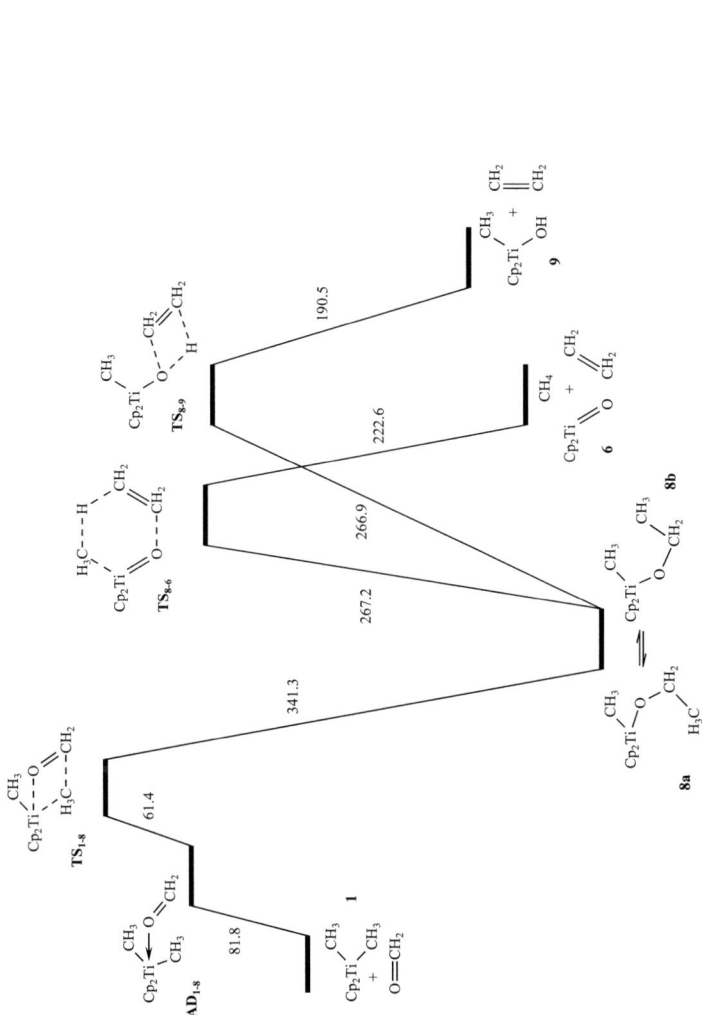

Schema 3-6: Energieprofildiagramm für die Olefinierung mit Petasis-Reagenz über Titanocenalkoholate (Energiedifferenzen in kJ/mol mit Nullpunktsschwingungskorrektur).

3.3 Titanacyclobutane nach Grubbs

Durch Umsetzung von **3** mit Olefinen in Gegenwart von Lewisbasen wie 4-Dimethylaminopyridin gelingt die Herstellung von Titanacyclobutanen vom Typ **2** [43, 44, 45].

3   **2**   Gleichung 3-3

für R1=R2=CH$_3$

DieVerbindungen **3** und **2** sind exzellente Vorstufen zur Erzeugung von Titanocencarben (**4**). Es ist bemerkenswert, welche Vielfalt an organischen Substraten mit dem Bis(cyclopentadienyl)-3,3-dimethyltitanacyclobutan (**2**) reagiert. Man kann dabei drei Typen von Reaktionen unterscheiden:

- Elektrophile spalten die Ti-C-Bindung

- Oxidationsmittel bewirken eine reduktive Eliminierung unter Bildung von Cyclopropanen.

- Reagenzien mit Doppel- oder Dreifachbindungen ersetzen das Olefin im Titanacyclobutan

Reaktionen vom ersten Typ werden bei metallorganischen Verbindungen mit hoher Bindungspolarität der Metall-Kohlenstoffbindung häufig beobachtet und werden hier nicht näher besprochen.

Die Freisetzung von Cyclopropanderivaten aus **2** erfolgt z.b. bei der Bestrahlung mit Licht oder der Oxidation mit Iod oder anderen Oxidationsmitteln [46, 47, 48, 49].

Die Verbindung **2** ist ein effektiver Katalysator für die Metathese von endständigen Olefinen [44] und katalysiert auch die ringöffnende Metathesepolymerisation von cyclischen Alkenen wie Norbornen [50]. Die Reaktionen mit Doppelbindungssystemen wurden bereits ausführlich untersucht, da es sich hierbei um Elementarschritte der Olefinmetathese handelt. Zahlreiche Versuche mit isotopenmarkierten Verbindungen und kinetische Untersuchungen zeigten, dass diese Reaktionen über den in Gleichung 3-4 gezeigten Mechanismus verlaufen [44, 51, 52].

Gleichung 3-4

Für Bis(cyclopentadienyl)-3-tert-butyltitanacyclobutan ($Cp_2Ti\text{-}CH_2\text{-}CH(CMe_3)\text{-}CH_2$) fand man, dass die obige Reaktion erster Ordnung bezüglich des Titanacyclobutans und nullter Ordnung bezüglich des Substrates ist. Zusätzlich zu den kinetischen Untersuchungen wurde noch die Stereochemie des Olefinaustausches untersucht und ein großer Isotopeneffekt bei Deuterium-markierten Titanacyclobutanderivaten beobachtet. Daraus wurde geschlussfolgert, dass k_1 der geschwindigkeitsbestimmende Schritt dieser Reaktion ist [44]. Die Geschwindigkeit der Ringöffnungsreaktion hängt stark von den Substituenten am Titanacyclobutanring ab. Beispiele für die unterschiedliche Reaktivität von Titanacyclobutanen wurden bereits in Tabelle 3-1 aufgeführt.

Der in Gleichung 3-4 gezeigte Mechanismus konnte durch die quantenmechanischen Berechnungen in Kapitel 3.2 für Titanacyclobutane mit exocyclischer Methylengruppe bestätigt werden. Auch bei den dort besprochenen Verbindungen ist die Öffnung des Titanacyclobutanringes aufgrund der hohen Aktivierungsenergie der geschwindigkeitsbestimmende Schritt aller folgenden Cycloadditionsreaktionen.

Mit Carbonylverbindungen reagieren die Titanacyclobutane vom Typ **2** in fast allen Fällen unter Bildung von C=C-Doppelbindungen anstelle der C=O-Gruppe. So gelingt auf diesem Wege die Methylenierung von Carbonylgruppen in Estern, Lactonen und teilweise Imiden [53, 54]. Die Reaktion mit Säurechloriden oder Säureanhydriden führt zur Bildung von Enolatkomplexen [54, 55]. Es wird vermutet, dass die Reaktionen mit Carbonylverbindungen alle über ein Titanaoxetan als Zwischenstufe verlaufen (Schema 3-7, Weg **A**). Wenn dabei einer der Substituenten X in β-Stellung zum Metall eine gute Abgangsgruppe darstellt, bildet sich ein Enolat. In allen anderen Fällen zerfällt das Titanaoxetan in das Produkt der Carbonylolefinierung und oligomeres oder polymeres Titanocenoxid.

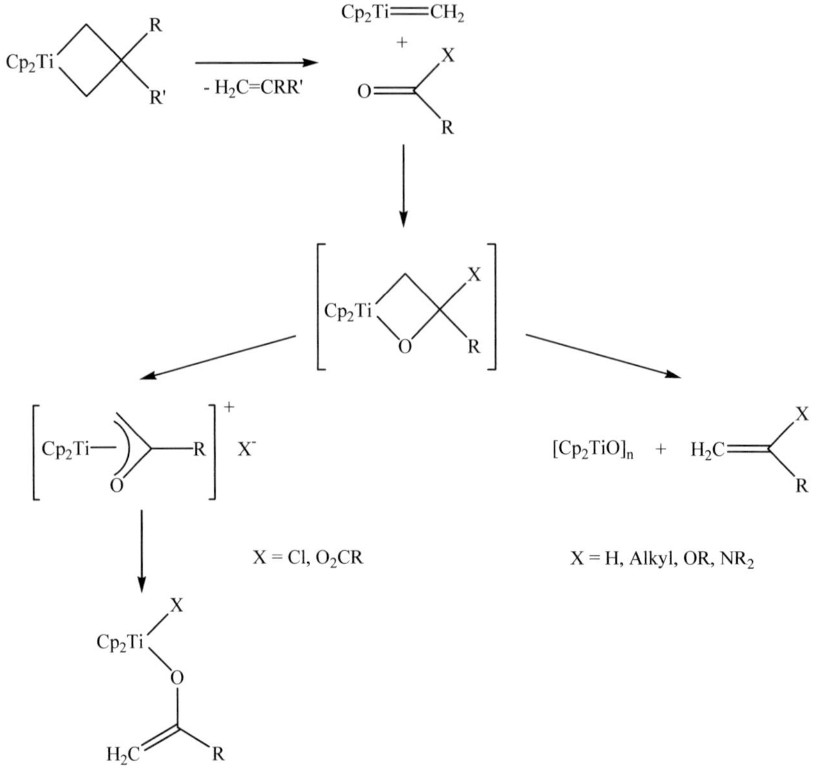

Schema 3-7: Möglicher Mechanismus der Olefinierung mit Titanacyclobutanen über Titanaoxetane (Weg **A**).

Die Gültigkeit dieses Mechanismus wird in diesem Kapitel anhand quantenmechanischer Berechnungen überprüft. Hierbei gilt es wiederum, ähnlich wie in Kapitel 3.2, auch mögliche alternative Reaktionswege zu untersuchen. Neben dem in Schema 3-7 gezeigten Mechanismus wäre prinzipiell auch eine Reaktion denkbar, die über eine direkte Insertion der Carbonylverbindung in den Titanacyclobutanring verlaufen könnte (Schema 3-8, Weg **B**).

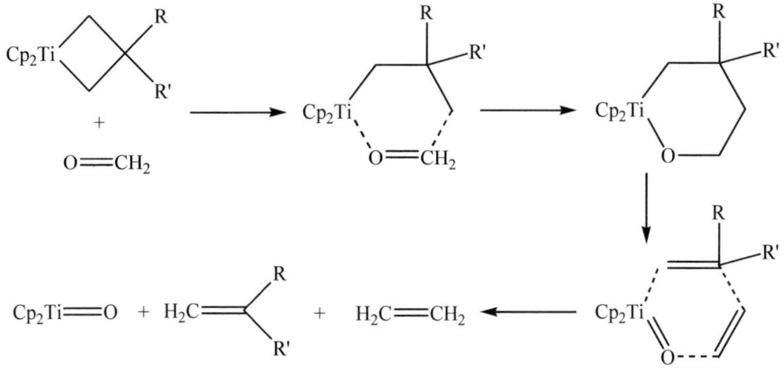

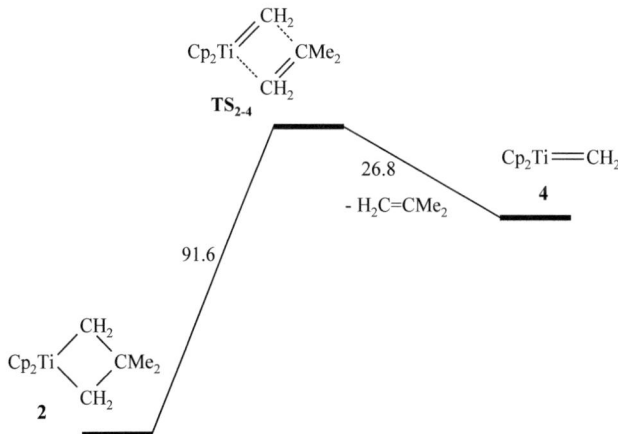

Schema 3-8: Möglicher Mechanismus der Olefinierung mit Titanacyclobutanen über eine direkte Insertion der Carbonylverbindung (Weg **B**).

3.3.1 Mechanismus der Olefinierung mit Titanacyclobutanen über Titanocencarben

Voraussetzung für den Ablauf der Olefinierung entsprechend Weg **A** in Schema 3-7 ist zunächst die Bildung von Titanocencarben (**4**). Zur Bildung von **4** aus Bis(cyclopentadienyl)-3,3-dimethyltitanacyclobutan (**2**) muss eine Aktivierungsenergie von 91.6 kJ/mol überwunden werden (Schema 3-9).

Schema 3-9: Energieprofildiagramm für die Bildung von Titanocencarben (**4**) aus Bis(cyclopentadienyl)-3,3-dimethyltitanacyclobutan (**2**) (Energie in kJ/mol mit Nullpunktsschwingungskorrektur).

Der dabei erreichte Übergangszustand **TS**$_{2-4}$ weist eine recht große Entfernung zwischen dem Titanocencarben und dem Isobuten auf (Abbildung 3-8). In **TS**$_{2-4}$ sind die Bindungen Ti-C1 (1.931 Å) und C2-C3 (1.366 Å) gegenüber der Ausgangsverbindung **2** bereits deutlich verkürzt. Damit kann man **TS**$_{2-4}$ als späten Übergangszustand bezeichnen. Die am Übergangszustand beteiligten Atome Titanium, C1, C2 und C3 liegen nicht in einer Ebene, sondern sind mit einem Torsionswinkel C1-Ti-C2-C3 von 8.9° leicht gegeneinander verdreht. Die Bildung des Titanocencarbens ist mit 26.8 kJ/mol exotherm. Im nächsten Schritt sollte dann die Addition der Carbonylverbindung erfolgen. Das entstehende Titanaoxetan reagiert anschließend weiter zum Produkt der Carbonylolefinierung. Diese Schritte wurden im Detail in Kapitel 3.2.1 (siehe auch Schema 3-5) besprochen und brauchen deshalb hier nicht weiter ausgeführt werden.

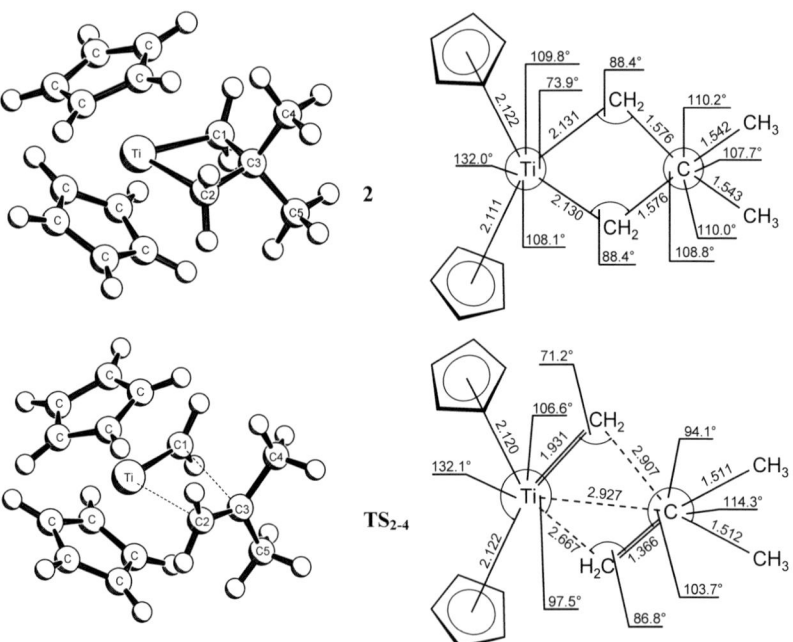

Abbildung 3-8: Optimierte Strukturen bei der Bildung von Titanocencarben (**4**) aus Bis(cyclopentadienyl)-3,3-dimethyltitanacyclobutan (**2**) (Bindungslängen in Å, Winkel in °).

3.3.2 Mechanismus der Olefinierung mit Titanacyclobutanen über eine direkte Insertion der Carbonylverbindung

Als Alternative zu dem im vorangehenden Kapitel beschriebenen Mechanismus sollte eine direkte Insertion der Carbonylverbindung in den Titanacyclobutanring in Betracht gezogen werden (siehe Schema 3-8). Die optimierten Strukturen der hierbei auftretenden Zwischenprodukte und Übergangszustände befinden sich in Abbildung 3-9. Für die direkte Insertion von Formaldehyd in das Titanacyclobutan **2** ist eine Aktivierungsenergie von 103.4 kJ/mol notwendig (siehe Schema 3-10). Der dabei erreichte Übergangszustand **TS$_{2\text{-}10}$** zeigt das Aufbrechen des Titanacyclobutanringes und eine laterale Koordination des Formaldehydmoleküls. Auf der Seite, an der die Koordination des Formaldehyds erfolgt, ist die Bindung Ti-C2 mit 2.459 Å deutlich länger als die Bindung Ti-C1 (2.262 Å). Bei dieser Insertion konnte kein Addukt zwischen dem Titanacyclobutan und dem Formaldehyd gefunden werden. Das Titanacyclobutan ist koordinativ soweit abgesättigt, dass eine Donor-Akzeptor-Wechselwirkung, wie sie zwischen Titanocencarben bzw. Titanocenvinyliden und Formaldehyd auftritt, hier nicht möglich ist. Die Reaktion vom Übergangszustand **TS$_{2\text{-}10}$** zum Oxatitanacyclohexan **10** ist mit 306.0 kJ/mol exotherm. Die Verbindung **10** weist einen Sechsring in energiegünstiger Sesselkonformation auf. Dieser ist zum Titaniumatom hin gestreckt, da die Bindungen Ti-O und Ti-C2 deutlich länger sind als die anderen Bindungen im Ring. Es gibt nur relativ wenige strukturell charakterisierte Oxatitanacyclohexane [56-62]. Synthesen für diese Verbindungen beruhen z. B. auf der Insertion von Diphenylketen in Titanacyclobutan [57], der Cyclometallierung von Phenolatliganden [58, 59] oder der Insertion von Kohlenmonoxid in 1-Oxa-5-titanacyclopentane [60, 61, 62]. Zum Aufbrechen des Sechsringes im Sinne einer [2+2+2]-Cycloreversion ist die beträchtliche Energiebarriere von 259.1 kJ/mol zu überwinden. Der dabei entstehende Übergangszustand **TS$_{10\text{-}6}$** zeigt nunmehr eine andere Konformation als die Verbindung **10**. Die Einheiten Ti-O und C2-C3 liegen nahezu in einer Ebene mit einem Torsionswinkel O-Ti-C2-C3 von 13.1°. Das entstehende Ethylenmolekül schwebt gleichsam über dieser Ebene. Damit hat dieser Übergangszustand eine angenäherte Wannenkonformation. Eine solche Konformation ist entsprechend dem Prinzip von der Erhaltung der Orbitalsymmetrie Voraussetzung für eine symmetrieerlaubte [2+2+2]-Cycloreversion [63]. Der Übergang von **TS$_{10\text{-}6}$** zu den Endprodukten der Cycloreversion Titanocenoxid, Ethylen und Isobuten ist mit 194.6 kJ/mol exotherm.

Zusammenfassend lässt sich sagen, dass die direkte Insertion einer Carbonylverbindung in Titanacyclobutanderivate grundsätzlich möglich sein sollte. Allerdings stellen die dabei entstehenden Oxatitanacyclohexane vom Typ **10** sehr stabile Verbindungen dar. Eine Ringöffnung im Sinne einer [2+2+2]-Cycloreversion ist aufgrund der sehr hohen Aktivierungsenergie recht unwahrscheinlich! Die Olefinierung von Carbonylverbindungen mit Titanacyclobutanen nach Grubbs sollte deshalb über Titanocencarben (Weg **A,** Schema 3-7) verlaufen.

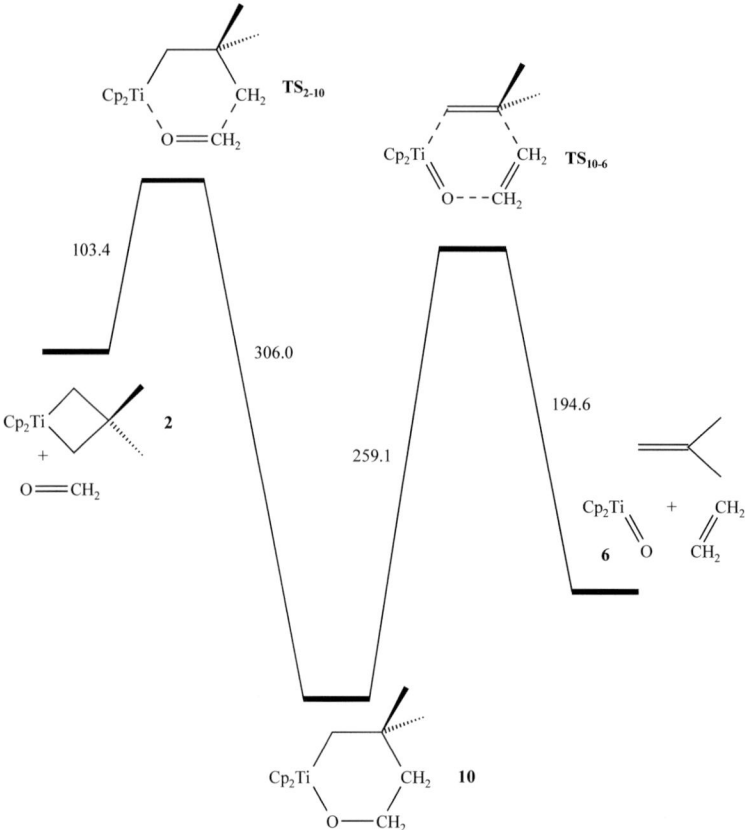

Schema 3-10: Energieprofildiagramm für die Olefinierung mit Titanacyclobutanen über eine direkte Insertion der Carbonylverbindung (Energie in kJ/mol mit Nullpunktsschwingungskorrektur).

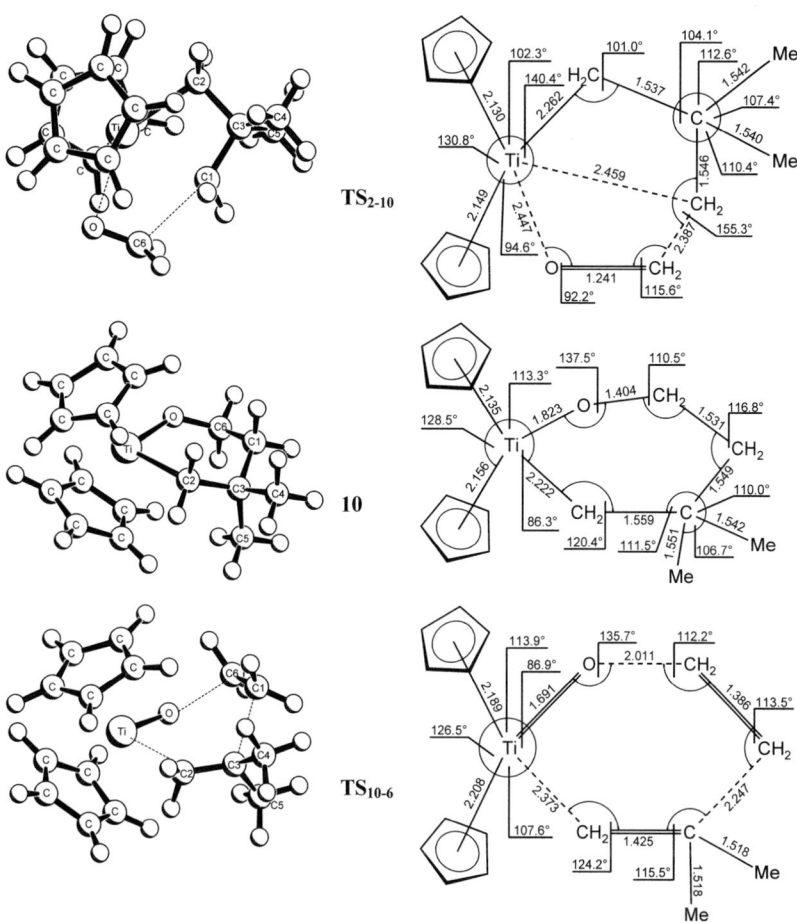

Abbildung 3-9: Optimierte Strukturen für die Olefinierung mit Titanacyclobutanen über eine direkte Insertion der Carbonylverbindung (Bindungslängen in Å, Winkel in °).

3.4 Tebbe-Reagenz

Tebbe und Mitarbeiter isolierten $Cp_2Ti(\mu\text{-}CH_2)(\mu\text{-}Cl)AlMe_2$ (**3**) nach Reaktion von Titanocendichlorid mit Trimethylaluminium [64]. Die Reaktion von Zirconocendichlorid mit Trimethylaluminium führt nicht zu einem analogen Methylenkomplex.

$$Cp_2TiCl_2 + 2\ AlMe_3 \longrightarrow Cp_2Ti\overset{\displaystyle \diagup\!\!\diagdown}{\underset{\displaystyle Cl}{}}AlMe_2 + AlMe_2Cl$$

Gleichung 3-5

3

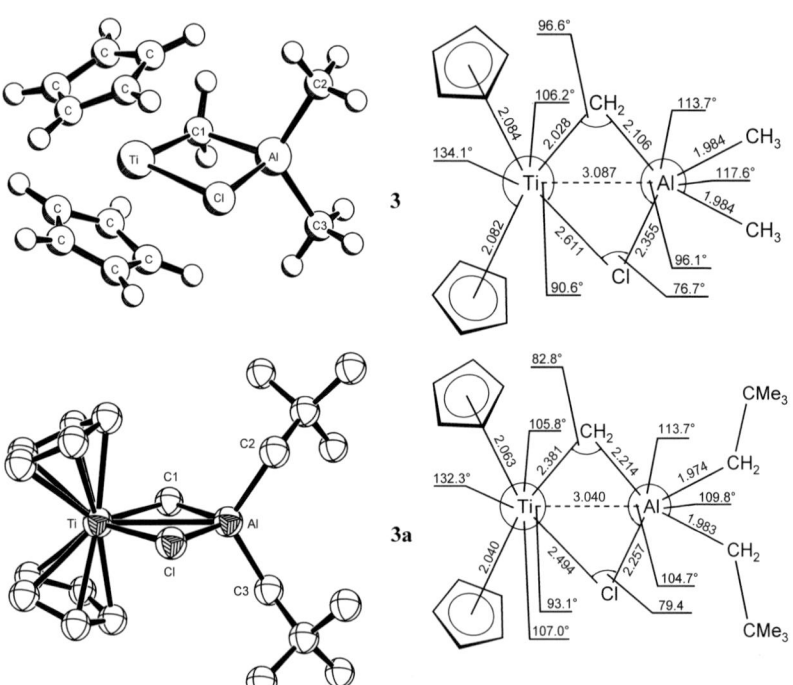

Abbildung 3-10: Optimierte Struktur von Tebbe-Reagenz (**3**, oben). Vergleichbare Struktur von $Cp_2Ti(\mu\text{-}CH_2)(\mu\text{-}Cl)Al(CH_2CMe_3)_2$ (**3a**) aus einer Einkristall-Strukturanalyse (unten; Bindungslängen in Å, Winkel in °).

Es gibt bisher nur eine einzige durch Einkristall-Strukturanalyse charakterisierte Verbindung, die den Ti-CH$_2$-Al-Cl-Vierring als Strukturelement enthält [65]. Diese Verbindung unterscheidet sich von Tebbe-Reagenz durch Neopentylsubstitutenten anstelle der Methylgruppen am Aluminiumatom (siehe Abbildung 3-10). Leider ist die Struktur bezüglich der verbrückenden Methylengruppe und dem Chloratom fehlgeordnet. Die Bindungsparameter für das verfeinerte Strukturmodell wurden angegeben, jedoch ist die Strukturbestimmung mit einem R-Wert von 8.1 % nicht sehr genau. Ein Vergleich der Bindungsparameter der Strukturanalyse mit den berechneten Werten zeigt (Abbildung 3-10), dass durch die Fehlordnung vermutlich eine Verkürzung der Bindungslängen Ti-Cl und Al-Cl und eine Verlängerung der Bindungen Ti-C und Al-C vorgetäuscht wird! Solche Effekte werden bei fehlgeordneten Molekülen häufig beobachtet [66].

Die elektronische Struktur von Tebbe-Reagenz wurde bereits an der stark vereinfachten Modellverbindung H$_2$Ti(μ-Cl)(μ-CH$_2$)AlH$_2$ mit dem minimalen Basissatz STO-3G für alle Atome untersucht [67]. Die optimierte Geometrie weicht aufgrund der gemachten Vereinfachungen deutlich von den in Abbildung 3-10 gezeigten Geometrien ab. Die Bindungsverhältnisse werden qualitativ als intramolekularer Donor-Akzeptor-Komplex beschrieben. Dabei soll das Chloratom als Donor und das Aluminiumatom als Akzeptor wirken.

Die Bindungsverhältnisse im Vierring Ti-C-Al-Cl wurden mit einer NBO-Analyse der optimierten Struktur von **3** näher untersucht. Dabei zeigt sich, dass tatsächlich eine Donor-Akzeptor-Wechselwirkung zwischen dem Chloratom und dem Aluminiumatom vorliegt. Die Wechselwirkungsenergie beträgt 320.8 kJ/mol. Zwischen Titanium und dem Chloratom existiert eine Einfachbindung. Zwischen Titanium, Kohlenstoff und Aluminium findet man eine Dreizentrenbindung. Die Bindungsverhältnisse sind noch einmal in Abbildung 3-11 zusammengefasst.

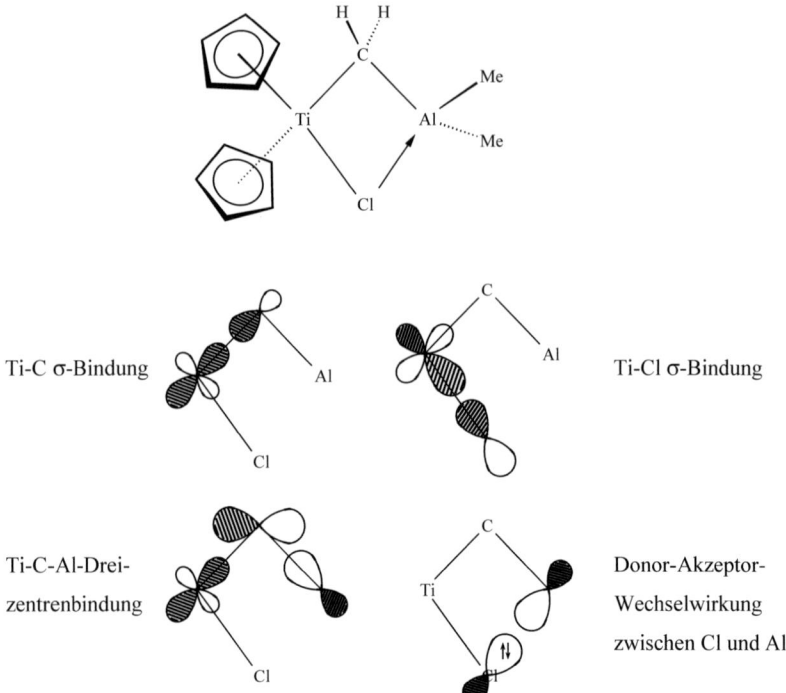

Abbildung 3-11: Bindungsverhältnisse im Ti-C-Al-Cl-Vierring entsprechend der NBO-Analyse.

Das Tebbe-Reagenz (**3**) wird vor allem für stöchiometrische Reaktionen an organischen Substraten eingesetzt. So reagiert die Verbindung mit Aldehyden, Ketonen und anderen Carbonylverbindungen unter Bildung der jeweiligen Methylenderivate. Im Unterschied zu den Wittig-Reagenzien gelingt mit dem Tebbe-Reagenz auch die Methylenierung von Estern und Lactonen [68, 69, 70]. Die Reaktion ist breit anwendbar und man erhält gute bis sehr gute Ausbeuten an Enolethern [13]. Die Umsetzung von **3** mit Carbonsäurechloriden führt zu Titaniumenolat-Komplexen [71]. Hierbei sind die Ausbeuten jedoch deutlich geringer als bei Reaktionen mit Titanacyclobutanderivaten [55]. Die Umsetzung von **3** mit Alkinen führt zur Bildung von Titanacyclobutenen [72].

Für den Ablauf der Olefinierung mit dem Tebbe-Reagenz wurden verschiedene Mechanismen vorgeschlagen. Zum Mechanismus der Olefinierung von Carbonsäureestern gibt es detaillierte experimentelle Untersuchungen [31, 68]. So wurde beobachtet, dass die

Reaktion von Tebbe-Reagenz mit Estern in Abwesenheit von zusätzlichen Basen eine Reaktion erster Ordnung bezüglich der Titanocenverbindung als auch bezüglich des Esters ist. Außerdem hat diese Reaktion eine stark negative Aktivierungsentropie. Deshalb wird vermutet, dass die Reaktion in diesem Fall unter Ausbildung eines sechsgliedrigen Ringes im Übergangszustand abläuft (siehe Schema 3-11, Weg **B**). In Gegenwart von Basen wie z. B. Pyridin verläuft die Reaktion viel schneller und ist nullter Ordnung bezüglich des Esters und erster Ordnung bezüglich **3**. Daraus wurde geschlussfolgert, dass die Reaktion unter diesen Bedingungen über Titanocencarben (**4**) als Intermediat abläuft (Schema 3-11, Weg **A**) [31, 68].

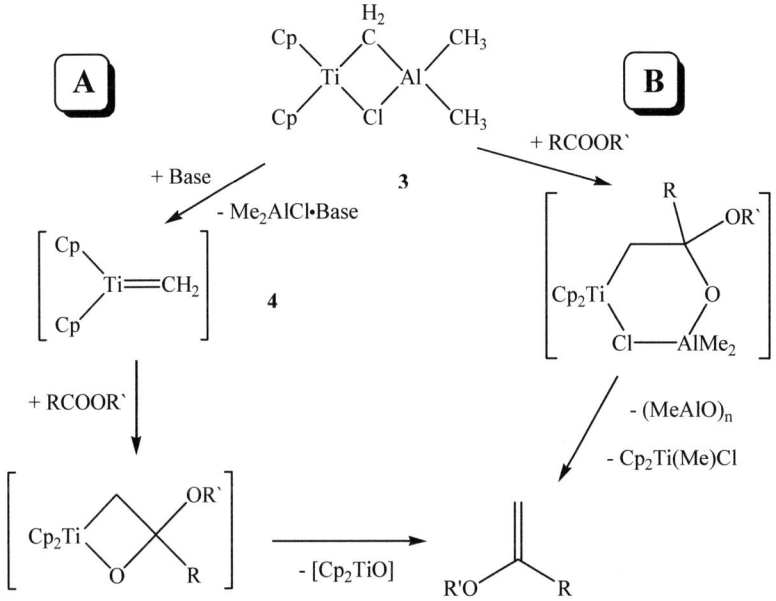

Schema 3-11: Mögliche Mechanismen der Methylenierung von Estern mit Tebbe-Reagenz.

Die möglichen Reaktionswege bei der Methylenierung von Carbonylverbindungen mit Tebbe-Reagenz wurden mit Hilfe quantenmechanischer Methoden untersucht. Um zu möglichst verallgemeinerungsfähigen Aussagen zu gelangen und die Rechnungen sinnvoll zu vereinfachen, wurde wiederum Formaldehyd als einfachste Carbonylverbindung verwendet.

3.4.1 Mechanismus der Olefinierung mit Tebbe-Reagenz über Titanocencarben

Die Übergangszustände und Energiedifferenzen für die Erzeugung von Titanocencarben (**4**) aus dem Tebbe-Reagenz wurden einmal für die Reaktion ohne zusätzliche Base und zum anderen mit Pyridin als Base berechnet. Die Energieprofildiagramme für diese beiden möglichen Reaktionswege sind im Schema 3-12 gegenübergestellt. Für die Freisetzung von Titanocencarben ohne Base (linke Seite des Schemas) sind Aktivierungsenergien von 73.3 kJ/mol bis zum Übergangszustand und von 47.3 kJ/mol bis zum Titanocencarben aufzubringen. Die dabei formal entstehenden Produkte Titanocencarben und Chlor-dimethylaluminium sind äußerst energiereiche Verbindungen, was den zusätzlichen Energieaufwand beim Übergang von **TS₃₋₄** zu **4** erklärt. Deutlich weniger Energie ist hingegen zur Bildung von Titanocencarben in Gegenwart von Pyridin notwendig. Zum Erreichen der Übergangszustände **TS₃P₁₋₄** und **TS₃P₂₋₄** sind 57.1 bzw. 68.8 kJ/mol notwendig. In Schema 3-12 ist nur **TS₃P₁₋₄** dargestellt.

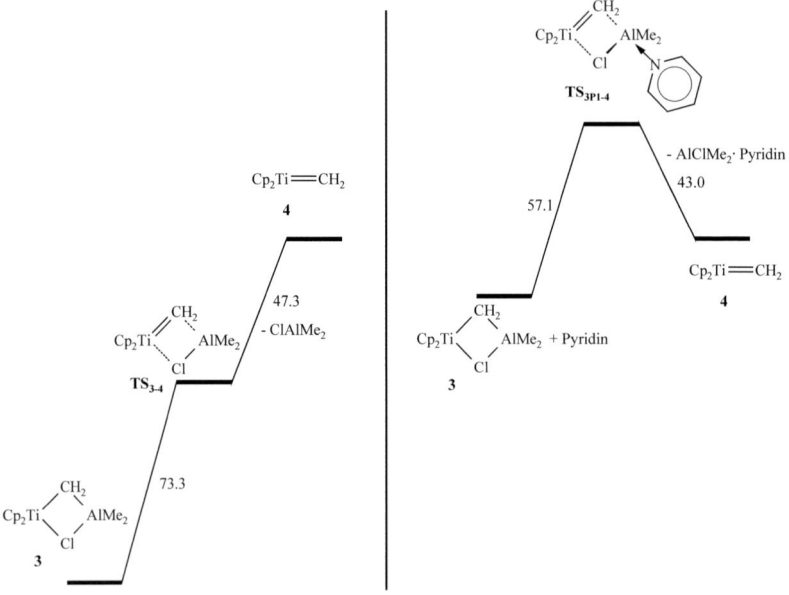

Schema 3-12: Energieprofildiagramm für die Bildung von Titanocencarben (**4**) aus Cp₂Ti(μ-CH₂)(μ-Cl)AlMe₂ (**3**) (Energie in kJ/mol mit Nullpunktsschwingungskorrektur).

Entsprechend diesen Energiedifferenzen sollte also die Bildung von Titanocencarben bevorzugt in Gegenwart von Basen ablaufen. Dabei muss nicht in jedem Falle eine Hilfsbase hinzugegeben werden. Lösungsmittel wie THF sind ebenfalls zur Koordination am Aluminium befähigt und selbst das Substratmolekül kann über das Sauerstoffatom der Carbonylgruppe am Aluminium koordinieren [68]. Dieser Sachverhalt wird im nächsten Kapitel noch näher untersucht.

Die Geometrie des Übergangszustandes TS_{3-4} ist in Abbildung 3-12 dargestellt. Beim Übergangszustand TS_{3-4} wird Chlordimethylaluminium aus 3 abgespalten. Das Chloratom hat die Ebene der Atome Ti, C1 und Al verlassen und ist ausschließlich am Aluminiumatom gebunden. Der Abstand Ti-Al ist um 0.266 Å und der Abstand C1-Al um 0.137 Å gegenüber den entsprechenden Abständen in 3 vergrößert. Der in 3 vorliegende Vierring ist damit aufgebrochen und man kann annehmen, dass nur noch eine schwache Donor-Akzeptor-Wechselwirkung zwischen dem Aluminiumatom und C1 besteht.

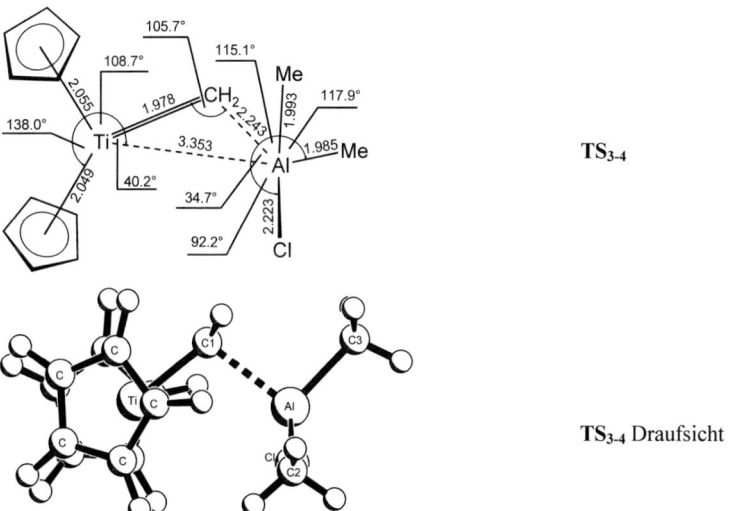

Abbildung 3-12: Übergangszustand TS_{3-4} bei der Bildung von Titanocencarben (4) aus $Cp_2Ti(\mu\text{-}CH_2)(\mu\text{-}Cl)AlMe_2$ (3) (Bindungslängen in Å, Winkel in °).

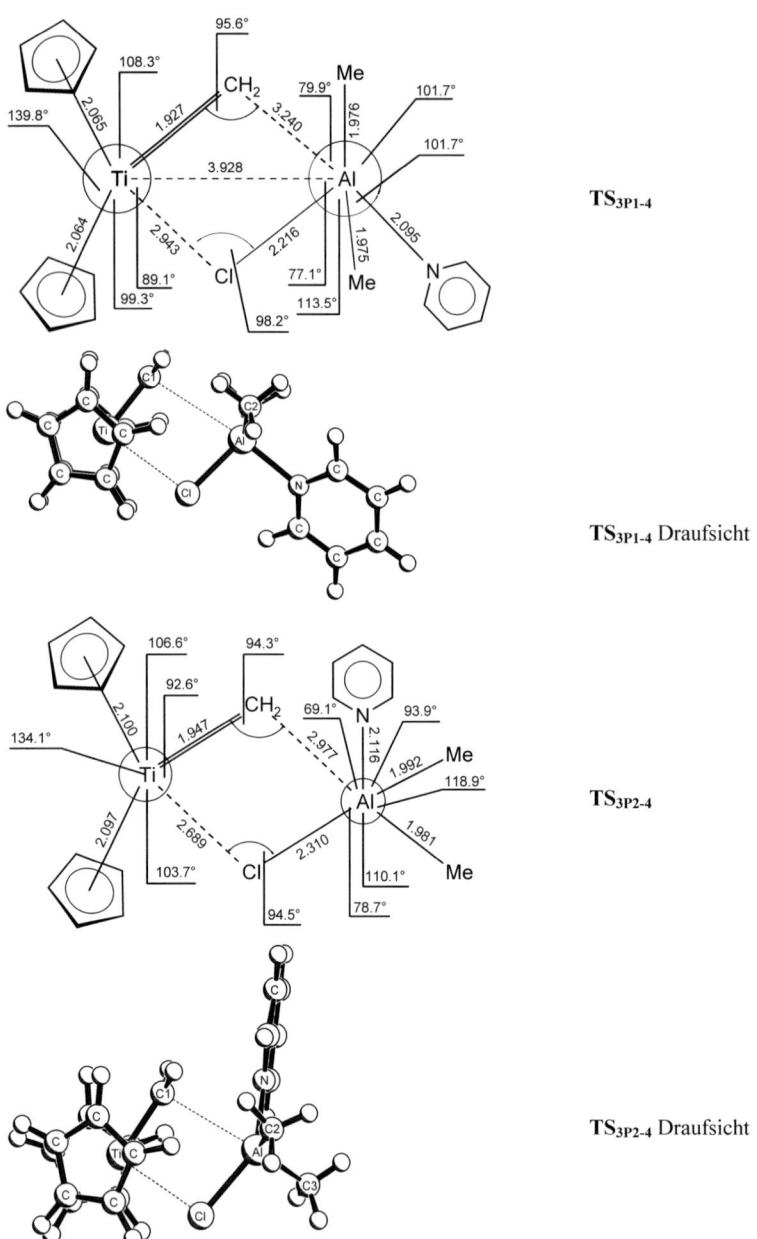

Abbildung 3-13: Übergangszustände **TS$_{3P1-4}$** und **TS$_{3P2-4}$** bei der Bildung von Titanocencarben (**4**) aus Cp$_2$Ti(μ-CH$_2$)(μ-Cl)AlMe$_2$ (**3**) (Bindungslängen in Å, Winkel in °).

Für den Angriff des Pyridinmoleküls an Tebbe-Reagenz gibt es zwei Möglichkeiten, einmal neben der Al-C1-, zum anderen neben der Al-Cl-Bindung. Für beide Varianten wurden Übergangszustände gefunden. Diese wurden mit TS_{3P1-4} und TS_{3P2-4} bezeichnet und sind in Abbildung 3-13 dargestellt. Bei der Bildung des Übergangszustandes TS_{3P1-4} erfolgt der Angriff des Pyridinmoleküls auf der gegenüberliegenden Seite der Abgangsgruppe, in diesem Fall gegenüber C1. Die Abstände Ti-Cl und C1-Al sind bereits deutlich vergrößert (um 0.332 bzw. 1.134 Å). Die Atome Ti, C1, Al und Cl liegen noch nahezu in einer Ebene (Torsionswinkel 1.9°). Zwischen dem Aluminiumatom und dem Stickstoffatom des Pyridins findet man eine Bindungslänge von 2.095 Å. Dieser recht kurze Abstand und die bereits in Richtung auf das Pyridin ausgebildete Pyramidalisierung der Substituenten am Aluminium lassen auf eine starke Donor-Akzeptor-Wechselwirkung schließen. Eine ganz ähnliche Aufweitung der Bindungslängen zwischen Ti-Cl und C1-Al findet man in TS_{3P2-4}. Die Atome Ti, C1, Al und Cl liegen ebenfalls noch in einer Ebene (Torsionswinkel 1.0°).

3.4.2   Mechanismus der Olefinierung mit Tebbe-Reagenz über eine direkte Insertion der Carbonylverbindung

Als mögliche Alternative zu dem eben beschriebenen Reaktionsverlauf wurde bereits die direkte Insertion der Carbonylgruppe in das Tebbe-Reagenz genannt (Weg **B** in Schema 3-11). Die Koordination der Carbonylverbindung könnte prinzipiell am Titanium- oder am Aluminiumatom erfolgen. Je nachdem, von welcher Seite des Moleküls der Angriff erfolgt, können im weiteren Reaktionsverlauf vier verschiedene Bindungen gespalten werden. Diese vier Möglichkeiten sind in Schema 3-13 dargestellt und werden dort schematisch mit [Ti-C], [Ti-Cl], [Al-C], [Al-Cl] bezeichnet. Alle vier Möglichkeiten werden nachfolgend diskutiert.

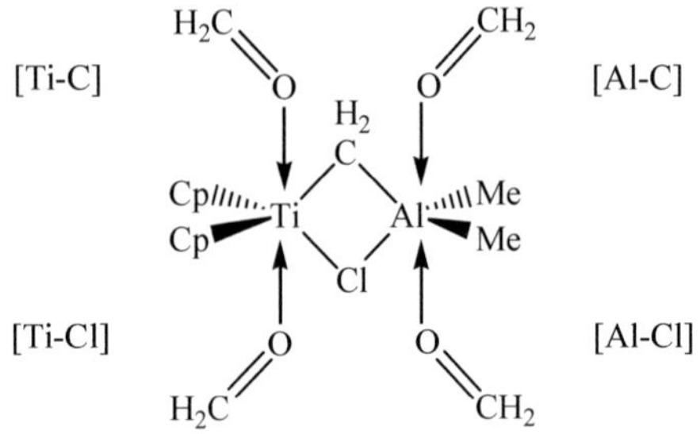

Schema 3-13: Mögliche Positionen für eine Koordination der Carbonylverbindung an Tebbe-Reagenz.

3.4.2.1   Insertion der Carbonylverbindung in die Ti-C-Bindung

Im Verlauf dieser Reaktion könnte zuerst eine Adduktbildung zwischen Tebbe-Reagenz (**3**) und Formaldehyd stattfinden (Schema 3-14). Es gelang nicht, ein Energieminimum für ein solches Addukt zu lokalisieren. Andererseits wäre eine direkte Insertion der Carbonylverbindung in die Ti-C-Bindung denkbar. Auch ein solcher Übergangszustand war nicht nachweisbar. Der schließlich gefundene Übergangszustand TS_{3-11} weist eine Koordination des Formaldehyds am Titaniumatom auf (siehe Abbildung 3-14). Der Vierring ist zwischen Titaniumatom und der CH_2-Gruppe aufgebrochen. Die CH_2-Gruppe (C1) ist um 155.8° aus der Ebene der Atome Ti, Cl und Al herausgedreht. Die negative Schwingungsfrequenz dieser Struktur zeigt eine Drehung der Me_2AlCH_2-Gruppe um die Cl-Al-Bindungsachse. Der Verlauf der intrinsischen Reaktionskoordinate liefert dieselbe Information. Damit wird es zweifelhaft, ob die vorliegende Geometrie wirklich den gesuchten Übergangszustand dieser hypothetischen Reaktion darstellt.

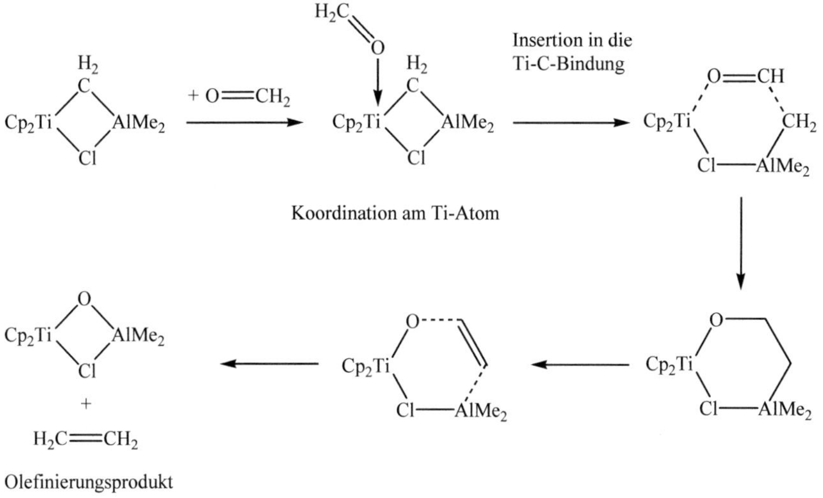

Schema 3-14: Vermuteter Reaktionsmechanismus bei einer Insertion der Carbonylverbindung in die Ti-C-Bindung.

Weitere Versuche, ausgehend von dieser Struktur einen plausiblen Übergangszustand oder ein Addukt zu finden, blieben erfolglos. TS_{3-11} liegt 225.6 kJ/mol über der Energie der Edukte (Schema 3-15). Die Bildung von **11** aus **3** ist aber insgesamt exotherm (146.3 kJ/mol).

Vom Sechsring **11** ausgehend sind lediglich 41.0 kJ/mol notwendig, um zum Übergangszustand TS_{11-12} zu gelangen. Dabei hat sich das gerade bildende Ethylenmolekül aus der Ebene der übrigen Atome herausgedreht, ist jedoch noch am Aluminiumatom koordiniert. Die Bildung von **12** aus **11** ist schließlich mit 95.2 kJ/mol exotherm.

Trotz zahlreicher Versuche gelang es nicht, für die Insertion der Carbonylverbindung in die Titanium-Kohlenstoff-Bindung einen eindeutigen Übergangszustand zu identifizieren. Zum Erreichen des gefundenen Übergangszustandes wird eine sehr große Aktivierungsenergie benötigt. Diese beiden Befunde lassen darauf schließen, dass die Reaktion auf diesem Wege nicht abläuft!

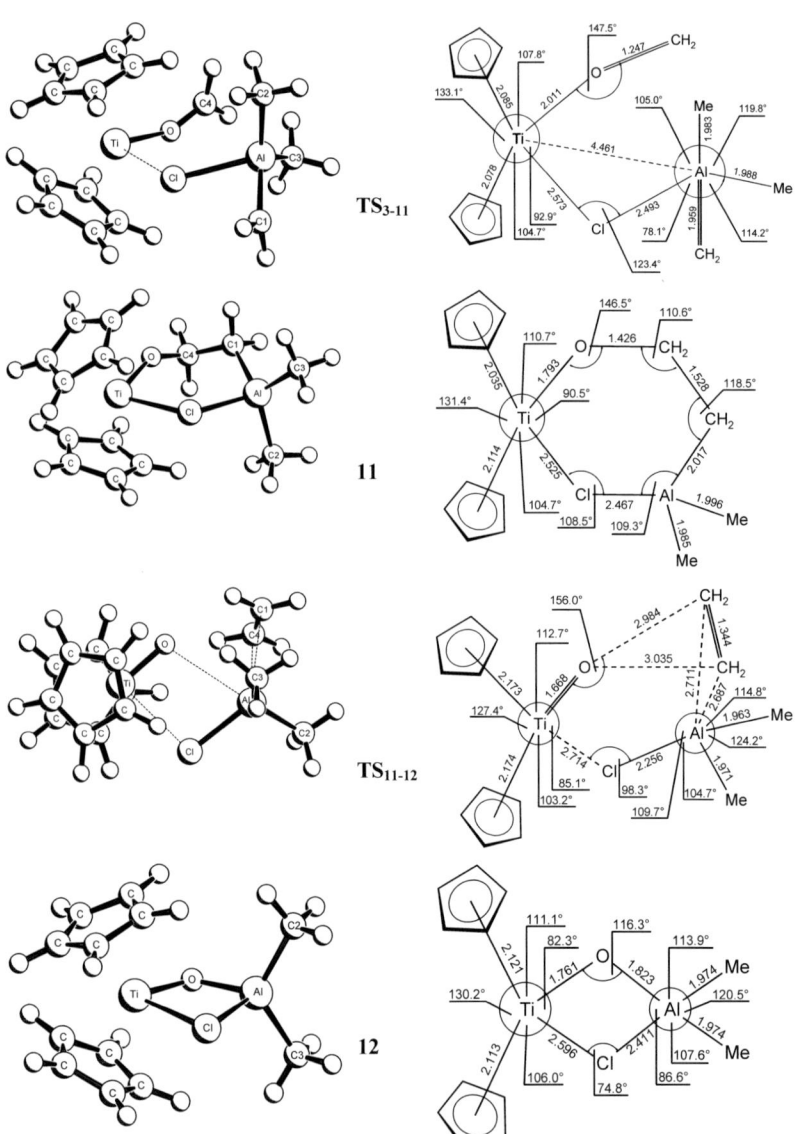

Abbildung 3-14: Optimierte Strukturen bei der Insertion der Carbonylverbindung in die Ti-C-Bindung von Tebbe-Reagenz (Bindungslängen in Å, Winkel in °).

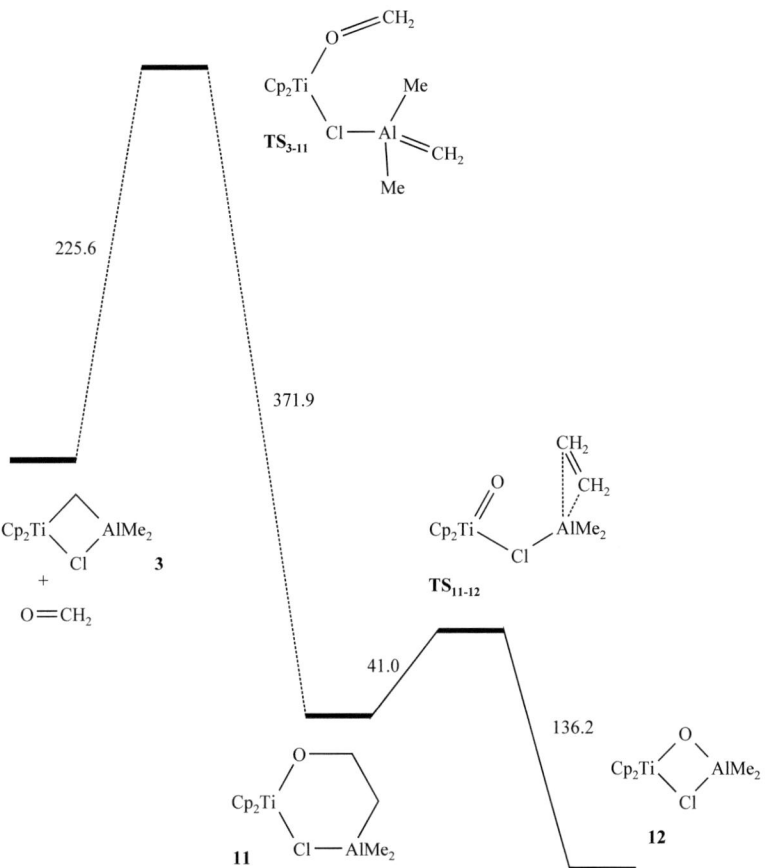

Schema 3-15: Energieprofildiagramm für die Insertion der Carbonylverbindung in die Ti-C-Bindung (Energiedifferenzen in kJ/mol mit Nullpunktsschwingungskorrektur).

3.4.2.2   Insertion der Carbonylverbindung in die Ti-Cl-Bindung

Die Koordination der Carbonylverbindung am Titaniumatom neben der Ti-Cl-Bindung könnte zu dem in Schema 3-16 skizzierten Verlauf der Methylenierungsreaktion führen. Tatsächlich gelang es, sowohl ein entsprechendes Addukt (AD$_{3-5}$) als Minimum auf der Potenzialhyperfläche, als auch einen Übergangszustand (TS$_{3-5}$) für die Insertion der Carbonylverbindung in die Ti-Cl-Bindung zu finden.

Koordination am Ti-Atom

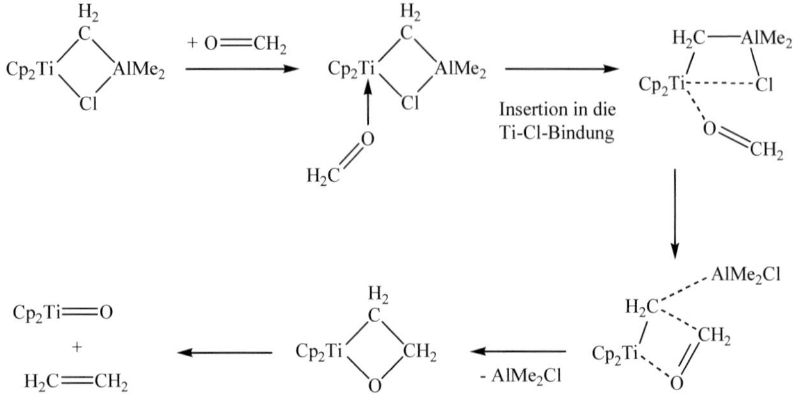

$$
\text{Cp}_2\text{Ti} \overset{\overset{\text{H}_2}{\text{C}}}{\underset{\text{Cl}}{\diagup\diagdown}} \text{AlMe}_2 \quad \xrightarrow{+ \, O=CH_2} \quad \text{Cp}_2\text{Ti} \overset{\overset{\text{H}_2}{\text{C}}}{\underset{\text{Cl}}{\diagup\diagdown}} \text{AlMe}_2 \quad \xrightarrow[\substack{\text{Insertion in die} \\ \text{Ti-Cl-Bindung}}]{}
$$

$$
\begin{array}{c} \text{H}_2\text{C} \!-\! \text{AlMe}_2 \\ \text{Cp}_2\text{Ti} \cdots \text{Cl} \\ \text{O} \!=\! \text{CH}_2 \end{array}
$$

$$
\begin{array}{c} \text{Cp}_2\text{Ti}=\text{O} \\ + \\ \text{H}_2\text{C}=\text{CH}_2 \end{array} \quad \longleftarrow \quad \text{Cp}_2\text{Ti} \overset{\overset{\text{H}_2}{\text{C}}}{\underset{\text{O}}{\diagup\diagdown}} \text{CH}_2 \quad \xleftarrow{- \text{AlMe}_2\text{Cl}} \quad \begin{array}{c} \text{AlMe}_2\text{Cl} \\ \text{H}_2\text{C} \cdots \\ \text{Cp}_2\text{Ti} \cdots \!\!\! \diagdown \text{CH}_2 \\ \text{O} \end{array}
$$

Olefinierungsprodukt

Schema 3-16: Vermuteter Reaktionsmechanismus bei einer Insertion der Carbonylverbindung in die Ti-Cl-Bindung.

Die optimierten Geometrien von $\text{AD}_{3\text{-}5}$ und $\text{TS}_{3\text{-}5}$ sind in Abbildung 3-15 wiedergegeben. Die Ti-Cl-Bindung in $\text{AD}_{3\text{-}5}$ ist bereits aufgebrochen (Abstand Ti...Cl = 4.184 Å) und das Chloratom ist aus der Ebene der Atome Ti-C1-Al herausgedreht (Winkel Ti-C1-Al-Cl = 57.0°). Die Ti-O-Bindungslänge ist mit 2.109 Å sogar noch etwas kürzer als die Bindungen in vergleichbaren Addukten. So wurde bei $\text{AD}_{4\text{-}5}$ eine Bindungslänge von 2.125 und bei $\text{AD}_{1\text{-}8}$ von 2.193 Å gefunden. Die Methylengruppe des Formaldehydmoleküls befindet sich mit einem Torsionswinkel C4-O-Ti-C1 von 78.3° noch außerhalb der Ebene der Ti-C1-Bindung. Im Übergangszustand $\text{TS}_{3\text{-}5}$ ist dieser Torsionswinkel bereits auf 20.1° verringert. Der Abstand C1-C4 ist im Übergangszustand deutlich länger als der Abstand Ti-O. Während das Sauerstoffatom mit einem Abstand von 2.194 Å bereits recht fest am Titaniumatom koordiniert ist, haben die Atome C1 und C4 mit 2.918 Å noch einen sehr großen Abstand voneinander.

Das Energieprofildiagramm für die Insertion der Carbonylverbindung in die Ti-Cl-Bindung ist in Schema 3-17 wiedergegeben. Die Bildung des Adduktes $\text{AD}_{3\text{-}5}$ ist mit 10.9 kJ/mol endotherm, zum Erreichen des Übergangszustandes $\text{TS}_{3\text{-}5}$ sind 60.4 kJ/mol notwendig. Beim Übergang von $\text{TS}_{3\text{-}5}$ zu 5 und Me_2AlCl werden 157.6 kJ/mol frei. Das Titanaoxetan 5 reagiert weiter zum Produkt der Carbonylolefinierung und Titanocenoxid, wie es bereits in Kapitel 3.2.1 beschrieben wurde (siehe auch Schema 3-5, Seite 90).

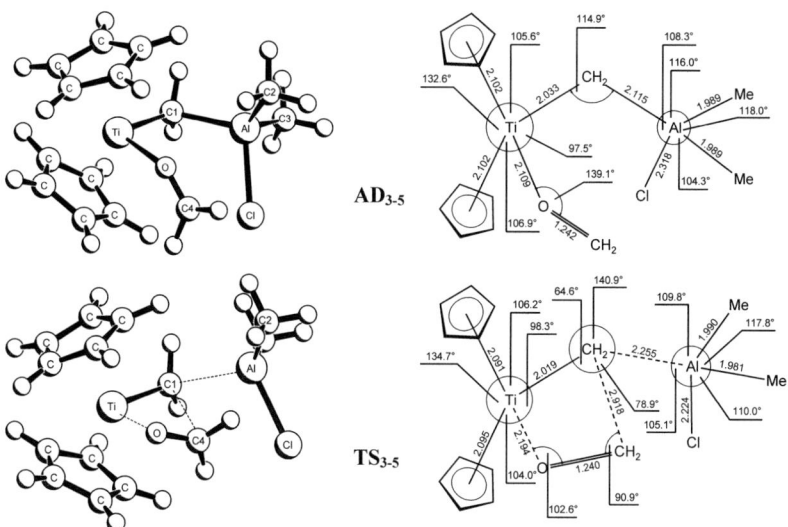

Abbildung 3-15: Optimierte Strukturen bei der Insertion der Carbonylverbindung in die Ti-Cl-Bindung von Tebbe-Reagenz (Bindungslängen in Å, Winkel in °).

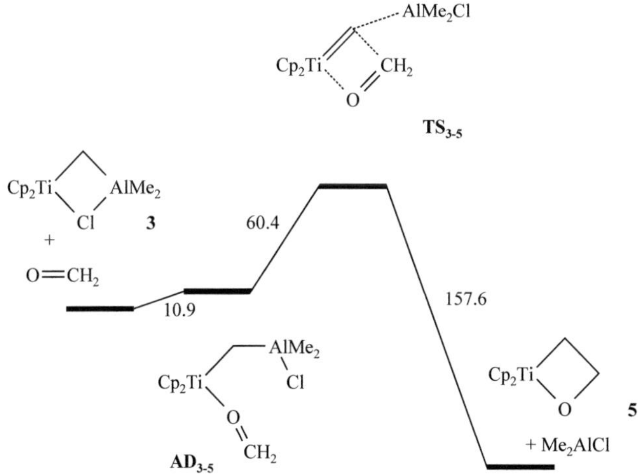

Schema 3-17: Energieprofildiagramm für die Insertion der Carbonylverbindung in die Ti-Cl-Bindung von Tebbe-Reagenz (Energie in kJ/mol mit Nullpunktsschwingungskorrektur).

Die Insertion der Carbonylverbindung in die Ti-Cl-Bindung erfolgt unter primärer Spaltung der Ti-Cl-Bindung und Ausbildung eines Adduktes AD_{3-5}. Da an der Cycloaddition ein freies Elektronenpaar des Formaldehydmoleküls beteiligt ist, handelt es sich um eine pseudopericyclische bzw. $[_{\pi}2_s+(_{\pi}2_s+_{\pi}2_s)]$-Cycloaddition. Aufgrund der recht geringen Energiedifferenzen zum Erreichen des Übergangszustandes kann die Olefinierung mit Tebbe-Reagenz durchaus nach diesem Mechanismus ablaufen.

3.4.2.3 Insertion der Carbonylverbindung in die Al-C-Bindung

Die Insertion der Carbonylverbindung in die Al-C-Bindung könnte ungefähr nach dem in Schema 3-18 dargestellten Mechanismus ablaufen. Im Gegensatz zur Insertion der Carbonylverbindung in die Ti-C-Bindung findet man für die Insertion in die Al-C-Bindung einen plausiblen Übergangszustand. Das Energieprofildiagramm für diesen Mechanismus ist in Schema 3-19 und die dazu gehörenden Strukturen sind in Abbildung 3-16 abgebildet. Die Koordination der Carbonylverbindung am Aluminiumatom von **3** führt zunächst zum Addukt AD_{3-13}.

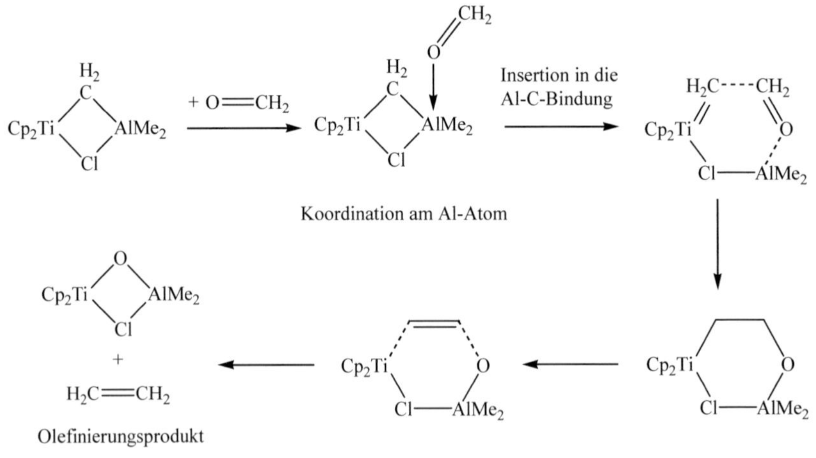

Schema 3-18: Vermuteter Reaktionsmechanismus bei einer Insertion der Carbonylverbindung in die Al-C-Bindung.

Die Geometrie des Ti-C-Al-Cl-Ringes von **3** ist auch in **AD$_{3-13}$** noch weitgehend erhalten geblieben, lediglich die Bindungslänge zum Chloratom ist etwas länger als in **3**. Das Sauerstoffatom ist mit einem Abstand von 3.334 Å noch sehr weit vom Aluminiumatom entfernt. Die CDA zeigt, dass nur eine sehr schwache Wechselwirkung zwischen Formaldehyd als Donor und Tebbe-Reagenz als Akzeptor stattfindet (siehe Tabelle 3-6). Damit kann man diese Struktur auch als van-der-Waals-Komplex bezeichnen.

Tabelle 3-6: Ergebnisse der CDA von **AD$_{3-13}$** und **TS$_{3-13}$**.

Verbindung	Hinbindung (d)	Rückbindung (b)	repulsive Polarisierung (r)	Restterm (Δ)
AD$_{3-13}$	0.080	0.013	-0.017	-0.002
TS$_{3-13}$	0.338	0.035	-0.235	-0.001

Während für die Bildung des Adduktes **AD$_{3-13}$** nur sehr wenig Energie notwendig ist, benötigt man zum Erreichen des Übergangszustandes **TS$_{3-13}$** 85.2 kJ/mol. Im Übergangszustand ist der Ti-C-Al-Cl-Ring aufgebrochen und der Abstand Al-O auf 2.048 Å verkürzt. Im Unterschied zu **AD$_{3-13}$** findet man hier eine deutliche Donor-Akzeptor-Wechselwirkung zwischen Formaldehyd und dem Titanium-Aluminium-Komplex (siehe Tabelle 3-6). So besteht eine Hinbindung, bei der 0.338 Elektronen vom Formaldehyd abgegeben werden. Die Rückbindung ist naturgemäß sehr schwach. Da das Aluminiumatom keine freien Elektronenpaare besitzt, können solche Wechselwirkungen nur durch Bindungselektronen ermöglicht werden. Die beiden CH$_2$-Gruppen an C1 und C4 stehen nahezu parallel zueinander und schaffen somit die Voraussetzung für den Ringschluss zu **13**. C1 und C4 sind allerdings mit einem Abstand von 3.352 Å noch sehr weit voneinander entfernt. Die Bildung von **13** aus **3** ist mit 119.3 kJ/mol exotherm. **13** weist einen Sechsring in Sesselkonformation auf. Der Zerfall dieses Sechsringes zu Ethylen und **12** ist exotherm mit 122.2 kJ/mol. Zum Erreichen des dazwischen liegenden Übergangszustandes **TS$_{13-12}$** ist keine Aktivierungsenergie notwendig. In diesem Übergangszustand ist der Sechsring aufgebrochen und zwischen Ti und O bzw. C1 und C4 entstehen neue Bindungen.

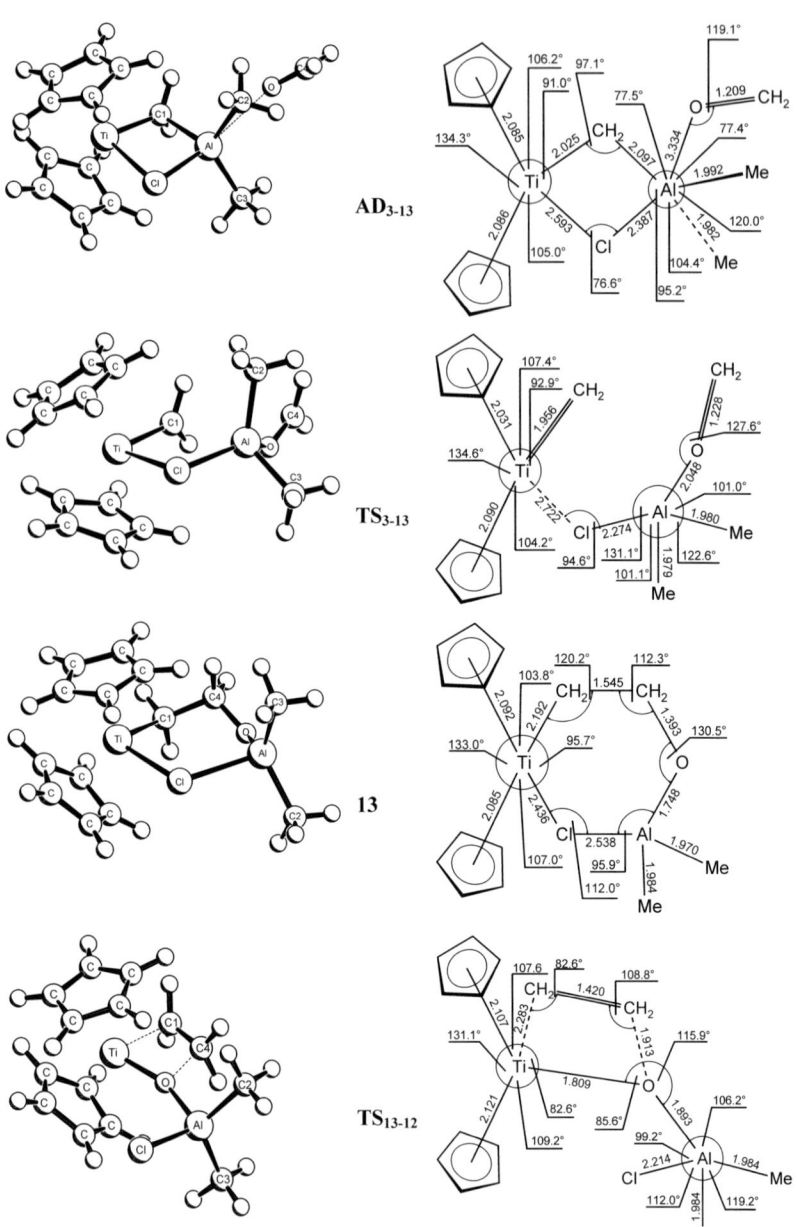

Abbildung 3-16: Optimierte Strukturen bei der Insertion der Carbonylverbindung in die Al-C-Bindung von Tebbe-Reagenz (Bindungslängen in Å, Winkel in °).

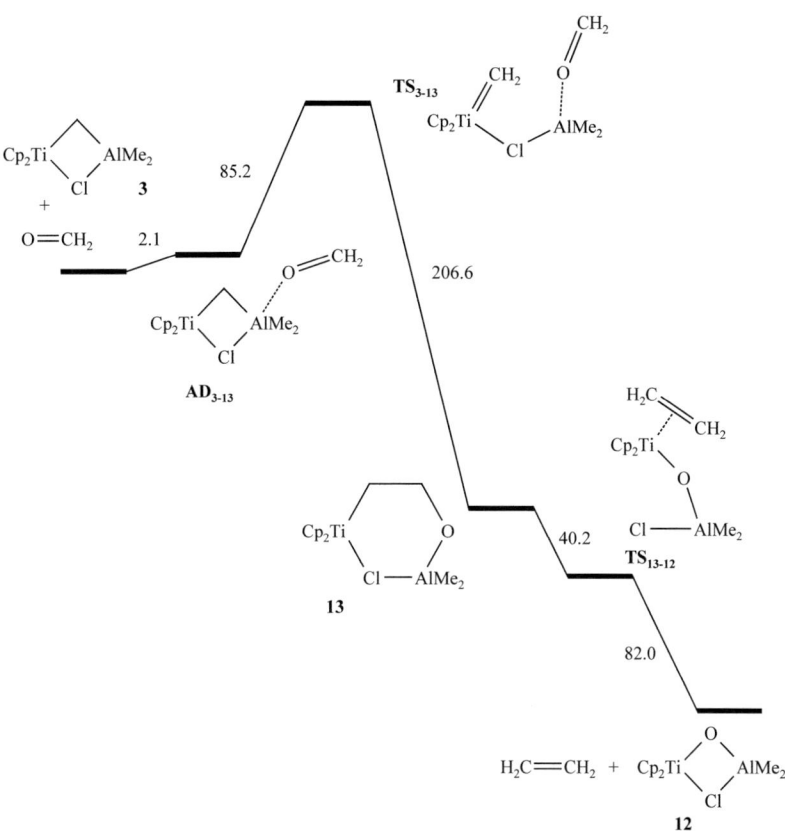

Schema 3-19: Energieprofildiagramm für die Insertion der Carbonylverbindung in die Al-C-Bindung von Tebbe-Reagenz (Energie in kJ/mol mit Nullpunktsschwingungskorrektur).

Der in Schema 3-19 dargestellte Reaktionsverlauf erscheint durchaus plausibel. Die Aktivierungsenergie zum Erreichen des Übergangszustandes TS_{3-13} ist mit 87.3 kJ/mol in Lösung realisierbar. Die darauf folgenden Umlagerungen sind alle exotherm. Somit könnte die Olefinierung von Carbonylverbindungen in Abwesenheit von zusätzlichen Donormolekülen auch nach diesem Mechanismus ablaufen!

3.4.2.4 Insertion der Carbonylverbindung in die Al-Cl-Bindung

Prinzipiell wäre auch eine Koordination der Carbonylverbindung am Aluminiumatom neben der Al-Cl-Bindung denkbar. Es gelang jedoch nicht, einen Übergangszustand oder ein Addukt für eine solche Reaktion zu finden. Alle dementsprechenden Versuche führten zu einem „Auseinanderfliegen" des Moleküls, wie es im Schema 3-20 skizziert ist. Damit entspricht dieser Reaktionsweg eigentlich der Olefinierung über das Titanocencarben, wie es in Kapitel 3.4.1 beschrieben wurde. Auch hier führt die Koordination der Base, in diesem Fall Formaldehyd, zu einer Abspaltung von AlClMe$_2$•(Donor). Die dabei aufzuwendende Energie (Differenz aus der Energie der Produkte minus der Energie der Edukte) beträgt 50.5 kJ/mol.

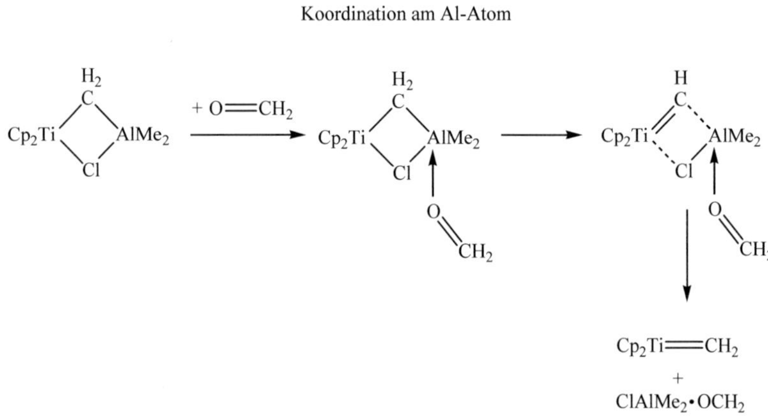

Koordination am Al-Atom

Schema 3-20: Vermuteter Reaktionsmechanismus bei einer Insertion der Carbonylverbindung in die Al-Cl-Bindung.

3.4.2.5   Vergleich der Mechanismen aus Kapitel 3.4.2

Während die Insertion der Carbonylverbindung in die Ti-C-Bindung aufgrund der hohen Aktivierungsenergie von 225.6 kJ/mol als Reaktionsweg ausgeschlossen werden konnte (siehe Schema 3-21), ist eine Insertion in die Ti-Cl- oder die Al-C-Bindung möglich. Die hierbei notwendigen Energien zum Erreichen der Übergangszustände betragen 71.3 bzw. 89.5 kJ/mol. Die Koordination von Formaldehyd am Aluminiumatom neben der Al-Cl-Bindung führt zur Bildung von Titanocencarben. Die Reaktion könnte auch auf diesem Wege ablaufen. Damit gibt es drei mögliche Reaktionswege für die direkte Insertion der Carbonylverbindung in Tebbe-Reagenz!

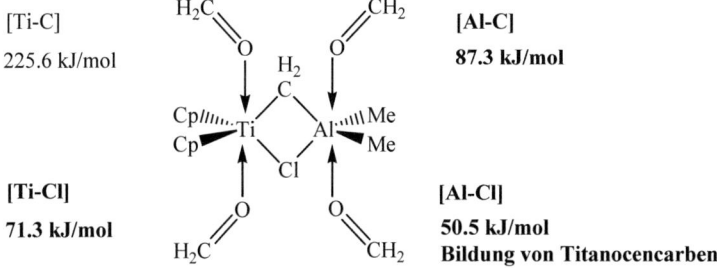

Schema 3-21: Mögliche Koordination der Carbonylverbindung an Tebbe-Reagenz mit Angabe der notwendigen Energie zum Erreichen des jeweiligen Übergangszustandes bzw. bei [Al-Cl] notwendige Energie zur Bildung von Titanocencarben.

3.5   Vergleich der verschiedenen Mechanismen der Olefinierung

Die Mechanismen der Olefinierung von Carbonylverbindungen mit Petasis-Reagenz (**1**), Titanacyclobutanen nach Grubbs (**2**) und Tebbe-Reagenz (**3**) wurden mit quanten-chemischen Methoden untersucht. Der Vergleich der Energieprofildiagramme für die einzelnen Reaktionsmechanismen führt zu folgenden Schlussfolgerungen:

1.   Die Olefinierung von Carbonylverbindung mit Petasis-Reagenz (**1**) und mit Titana-cyclobutanen nach Grubbs (**2**) verlaufen über Titanocencarben (**4**) als reaktives Intermediat (Abbildung 3-17).

2.   Falls die Olefinierung über eine direkte Insertion der Carbonylverbindung in **1** oder **2** erfolgen würde, so sollten Titanocenalkoholate (**8**) bzw. Oxatitanacyclohexane (**10**) als Nebenprodukte entstehen bzw. nachweisbar sein.

3.   Die Olefinierung von Carbonylverbindungen mit Tebbe-Reagenz (**3**) kann sowohl über Titanocencarben (Abbildung 3-17) als auch über eine direkte Insertion der Carbonylverbindung in die Aluminium-Kohlenstoff- oder die Titanium-Chlor-Bindung erfolgen (siehe Schema 3-21). Bei der Freisetzung von Titanocencarben aus **3** spielen Donormoleküle eine wichtige Rolle. Die Anwesenheit geeigneter Donormoleküle wie Pyridin oder THF verringert die Aktivierungsenergie zur Bildung von Titanocencarben in starkem Maße. In Abwesenheit von Donor-molekülen kann die Carbonylverbindung die Funktion des Donors übernehmen.

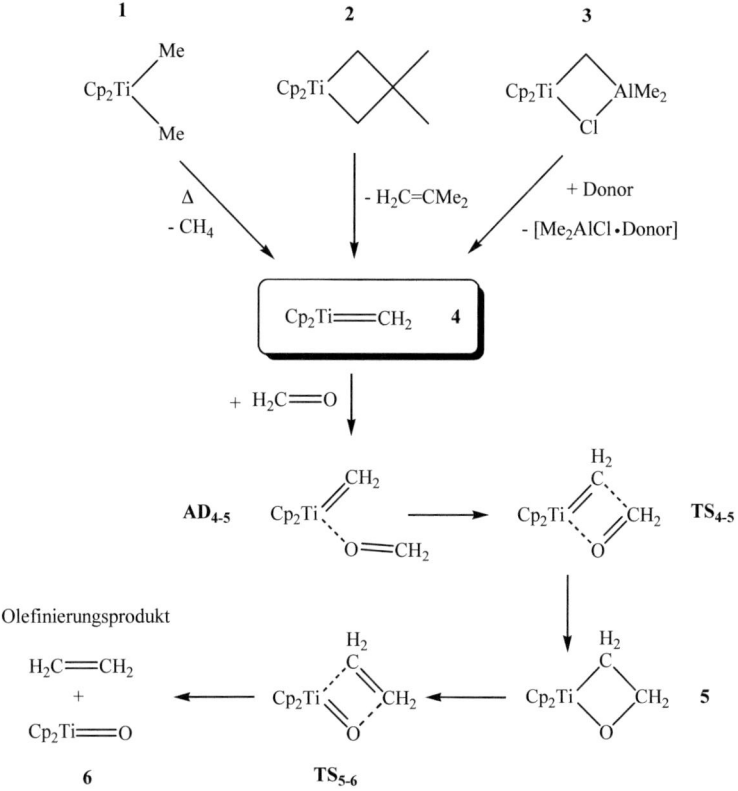

Abbildung 3-17: Mechanismus der Olefinierung mit **1**, **2** und **3** über Titanocencarben (**4**).

Literatur:

1   B. Breit, *Angew. Chem.* **1998**, *110*, 467; *Angew. Chem. Int. Ed. Engl.* **1998**, *37*, 453.

2   A. Maercker, *Org. React.* **1965**, *14*, 270.

3   M. Schlosser, *Top. Stereochem.* **1970**, *5*, 1.

4   W. S. Wadsworth, Jr., *Org. React.* **1977**, *25*, 73.

5   B. E. Maryanoff, A. B. Reitz, *Chem. Rev.* **1989**, *89*, 863.

6   H. J. Bestmann, O. Vostrowsky, *Top. Curr. Chem.* **1983**, *109*, 85.

7   K. C. Nicolaou, M. W. Härter, J. L. Gunzner, A. Nadin, *Liebigs Ann. Chem.* **1997**, 1283.

8   S. H. Pine, *Org. React.* **1993**, *43*, 1.

9   H. Siebeneicher, S. Doye, *J. Prakt. Chem.* **2000**, *342*, 102.

10   J. D. Meinhart, E. V. Anslyn, R. H. Grubbs, *Organometallics* **1989**, *8*, 583.

11   N. A. Petasis in *Encyclopedia of Reagents for Organic Synthesis*, (Ed.: L. A. Paquette) J. Wiley & Sons, Chichester **1995**, *Vol. 1*, 470.

12   D. A. Straus in *Encyclopedia of Reagents for Organic Synthesis* (Ed.: L. A. Paquette), J. Wiley & Sons, Chichester, **1995**, *Vol. 1*, 467.

13   D. A. Straus in *Encyclopedia of Reagents for Organic Synthesis* (Ed.: L. A. Paquette), J. Wiley & Sons, Chichester, **1995**, V*ol. 2*, 1078.

14   J. D. Meinhart, E. V. Anslyn, R. H. Grubbs, *Organometallics* **1989**, *8*, 583.

15   N. A. Petasis, D.-K. Fu, *Organometallics* **1993**, *12*, 3776-3780.

16   K. A. Brown-Wensley, S. L. Buchwald, L. Cannizzo, Clawson L., S. Ho, D. Meinhardt, J. R. Stille, D. Straus, R. H. Grubbs, *Pure Appl. Chem.* **1983**, *55*, 1733-1744.

17   J. B. Lee, K. C. Ott, R. H. Grubbs, *J. Am. Chem. Soc.* **1982**, *104*, 7491-7496.

18   M. M. Francl, W. J. Pietro, Jr., R. F. Hout, W. J. Hehre, *Organometallics* **1983**, *2*, 815.

19   C. Krüger, R. Mynott, C. Siedenbiedel, L. Stehling, G. Wilke, *Angew. Chem.* **1991**, *103*, 1714; *Angew. Chem., Int. Ed. Engl.* **1991**, *30*, 1668.

20   R. Baumann, R. Stumpf, W. M. Davis, Lan-Chang Liang, R. R. Schrock, *J. Am. Chem. Soc.* **1999**, *121*, 7822.

21   R. G. Cavell, R. P. K. Babu, A. Kasani, R. McDonald, *J. Am. Chem. Soc.* **1999**, *121*, 5805.

22   J. A. van Doorn, H.van der Heijden, A.G.Orpen, *Organometallics* **1995**, *14*, 1278.

23   P. Binger, P. Müller, P. Philipps, B. Gabor, R. Mynott, A. T. Herrmann, F. Langhauser, C. Krüger, *Chem. Ber.* **1992**, *125*, 2209.

24   S. De Angelis, E. Solari, C. Floriani, A. Chiesi-Villa, C. Rizzoli, *Angew. Chem.* **1995**, *107*, 1200; *Angew. Chem., Int. Ed. Engl.* **1995**, *34*, 1092.

25   S. Kahlert, H. Görls, J. Scholz, *Angew. Chem.***1998**, *110*, 1958; *Angew. Chem., Int. Ed. Engl.* **1998**, *37*, 1857.

26   I.-Y. Wu, J. T. Lin, Y. S. Wen, *Organometallics* **1999**, *18*, 320.

27   R. Stowasser, R. Hoffmann, *J. Am. Chem. Soc.* **1999**, *121*, 3414.

28   D. Marynick, C. M. Kirkpatrick, *J. Am. Chem. Soc.* **1985**, *107*, 1993.

29   H. Bestian, K. Clauss, DE 1 037 446 vom 13. 4. 1956; siehe *Chem. Abstr.* **1960**, *54*, 18546.

30   K. Clauss, H. Bestian, *Liebigs Ann. Chem.* **1962**, *654*, 8.

31   D. L. Hughes, J. F. Payack, D. Cai, T. B. Verhoeven, P. J. Reider, *Organometallics* **1996**, *15*, 663.

32   U. Thewalt, T. Wohrle, *J. Organomet. Chem.*, **1994**, *464*, C17.

33   H. van der Heijden, B. Hessen, *J. Chem. Soc. Chem. Commun.* **1995**, 145.

34   C. McDade, J. C. Green, J. E. Bercaw, *Organometallics* **1982**, *1*, 1629.

35   G. S. Hammond, *J. Am. Chem. Soc.* **1955**, *77*, 334.

36   S. Dapprich, G. Frenking, *J. Phys. Chem.* **1995**, *99*, 9352.

37   G. Frenking, N. Fröhlich, *Chem. Rev.* **2000**, *100*, 717.

38   U. Böhme, *J. Organomet. Chem.* **2003**, *671*, 75.

39   M. Bottrill, P. D. Gavens, J. W. Kelland, J. McMeeking in *Comprehensive Organomet. Chem.*, (Eds.: G. Wilkinson, F. G. A. Stone, E. W. Abel) Pergamon Press, New York **1982**, *Vol. 3*, 378.

40   M. Niehues, G. Erker, O. Meyer, R. Fröhlich, *Organometallics* **2000**, *19*, 2813.

41   G. Fachinetti, C. Floriani, A. C. Villa, C. Guastino, *J. Am. Chem. Soc.* **1979**, *101*, 1767.

42   O. A. Mikhailova, M. H. Minacheva, V. V. Burlakov, V. B. Shur, A. P. Pisarevsky, A. I. Yanovsky, Y. Struchkov, T.Struchkov, *Acta Crystallogr. Sect. C* **1993**, *49*, 1345.

43   T. R. Howard, J. B. Lee, R. H. Grubbs, *J. Am. Chem. Soc.* **1980**, *102*, 6876.

44   J. B. Lee, K. C. Ott, R. H. Grubbs, *J. Am. Chem. Soc.* **1982**, *104*, 7491.

45   T. Ikariya, S. C. H. Ho, R. H. Grubbs, *Organometallics* **1985**, *4*, 199.

46   S. C. H. Ho, D. A. Straus, R. H. Grubbs, *J. Am. Chem. Soc.* **1984**, *106*, 1533.

47   M. J. Burk, D. L. Staley, W. Tumas, *J. Chem. Soc. Chem. Commun.* **1990**, 809.

48   M. J. Burk, W. Tumas, D. R. Wheeler, *J. Am. Chem. Soc.* **1990**, *112*, 6133.

49   W. Tumas, D. R. Wheeler, R. H. Grubbs, *J. Am. Chem. Soc.* **1987**, *109*, 6182.

50   R. H. Grubbs, W. Tumas, *Science* **1989**, *243*, 907.

51   K. A. Brown-Wensley, S. L. Buchwald, L. Cannizzo, L. Clawson, S. Ho, D. Meinhardt, J. R. Stille, D. Straus, R. H. Grubbs, *Pure Appl. Chem.* **1983**, *55*, 1733.

52   D. A. Straus, R. H. Grubbs, *Organometallics* **1982**, *1*, 1658.

53   L. Clawson, S. L. Buchwald, R. H. Grubbs, *Tetrahedron Lett.* **1984**, *25*, 5733.

54   L. F. Cannizzo, R. H. Grubbs, *J. Org. Chem.* **1985**, *50*, 2316.

55   J. R. Stille, R. H. Grubbs, *J. Am. Chem. Soc.* **1983**, *105*, 1664.

56   A. Mommertz, R. Leo, W. Massa, K. Harms, K. Dehnicke, *Z. Anorg. Allg. Chem.* **1998**, *624*, 1647.

57   R. Beckhaus, T. Wagner, C. Zimmermann, E. Herdtweck, *J. Organomet. Chem.* **1993**, *460*, 181.

58   S. L. Latesky, A. K. McMullen, I. P. Rothwell, J. C. Huffman, *J. Am. Chem. Soc.* **1985**, *107*, 5981.

59   M. G. Thorn, P. E. Fanwick, I. P. Rothwell, *Organometallics* **1999**, *18*, 4442.

60   K. Mashima, H. Haraguchi, A. Ohyoshi, N. Sakai, H. Takaya, *Organometallics* **1991**, *10*, 2731.

61   W. E. Crowe, A. T. Vu, *J. Am. Chem. Soc.* **1996**, *118*, 5508.

62   W. E. Crowe, A. T. Vu, *J. Am. Chem. Soc.* **1996**, *118*, 1557.

63   R. B. Woodward, R. Hoffmann, *Die Erhaltung der Orbitalsymmetrie*, Akademische Verlagsgesellschaft Geest & Portig, Leipzig **1970**, 101.

64   F. N. Tebbe, G. W. Parshall, G. S. Reddy, *J. Am. Chem. Soc.* **1978**, *100*, 3611.

65   U. Klabunde, F. N. Tebbe, G. W. Parshall, R. L. Harlow, *J. Mol. Catal.* **1980**, *8*, 37.

66   J. P. Glusker, M. Lewis, M. Rossi, *Crystal Structure Analysis for Chemists and Biologists*, VCH Publishers, Inc., New York, **1994**, 530.

67   M. M. Francl, W. J. Hehre *Organometallics* **1983**, *2*, 457.

68   R. H. Grubbs, S. H. Pine in *Comprehensive Organic Syntheses*, (Ed.: B. M. Trost) Pergamon Press, New York **1991**, *Vol. 5*, 1115-1127.

69   S. H. Pine, R. J. Pettit, G. D. Geib, S. G. Cruz, C. H. Gallego, T. Tijerina, R. D. Pine, *J. Org. Chem.* **1985**, *50*, 1212.

70   S. H. Pine, R. Zahler, D. A. Evans, R. H. Grubbs, *J. Am. Chem. Soc.* **1980**, *102*, 3270.

71   T.-S. Cho, S.-B. Huang, *Tetrahedron Lett.* **1983**, *24*, 2169.

72   R. J. McKinney, T. H. Tulip, D. L. Thorn, T. S. Coolbaugh, F. N. Tebbe, *J. Am. Chem. Soc.* **1981**, *103*, 5584.

4 Titanacyclobutane und –butene mit exocyclischer Methylengruppe

Titanacyclobutane und -butene sind häufig auftretende Zwischenstufen bei Reaktionen von Titanocenverbindungen [1, 2, 3, 4, 5, 6, 7, 8, 9]. Zum Beispiel findet man solche Verbindungen bei der Umwandlung organischer Carbonylverbindungen in Alkene durch Methylenierung mit Grubbs-Reagenz [3, 4]. Titanacyclobutane wurden als Polymerisationskatalysatoren für die syndiotaktische Polymerisation von Styrol eingesetzt [6]. Es gibt einige Beispiele für die Anwendung von Titanacyclen in der Heterocyclensynthese. Die Verwendung von Titanocenderivaten als Reagenz ermöglicht eine relativ einfache und unkomplizierte Synthese von vier- und sechsgliedrigen Heterocyclen, die ein Element der Gruppe 15 enthalten. So erhält man z.B. ausgehend von Titanacyclobuten Phospha- und Arsacyclobutene [10,11], Phosphinine [13] und Pyridinderivate [11, 12]. Im Vergleich dazu gibt es entweder keine oder nur extrem aufwändige konventionelle organische Synthesen für solche Heterocyclen [13].

Titanocenvinyliden (Cp*$_2$Ti=C=CH$_2$) (**I**) kann relativ einfach aus 2-Methylentitanacyclobutan Cp*$_2$TiC(=CH$_2$)CH$_2$CH$_2$ (**III**) oder durch α-Wasserstoffeliminierung unter Abspaltung von Methan aus Methylvinyltitanocen Cp*$_2$Ti(CH=CH$_2$)CH$_3$ (**II**) erzeugt werden. Bei der Verbindung **I** handelt es sich um ein hoch reaktives Titancarben-Derivat, welches man für eine Vielzahl von [2+2]-Cycloadditionen zur Herstellung von Titanacyclobutanen und -butenen (**IV-XIII**) verwenden kann, wie in Schema 4-1 dargestellt [1, 2]. Oxatitanacyclobutane und Azatitanacyclobutene werden als Intermediate bei Reaktionen carbenoider Titanocenverbindungen mit Carbonylverbindungen oder Nitrilen diskutiert [12, 14]. Die hohe Elektrophilie des Titaniumatoms verhinderte bisher die Isolierung und Charakterisierung von Oxatitanacyclobutanen und Azatitanacyclobutenen. Spontane Ringöffnungsreaktionen führen zur Carbonylolefinierung [4], oder zu Additionsprodukten von Vinylimido-Intermediaten [15, 16]. Die Titanacyclobutane und -butene **IV-XIII** sind hingegen isolierbare Produkte, die durch Einkristall-Strukturanalysen charakterisiert wurden [17]. Diese Verbindungen sind deutlich stabiler als die entsprechenden Derivate ohne exocyclische Methylengruppe. Letztere unterliegen einer spontanen Cycloreversion oder elektrocyclischen Ringöffnungsreaktionen [3, 4]. Die thermische Stabilität der Metallacyclen **IV-XIII** ist ein wichtiger Vorteil bei der Verwendung von Titanocenvinyliden **I** anstatt Titanocencarben.

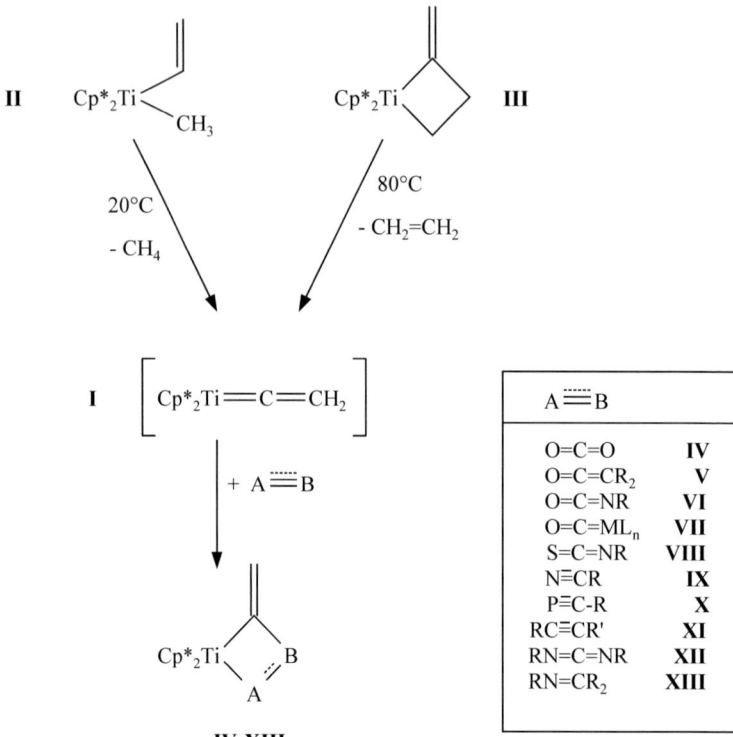

Schema 4-1: Erzeugung von Titanocenvinyliden (**I**) und Bildung von Titanacyclobutanen und -butenen (**IV-XIII**).

Die Titanacyclen **III-XIII** kann man als Substrate zur Untersuchung verschiedener Folge-reaktionen verwenden. In Schema 4-2 sind die möglichen Folgereaktionen **a-d** der Titana-cyclobutane und -butene dargestellt. Aus den Oxetanen **IV-VI** kann man Metathese-produkte erzeugen (Reaktion **a**) [8]. Für Verbindungen des Typs **IX** [18, 19] und einige Verbindungen des Typs **XI** [20] wurden elektrocyclische Ringöffnungsreaktionen disku-tiert (**b**). Cycloreversionen (**e**) sind die vorherrschenden Reaktionen der Titanacyclobutane **III** und der nichtklassischen Oxetane **VII**. Die Cycloreversion der letzteren ergibt fünf-gliedrige Ringsysteme als Folge einer Acetylen-Vinyliden-Umlagerung (**c**) [21, 22]. Bei der thermischen Behandlung von Titanathietanen **VIII** beobachtet man eine Regioisomeri-sierung (**d**) [23].

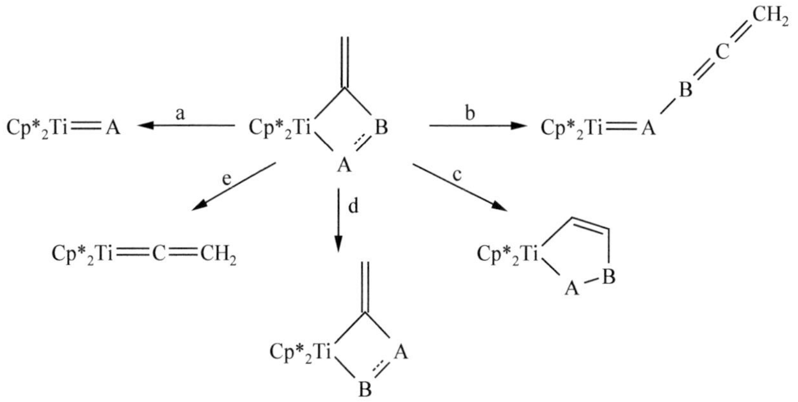

Schema 4-2: Reaktivität von Titanacyclobutanen und -butenen.

4.1 Mechanismen metallkatalysierter C-C-Kupplungsreaktionen mit Titanocenvinyliden

Quantenchemische Untersuchungen zur Geometrie und elektronischen Struktur von vier-gliedrigen Titanacyclen wurden bereits früher durchgeführt [9, 14 ,24, 25, 26]. Bei diesen Berechnungen wurden die Cyclopentadienylliganden häufig durch Chloridionen [9, 14] bzw. Wasserstoff [14, 24] ersetzt. Ein Vergleich dieser Ergebnisse mit der vorliegenden Arbeit zeigt, dass der Ersatz von Cyclopentadienylliganden durch andere Substituenten zu wesentlichen Änderungen der Gestalt, Symmetrie und energetischen Lage der Molekül-orbitale führt. Die Reaktivität der Verbindungen wurde bei den Berechnungen in [9] aus-schließlich aus thermodynamischen Daten abgeschätzt. Im Rahmen dieser Arbeit wollen wir jedoch einen detaillierteren Einblick in die elektronischen Eigenschaften der Verbin-dungen III-XIII und in die Struktur-Reaktivitäts-Beziehungen gewinnen. Deshalb wurden DFT-Berechnungen an Titanocenverbindungen durchgeführt, bei denen die Pentamethyl-cyclopentadienylgruppen (Cp*) in den experimentell untersuchten Molekülen III-XIII durch Cyclopentadienylgruppen (Cp) in den Modellverbindungen 1-13 ersetzt wurden. Außerdem wurden in allen Fällen die Übergangszustände der Reaktionen gesucht, opti-miert und durch Berechnung der Hesse-Matrizen als solche verifiziert.

4.1.1   Struktur der Reaktanten und der Titanacyclen

Die Geometrie von Titanocenvinyliden (1) wurde vollständig optimiert. Das Molekül hat eine nahezu perfekte C_{2v}-Geometrie. Es gibt keinerlei Hinweise auf eine laterale Verbiegung des Vinylidenrestes, wie vor einigen Jahren auf der Grundlage von Extended-Hückel-Rechnungen vorgeschlagen wurde [27]. Der Torsionswinkel (Mittelpunkt Cp1)-Ti-(Mittelpunkt Cp2)-C1 beträgt 0°. Allerdings sollte eine seitliche Auslenkung der Vinylidengruppe leicht möglich sein, da nur sehr kleine Aktivierungsbarrieren für die Cycloadditionsreaktionen mit Titanocenvinyliden gefunden wurden. Es gibt nur sehr wenige strukturell charakterisierte Carbenkomplexe von Titanium; eine Zusammenfassung der Strukturdaten findet man in der Literatur [17]. Die von uns berechnete Titanium-Kohlenstoff-Bindungslänge in 1 ist mit 1.909 Å recht kurz. Bei Einkristall-Strukturanalysen von Titanocenvinylidenderivaten wurden Bindungslängen zwischen 1.911 bis 1.979 Å gefunden. Bei einem Dititanacumulen mit einer linearen Ti=C=C=Ti-Einheit wurden sogar Bindungslängen von 1.809 und 1.757 Å ermittelt [28].

Zwei Rotamere des Methylvinyltitanocens 2 wurden optimiert. Die beiden Rotamere unterscheiden sich in der Orientierung der Vinyl-C-H-Gruppe. Das Rotamer, dessen C-H-Gruppe nach außen zeigt, ist 0.2 kJ/mol energieärmer als das Rotamer mit der C-H-Gruppe nach innen. In Abbildung 4-1 ist nur das Rotamer mit der nach innen gerichteten C-H-Gruppe abgebildet, da nur dieses Rotamer für eine Methaneliminierung unter Bildung von 1 in Frage kommt. Der Torsionswinkel C3-Ti-C1-C2 beträgt 133.8°.

Die Konformationen von viergliedrigen Ringen wurden in der Chemie der Kohlenwasserstoffe ausführlich untersucht [29]. Cyclobutan ist geknickt mit einem Diederwinkel von 34°, Oxetan ist hingegen planar. Die Mehrzahl der Metallacyclen **III-XIII** sind ebenfalls planar. Bei einigen Metallacyclen wurden auch geknickte Vierringe gefunden, vor allem bei Verbindungen mit exocyclischen Doppelbindungen in β-Position, wie z. B. bei **XIV** (siehe Gleichung 4-1) [30]. "Quadratische" Moleküle wie Cyclobutan sind geknickt. Diesen Fakt kann man sich mit einem Energiegewinn durch eine teilweise gestaffelte Anordnung der Wasserstoffatome erklären. Die 1,3-Wechselwirkung der Kohlenstoffatome wird durch eine Verlängerung der C-C-Bindungen verringert (1.568 Å) [31]. Wenn eine der Methylengruppen im Vierring durch ein elektronegativeres Atom oder eine stärker elektronegative Gruppe ersetzt wird, nimmt das Molekül eine planare Geometrie ein. Dabei wird der 1,3-Abstand verringert. Als stabilisierenden Effekt für solche quadratisch planaren Heterocyclen wurden σ-verbrückende π-Bindungen diskutiert [32].

$$Cp^*_2Ti \overset{O}{\diagdown} \underset{N} + H_2C{=\!=}C{=\!=}CH_2 \xrightarrow[- \text{Pyridin}]{} Cp^*_2Ti \overset{O}{\diagdown}{=}$$

XIV

Gleichung 4-1

Um die Strukturen und das Reaktionsverhalten der Titanacyclen besser zu verstehen, wurden DFT-Berechnungen an Cp_2Ti-Modellkomplexen durchgeführt. Ein ausführlicher Vergleich der optimierten Geometrien mit den Geometrien aus den Einkristall-Strukturanalysen der Titanacyclobutane und -butene befindet sich im Experimentellen Teil. Die durchschnittliche Abweichung der berechneten von den gemessenen Bindungswinkeln beträgt ±1.7°. Aufgrund unterschiedlicher räumlicher Ausdehnung der Cyclopentadienyl- (Cp) und der Pentamethylcyclopentadienyl-Liganden (Cp*) ist der Winkel Cp-Ti-Cp bei den Modellkomplexen kleiner als der Winkel Cp*-Ti-Cp* bei den realen Molekülen. Dadurch sind die Winkel der anderen Substituenten R-Ti-R am Titaniumatom bei den realen Molekülen kleiner als bei den berechneten Molekülen. Ähnliche Effekte beobachtet man bei den Bindungslängen. Diese werden mit einer maximalen Abweichung von 0.1 Å reproduziert, wobei der durchschnittliche Fehler ±0.023 Å beträgt [33]. Die optimierten Geometrien der Moleküle sind in der nachfolgenden Abbildung zusammengestellt.

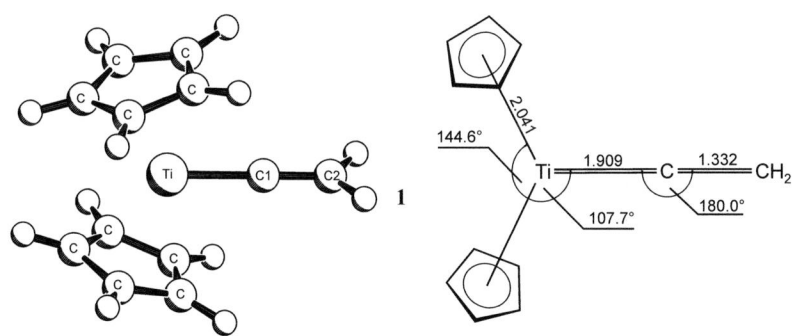

Abbildung 4-1: Berechnete Strukturen von **1-7** (Bindungslängen in Å, Winkel in °).

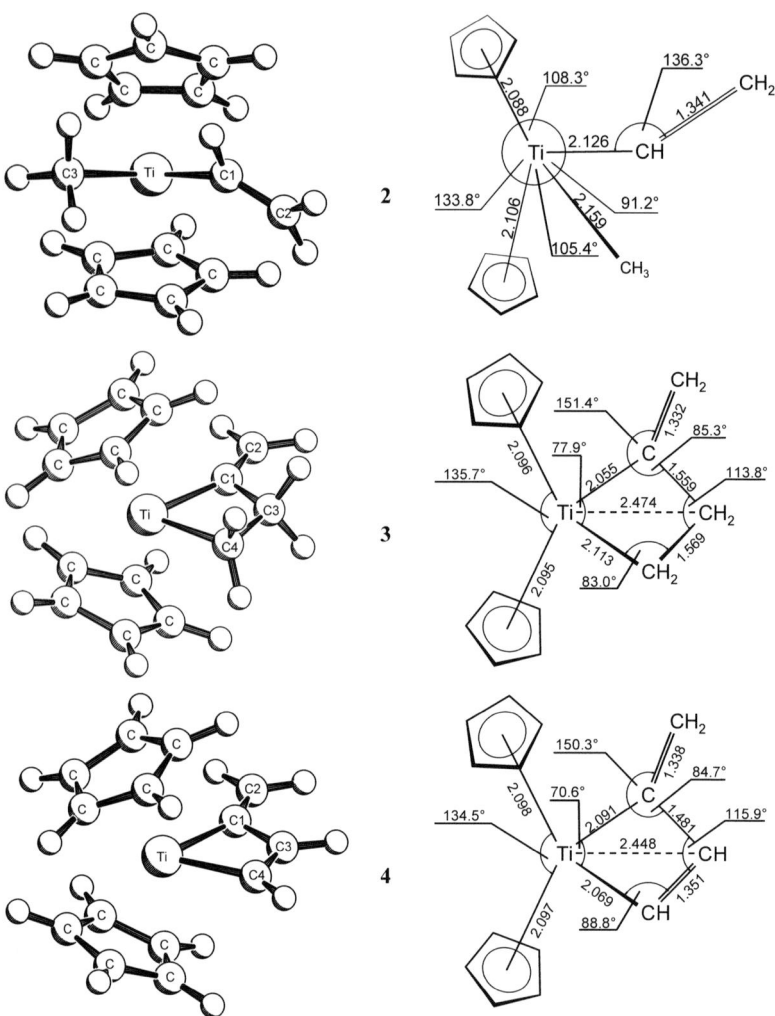

Fortsetzung von Abbildung 4-1

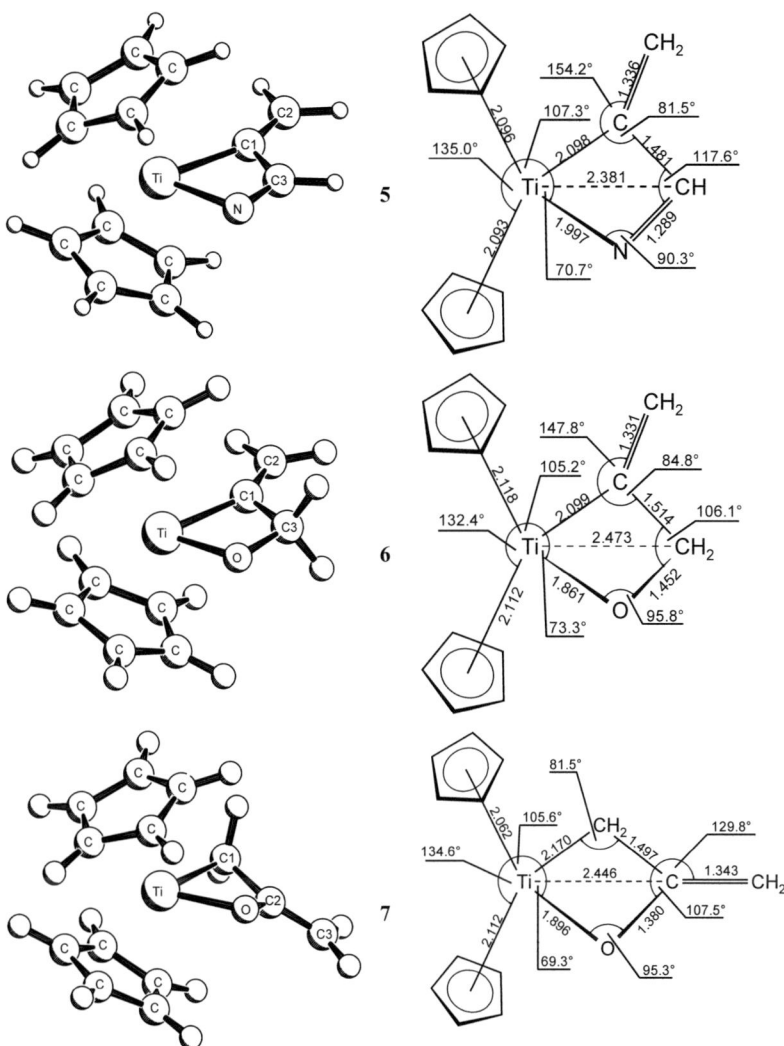

Fortsetzung von Abbildung 4-1

Die viergliedrigen Titanacyclen in den Modellkomplexen **4** und **5** sind planar. Die Moleküle **3** und **6** sind nahezu eben mit Torsionswinkeln von 1.0° bzw. 0.6° im Ring. Entsprechend einer Molekülorbitalanalyse, die von anderen Autoren durchgeführt wurde, führt ein Falten des Titanaoxetanringes zu keinem Energiegewinn [14]. Planare viergliedrige Ringe wurden ebenfalls in den Einkristall-Strukturanalysen der Verbindungen **III, VIII, IX, X, XI** gefunden. Geknickte metallacyclische Vierringe wurden bei den Verbindungen **XIV** und **XV** beobachtet, mit Faltungswinkeln von 22.5 bzw. 33.0° [34, 35]. Die exocyclische Methylengruppe befindet sich bei diesen Verbindungen in β-Position zum Metallatom. Das berechnete Molekül **7** hat einen gefalteten Ring mit einem Winkel von 21.0°. Dieser Wert ist in exzellenter Übereinstimmung mit dem Faltungswinkel aus der Einkristall-Strukturanalyse von **XIV**.

$$Cp^*_2Ti \underset{CH_2}{\overset{O}{\diagup}} C=CH_2 \qquad Cp^*_2Zr \underset{CH_2}{\overset{CH_2}{\diagup}} C=CH_2$$

| **XIV** | **XV** |

Die Geometrien der organischen Reaktanten und Nebenprodukte Ethylen, Acetylen, Formaldehyd, Allen, HCN und Methan wurden mit derselben Methode und dem gleichen Basissatz optimiert wie die Titanocenderivate. Die Gesamtenergien, Nullpunktsenergien und die Zahl der negativen Schwingungsfrequenzen aller berechneten Moleküle sind im experimentellen Teil zusammengefasst.

4.1.2 Mechanismen der [2+2]-Cycloadditionen

Im Gegensatz zur [2+2]-Cycloaddition von zwei Alkenen sind [2+2]-Cycloadditionen mit Titanocenvinyliden oder Titanocencarben als Reaktionspartner symmetrieerlaubt. Frühere Arbeiten zur Cycloaddition von $Cp_2Ti=CH_2$ mit $O=CH_2$ haben gezeigt, dass durch das Vorhandensein eines sehr polaren Titanium-Kohlenstoff-π-Orbitals ein formaler $2\pi+2\pi$-Reaktionsweg ermöglicht wird. Dieses Orbital steuert zwei zusätzliche Elektronen zur Cycloaddition bei, wodurch eigentlich eine Reaktion unter Beteiligung von sechs Elektronen abläuft. Das zweite Argument zur Erklärung dieser Reaktion war, dass die beiden neu entstandenen Bindungen aus unterschiedlichen Orbitalwechselwirkungen stammen und es sich daher um eine "nichtsymmetrische" konzertierte Cycloaddition handelt [14]. Titanocenvinyliden (**I** / **1**) kann aus Methylvinyltitanocen (**II** / **2**) oder aus Titanacyclobutan (**III** / **3**) erzeugt werden. Zwar ist die Bildung von Titanocenvinyliden aus Methylvinyltitanocen keine [2+2]-Cycloaddition oder -reversion, da diese Reaktion jedoch ein wichtiger Weg zur Erzeugung des in diesem Kapitel im Mittelpunkt stehenden Titanocenvinylidens darstellt, soll sie hier mit besprochen werden.

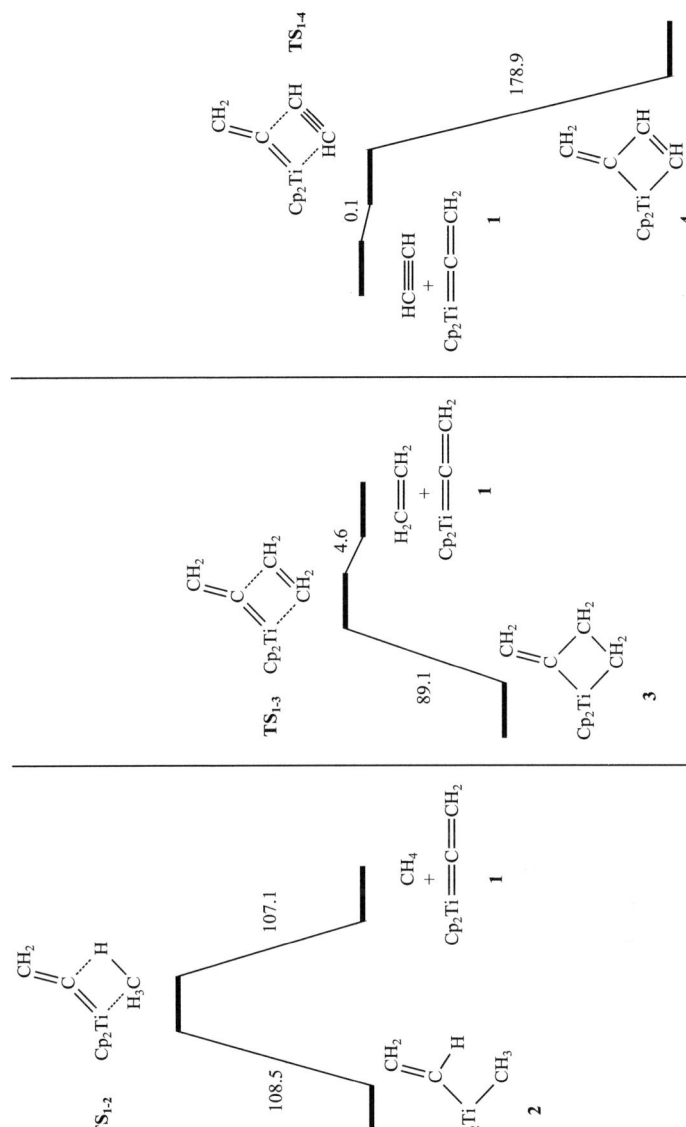

Schema 4-3: Energieprofildiagramm für die Bildung von Titanocenvinyliden (**1**) und die Titanacyclen **3** und **4** (Energie in kJ/mol mit Nullpunktsschwingungskorrektur).

Im Schema 4-3 sind drei Energieprofildiagramme abgebildet, an denen das Titanocen-vinyliden-Intermediat beteiligt ist. Methylvinyltitanocen (**2**) und das Titanacyclobutan **3** benötigen ähnliche Aktivierungsenergien, um die Übergangszustände TS_{1-2} und TS_{1-3} zu erreichen. Es wurde experimentell gezeigt, dass in Lösung $Cp^*_2Ti=C=CH_2$ (**I**) bereits unter recht milden Bedingungen gebildet wird. So kann man dieses in Lösung ausgehend von Bis(η-pentamethylcyclopentadienyl)methylvinyltitanium (**II**) bereits bei 20°C und ausgehend von $\overline{Cp^*_2Ti(C=CH_2)CH_2CH_2}$ (**III**) bei etwa 80°C erzeugen [36, 37].

In der Abbildung 4-2 sind die bei der Bildung von $Cp_2Ti=C=CH_2$ (**1**) und bei [2+2]-Cyclo-additionsreaktionen unter Beteiligung von **1** auftretenden Übergangszustände zusammen-gefasst. Der Übergangszustand TS_{1-2} zeigt die bereits vorgeformte Vinyliden-Einheit mit einem Bindungswinkel Ti-C1-C2 von 176.7° und einer Ti-C1-Bindung, die 0.018 Å länger ist als im Titanocenvinyliden (**1**). Die Bindung vom Titaniumatom zum Kohlenstoffatom der Methylgruppe ist 0.272 Å länger als im Reaktant **2**. Das Wasserstoffatom H1, welches von der Vinylgruppe in **2** eliminiert wird, befindet sich nahezu in der Mitte zwischen den Kohlenstoffatomen C1 und C3. Eine Wechselwirkung zwischen diesem Wasserstoffatom und dem Titaniumatom sollte man in Betracht ziehen, da der Abstand zwischen diesen beiden Atomen nur 1.761 Å beträgt. Die gesamte Einheit Ti, C1, C2, H1, C3 ist planar (Abbildung 4-3). Die Hessematrix für TS_{1-2} zeigt eine imaginäre Schwingung. Die Auslen-kung dieser Schwingung zeigt die Verschiebung von H1 zwischen den Atomen C1 und C3. Bei den beiden Übergangszuständen TS_{1-3} und TS_{1-4} liegen die an der Reaktion beteiligten Atome Ti, C1, C3 und C4 jeweils in einer Ebene. Die imaginären Schwingungen beider Übergangszustände entsprechen der Bewegung von Ethylen bzw. Acetylen in Richtung der Vinylideneinheit. Beide Reagenzien reagieren über einen cyclischen Übergangszustand zum Produkt der [2+2]-Cycloaddition.

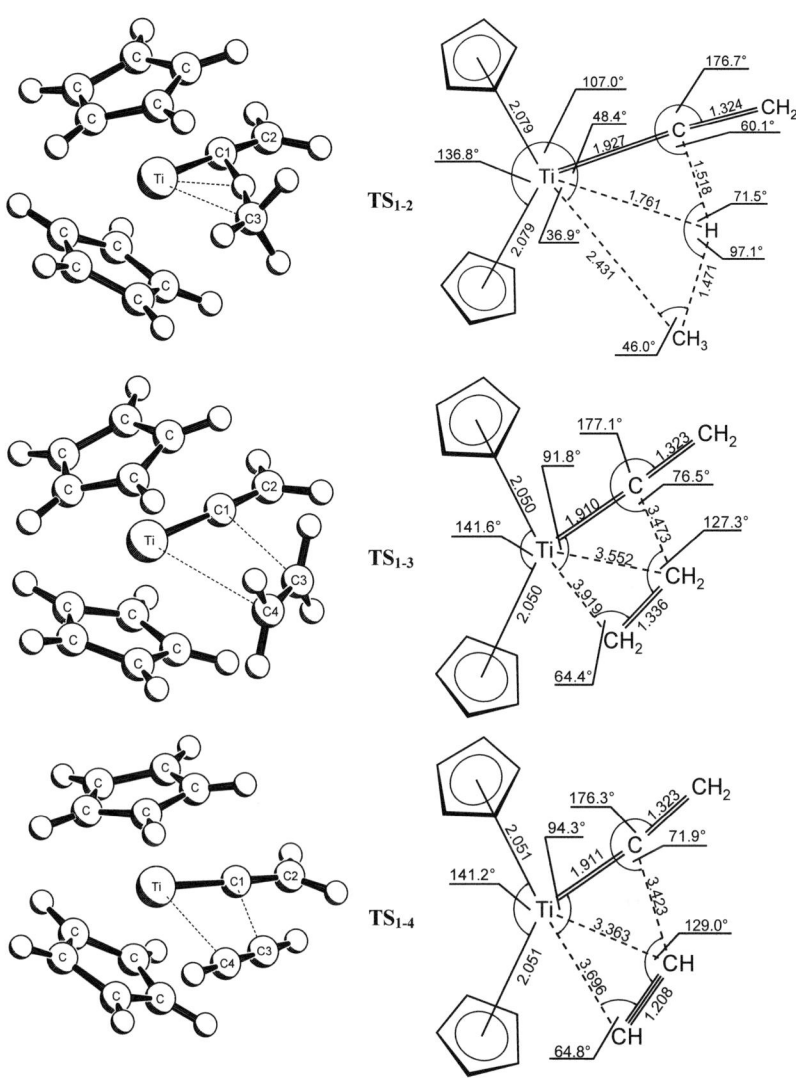

Abbildung 4-2: Übergangszustände bei der Bildung von Titanocenvinyliden (1) (Bindungslängen in Å, Winkel in °).

An dieser Stelle sollen auch die Übergangszustände bei Cycloadditionsreaktionen von Titanocenvinyliden mit polaren Reagenzien wie Carbonylverbindungen oder Nitrilen besprochen werden. Obwohl die entsprechenden Energieprofildiagramme erst im nachfolgenden Kapitel vorgestellt werden, bietet sich eine gemeinsame Diskussion aller Cycloadditionsreaktionen jedoch an dieser Stelle an. In der Abbildung 4-3 sind die bei [2+2]-Cycloadditionsreaktionen unter Beteiligung von 1 auftretenden Übergangszustände zusammengefasst. Im Unterschied zu den Cycloadditionsreaktionen mit den unpolaren Reagenzien Ethylen und Acetylen erfolgt bei der Reaktion mit polaren Reagenzien wie Carbonylverbindungen oder Nitrilen zuerst ein Koordination des negativ polarisierten Heteroelementes an das elektrophile Titaniumatom (siehe Schema 4-5 und Schema 4-8). Die Bildung dieser primären Addukte führt zu einer Absenkung der Gesamtenergie des Systems. Im Falle der Reaktion von $Cp_2Ti=C=CH_2$ mit $O=CH_2$ ist die Adduktbildung 32.1 kJ/mol, im Falle der Adduktbildung mit HCN 36.8 kj/mol exotherm. Diese primären Addukte lagern sich zu Übergangszuständen um, bei denen man bereits den vorgeformten Titanacyclus erkennen kann. Die Energiefreisetzung bei der Bildung der Addukte AD_{1-5} und AD_{1-6} kann man mit der hohen Energie des reaktiven Intermediates Titanocenvinyliden erklären.

Im Addukt AD_{1-5} koordiniert HCN am Titaniumatom in der Ebene zwischen den beiden Cyclopentadienylliganden mit einem Torsionswinkel C1-Ti-N-C3 von 0.2°. Im Unterschied dazu beträgt der Torsionswinkel C1-Ti-O-C3 im Addukt AD_{1-6} 91.3°. Dadurch ist eines der freien Elektronenpaare am Sauerstoff in der Lage, mit dem Akzeptororbital des Titanocenvinylidens zu überlappen. Die Formaldehyd-Einheit versucht die beste Orientierung zu finden, um die sterische Wechselwirkung mit den Cyclopentadienylringen und den Wasserstoffatomen der Vinylidengruppe zu minimieren. Der Übergangszustand TS_{1-5} weist eine planare Anordnung der reagierenden Atome C3-N-Ti-C1 auf. Es ist bemerkenswert, dass der Abstand Ti-N mit 2.675 Å deutlich kürzer ist als der Abstand von C1 zu C3 mit 3.385 Å. Der Übergangszustand TS_{1-6} ist sehr ähnlich, der Abstand Ti-O ist 0.748 Å kürzer als C1-C3. Die Geometrie dieser beiden Übergangszustände deutet auf eine konzertierte asynchrone Reaktion hin, wie sie bereits für die Cycloaddition von Ketenen beschrieben wurde [38].

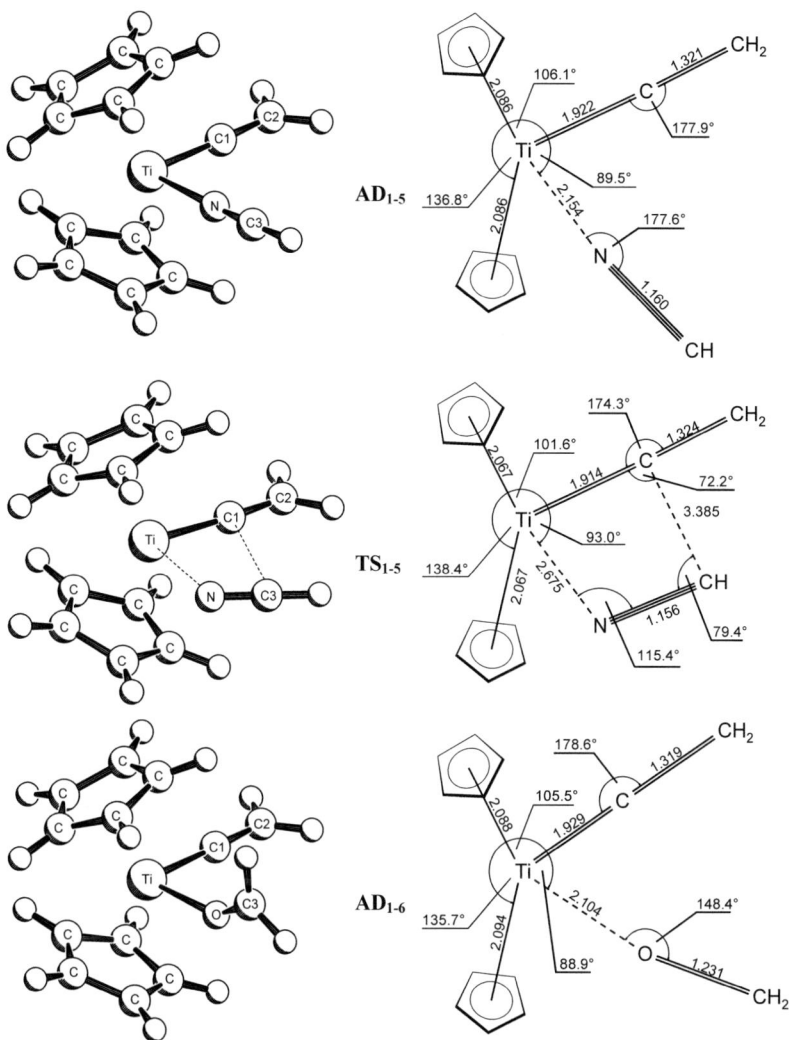

Abbildung 4-3: Addukte und Übergangszustände bei [2+2]-Cycloadditionsreaktionen unter Beteiligung von Titanocenvinyliden (**1**) (Bindungslängen in Å, Winkel in °).

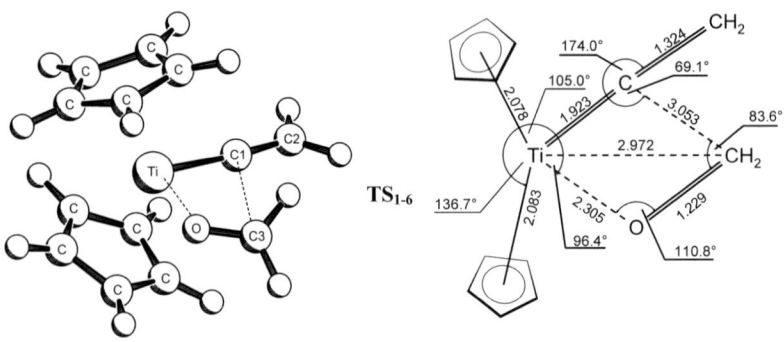

Fortsetzung von Abbildung 4-3

Die Donor-Akzeptor-Wechselwirkungen in den Übergangszuständen der [2+2]-Cyclo-additionen und in den Addukten AD_{1-5} und AD_{1-6} wurden mit der Charge-Decomposition-Analyse (CDA) untersucht [39]. Bei der CDA-Methode werden die Kohn-Sham-Orbitale eines Komplexes als Molekülorbitale geeigneter Fragmente dargestellt. In den vorliegenden Fällen wurden die Kohn-Sham-Orbitale der Übergangszustände (TS_{1-5}, TS_{1-6}, TS_{1-3}, TS_{1-4}) und der Addukte (AD_{1-5}, AD_{1-6}) durch Linearkombination der Orbitale von $Cp_2Ti=C=CH_2$ und dem jeweiligen Reagenz in der Geometrie des Komplexes erzeugt. Die Orbitalbeiträge wurden dabei folgendermaßen aufgeteilt:

- Wechselwirkung der besetzten Orbitale des Reagenzes und der unbesetzten Orbitale von $Cp_2Ti=C=CH_2$; Donorwirkung (**d**)

- Wechselwirkung der unbesetzten Orbitale des Reagenzes mit den besetzten Orbitalen von $Cp_2Ti=C=CH_2$; Rückbindung (**b**)

- Wechselwirkung der besetzten Orbitale des Reagenzes mit den besetzten Orbitalen von $Cp_2Ti=C=CH_2$; repulsive Polarisierung (**r**).

Bei den Übergangszuständen TS_{1-3} und TS_{1-4} finden wir eine schwache Donor-Akzeptor-Wechselwirkung. Eine stärkere Donorwirkung finden wir bei den Addukten AD_{1-5} und AD_{1-6} und beim Übergangszustand TS_{1-6}. Die drei letztgenannten Strukturen weisen außerdem eine schwache Rückbindung vom Titanocenvinyliden zum Reagenz auf. Der Term für die Donorwirkung **d** ist bei der Struktur TS_{1-5} negativ. Das ist ein physikalisch nicht zu deutender Wert. Deshalb sollte man die Struktur TS_{1-5} als Übergangszustand ohne Donor-Akzeptor-Wechselwirkung diskutieren. Wichtig zur Diskussion ist außerdem noch der Restterm Δ. Dieser gibt den Beitrag der unbesetzten Orbitale des Reagenzes und der unbesetzten Orbitale von $Cp_2Ti=C=CH_2$ zur elektronischen Struktur des Komplexes an. Nur wenn dieser Term Δ etwa Null ist, kann man den Übergangszustand der [2+2]-Cycloaddition als Donor-Akzeptor-Wechselwirkung zwischen den Molekülfragmenten diskutieren und die Reaktion als thermisch symmetrieerlaubt betrachten [40, 41]. Wie man aus Tabelle 4-1 entnehmen kann, sind die Werte von Δ in allen hier betrachteten Fällen tatsächlich etwa Null. Bei Untersuchungen zu [2+2]-Cycloadditionen unter Beteiligung von M=O-Gruppen in $CpReO_3$ wurde gezeigt, dass die CDA nur begrenzte Aussagekraft besitzt und elektrostatische Wechselwirkungen in Ergänzung zu den Orbitalwechselwirkungen durchaus wichtig sein können [42].

Tabelle 4-1: Ergebnisse der CDA der Übergangszustände und Addukte.

Molekül	d (Donorwirkung)	b (Rückbindung)	r (repulsive Polarisierung)	Δ (Restterm)
	$L{\rightarrow}Cp_2Ti=C=CH_2$	$L{\leftarrow}Cp_2Ti=C=CH_2$	$L{\leftarrow}{\rightarrow}Cp_2Ti=C=CH_2$	
TS_{1-3}	0.128	0.020	-0.055	-0.003
TS_{1-4}	0.166	0.006	-0.049	0.001
AD_{1-5}	0.193	0.086	-0.258	-0.002
TS_{1-5}	-0.028	0.002	-0.116	-0.009
AD_{1-6}	0.225	0.059	-0.205	-0.002
TS_{1-6}	0.241	0.062	-0.198	-0.011

4.2 Reaktivität der Titanacyclen

Durch Vergleich der Energiedifferenzen zwischen den Reaktanten, den Übergangszuständen und den Reaktionsprodukten kann man Schlussfolgerungen über die Reaktivität der untersuchten Verbindungen ziehen. Deshalb wurden Übergangszustände für einige der in Schema 4-2 dargestellten Reaktionswege berechnet. Ausgehend von den Übergangszuständen wurden die intrinsischen Reaktionskoordinaten zu den Edukten und zu den Reaktionsprodukten verfolgt, um sicherzustellen, dass die erhaltenen Übergangszustände wirklich zu den formulierten Reaktionen gehören.

4.2.1 Titanacyclobutane und Titanacyclobutene

Die Bildung der Titanacyclobutene **4** ist um 94.5 kJ/mol stärker exotherm als die Bildung der Titanacyclobutane **3** (Schema 4-3). Tatsächlich führt die Reaktion der permethylierten Titanacyclobutane **III** mit Acetylenen zur sofortigen Bildung von Titanacyclobutenen **XI** [20, 43], was die höhere Stabilität der letztgenannten Verbindungen bestätigt. Titanacyclobutane des Typs **III** sind der Cycloreversion zugänglich. Diese Reaktion wird genutzt, um Titanocenvinyliden **I** zu erzeugen. Für Titanacyclobutene **XI** wurden verschiedene Folgereaktionen beobachtet. Einmal gelingt bei 80 °C in Lösung die thermische Umlagerung unterschiedlich substituierter Titanacyclobutene in die thermodynamisch stabilen Produkte entsprechend Gleichung 4-2 [20].

R = Et, Ph

XI   Gleichung 4-2

Zum anderen beobachtet man bei der Umsetzung von Titanacyclobutenen **XI** mit einem Überschuss an Acetylen die Bildung von Polyacetylen. Die thermische Umlagerung der Titanacyclobutene kann man mit einer Cycloreversion erklären. Für die Bildung von Polyacetylen wurde ein Mechanismus vorgeschlagen [44, 20]. Der Primärschritt wäre dabei eine elektrocyclische Ringöffnungsreaktion. Weiterhin denkbar wäre außerdem eine direkte Insertion eines zweiten Acetylenmoleküls in das Titanacyclobuten unter Ausbildung eines Titanacyclohexadiens. Eine analoge Reaktion findet man bei den Azatitanacyclobutenderivaten, deren Reaktivität im nachfolgenden Abschnitt diskutiert wird. Die Übergangszustände und Reaktionsprodukte der elektrocyclischen Ringöffnung und der Bildung des Titanacyclohexadiens wurden an den Modellverbindungen untersucht. Die Energiedifferenzen zwischen den Edukten, Übergangszuständen und Reaktionsprodukten sind im Schema 4-4 zusammengefasst. Die optimierten Geometrien der Moleküle sind in Abbildung 4-4 dargestellt.

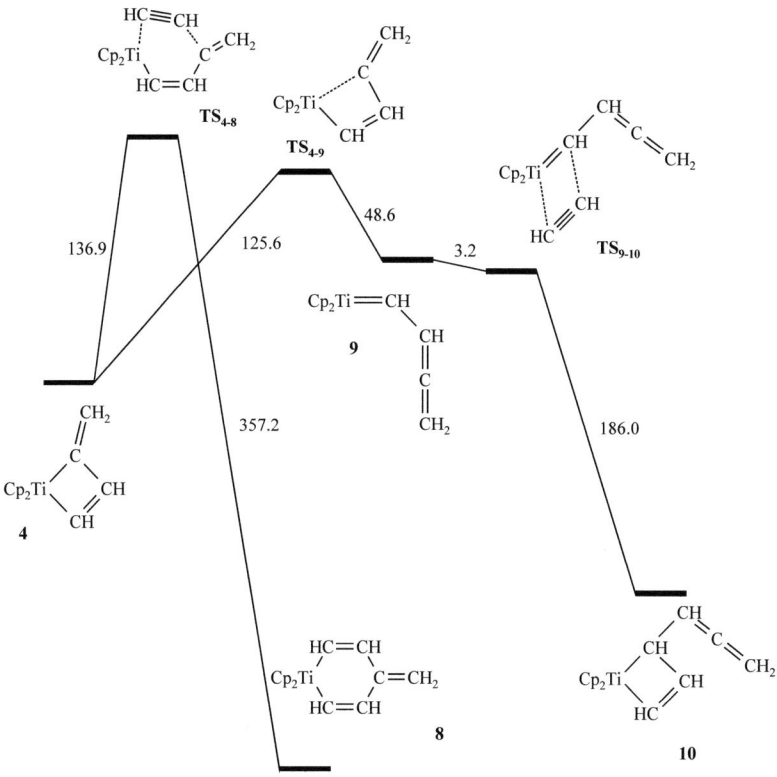

Schema 4-4: Energieprofildiagramm für elektrocyclische Ringöffnungsreaktionen von **4** (Energie in kJ/mol mit Nullpunktsschwingungskorrektur).

Bei der direkten Insertion eines Acetylenmoleküls in das Titanacyclobuten **4** muss eine Aktivierungsenergie von 136.9 kJ/mol überwunden werden. Demgegenüber findet man eine etwas geringere Aktivierungsenergie von 125.6 kJ/mol für die elektrocyclische Ringöffnungsreaktion von **4**. Diese Umlagerung von einem Metallacyclobuten in ein Metallabutadien wurde bereits bei Verbindungen des Titaniums [45], Tantals [46] und Wolframs [47] beobachtet. Bei der Bildung von **9** werden 48.6 kJ/mol frei. Bei **9** handelt es sich ähnlich wie bei **1** um ein reaktives Titanocencarben-Intermediat. Deshalb reagiert dieses sehr leicht mit Acetylen. Der dabei gefundene Übergangszustand **TS$_{9-10}$** ist sogar 3.2 kJ/mol energieärmer als **9**. Die Reaktion von **TS$_{9-10}$** zum Titanacyclobutenderivat **10** ist mit 186.0 kJ/mol exotherm. Die Verbindung **10** kann als Zwischenprodukt bei der Bildung von

Polyacetylen betrachtet werden. Entsprechend dem von Alt [44] vorgeschlagenen Mechanismus (Gleichung 4-3) sollte im nächsten Schritt eine erneute elektrocyclische Ringöffnung des Titanacyclobutens **10** erfolgen. Diese dürfte mit einer sehr ähnlichen Aktivierungsenergie wie beim Übergang von **4** zu **TS$_{4-8}$** behaftet sein. Bei der Umwandlung von **4** zu **10** werden 112.3 kJ/mol frei. Die weitere Insertion von Acetylenmolekülen verläuft in ähnlicher Weise exotherm.

Gleichung 4-3

Im Folgenden sollen die Geometrien der Übergangszustände und Reaktionsprodukte bei den Folgereaktionen des Titanacyclobutens **4** besprochen werden. Der Übergangszustand **TS$_{4-8}$** weist eine asymmetrische Koordination des insertierenden Acetylenmoleküls auf (Abbildung 4-4). Die Wasserstoffatome am Acetylen sind bereits nach außen abgeknickt (154.5° an C6 bzw. 163.9° an C5). Das Acetylenmolekül ist mit einem Abstand von 2.403 Å zwischen C6 und Ti bereits wesentlich näher am Titanium als im Übergangszustand **TS$_{1-4}$**. Die Annäherung des Acetylenmoleküls erfolgt nicht in der Ebene des Titanacyclobutens, sondern das Atom C5 befindet sich 16.6° unterhalb der Ebene des Atome Ti, C4, C1. Dadurch wird offensichtlich die Wechselwirkung zwischen den Wasserstoffatomen an C5 und C2 vermindert. Das „Aufklappen" des Titanacyclobutens wird hauptsächlich durch die Aufweitung des Winkels Ti-C4-C3 auf 106.3° ermöglicht. Dadurch hat das Kohlenstoffatom C1 einen Abstand von 2.518 Å vom Titaniumatom. Diese Bindung ist damit gegenüber **4** um 0.427 Å aufgeweitet. Die übrigen Bindungen zwischen Ti, C4, C3, C1 und C2 besitzen nahezu die gleichen Bindungslängen wie in **4**.

Bei der Insertion von Acetylen in das Titanacyclobuten **4** entsteht das Titanacyclohexadien **8**. Dieses besitzt einen völlig planaren Sechsring, der eine gestreckte Gestalt aufweist. Das

Titaniumatom ist mit Bindungslängen von 2.099 bzw 2.10 Å an die Atome C4 und C6 geknüpft. Die Streckung des Sechsringes wird einmal durch diese im Vergleich zu den C-C-Bindungen deutlich längeren Abstände verursacht. Zum anderen sind auch die Bindungswinkel C4-C3-C1 und C6-C5-C1 deutlich größer als 120°.

Die Öffnung des Titanacyclobutenringes im Sinne einer elektrocyclischen Ringöffnungs-reaktion führt zum Übergangszustand **TS$_{4\text{-}9}$** (Abbildung 4-4). Ähnlich wie bei **TS$_{4\text{-}8}$** erfolgt die Öffnung des Titanacyclobutenringes durch Aufweitung des Winkels Ti-C4-C3. In **TS$_{4\text{-}9}$** ist dieser Winkel jedoch mit 111.8° noch 5.5° größer als in **TS$_{4\text{-}8}$**, was auch einen größeren Abstand zwischen Titanium und C1 (2.813 Å) bewirkt. Bei den Bindungslängen entlang der Kette Ti-C4-C3-C1-C2 gibt es interessante Änderungen gegenüber der Aus-gangsverbindung **4**. Da mit der Ringöffnungsreaktion eine Verlagerung der Doppel-bindungsanteile entlang dieser Kette verbunden ist, findet man eine Verkürzung der Bindung Ti-C4 um 4.2 %, eine Streckung der Bindung C4-C3 um 6.7 % und schließlich eine Verkürzung der Bindung C3-C1 um 9.9 %. Die exocyclische Doppelbindung zwischen C1 und C2 bleibt nahezu unverändert. Die Kohlenwasserstoffkette hat sich bereits aus der Ebene zwischen den beiden Cyclopentadienylringen herausgedreht, erkenn-bar am Torsionswinkel Ti-C4-C3-C1 von 26.8°.

Die beschriebenen Veränderungen am Kohlenwasserstoffrest sieht man im Allen-substituierten Titanocencarben **9** vollendet. Die Bindungslängen sind weiter entsprechend der in der Valenzstrichformel in Abbildung 4-4 skizzierten formalen Doppel- bzw. Einfachbindungen verkürzt bzw. gestreckt. Das Atom C3 in **9** hat nunmehr gänzlich die Ebene zwischen den beiden Cyclopentadienylringen verlassen und zeigt nach „unten" in Richtung auf einen der beiden Cyclopentadienylringe (Torsionswinkel Mittelpunkt Cp1-Mittelpunkt Cp2-Ti-C3 = 177.5°). Diese Orientierung ist unumgänglich, da vergleichbar mit den Verhältnissen im Ethylen, eine planare Konformation für Titancarbenderivate immer energiegünstiger ist als eine verdrehte Konformation [48]. Der Allenrest hat eine cis-Orientierung zur Titancarbeneinheit eingenommen. Diese Konformation ist günstiger, da bei einer trans-Konformation das Wasserstoffatom an C3 in eine ungünstige räumliche Nähe zu den Wasserstoffatomen am Cyclopentadienylring gezwungen würde.

Ausgehend von **9** kann eine weitere Koordination von Acetylen erfolgen. Dabei wird der Übergangszustand **TS$_{9\text{-}10}$** erreicht. Bei diesem handelt es sich um einen „frühen" Über-gangszustand, da die Titanocencarben-Einheit zum einen fast die gleiche Geometrie aufweist wie in **9**. Zum anderen ist das in das Molekül eintretende Acetylenmolekül mit

Abständen Ti-C6 und Ti-C5 von 3.784 bzw. 3.405 Å noch sehr weit vom Titanocencarben entfernt.

Bei der Verbindung **10** handelt es sich wiederum um ein Titanacyclobutenderivat. Die Geometrie des Titanacyclobutenringes in **10** ist der Geometrie des Ringes in **4** sehr ähnlich. Größere Unterschiede in den Bindungslängen und -winkeln gibt es nur an der 2-Position der Titanacyclobutene. Während in **4** an dieser Position ein sp^2-hybridisiertes Kohlenstoffatom vorliegt (C1), an das die exocyclische Methylengruppe gebunden ist, befindet sich in **10** ein sp^3-Kohlenstoffatom (C4). Dadurch sind die von diesem Atom ausgehenden Bindungen zu Ti und C5 in **10** etwas länger als in **4**. Die tetraedrische Konfiguration an C4 bewirkt außerdem ein leichtes Abknicken des Titanacyclobutenringes mit einem Torsionswinkel von 5.8°.

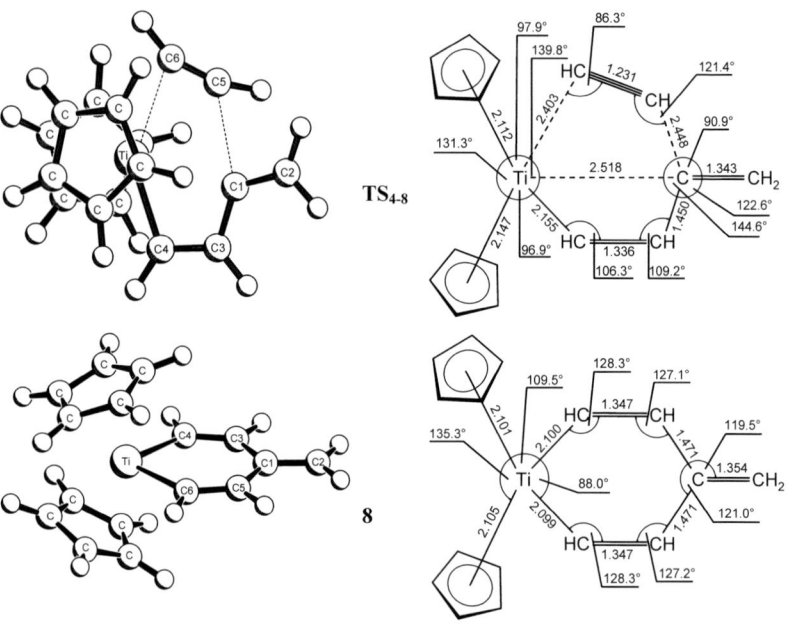

Abbildung 4-4: Übergangszustände und Produkte der elektrocyclischen Ringöffnung von **4** (Bindungslängen in Å, Winkel in °).

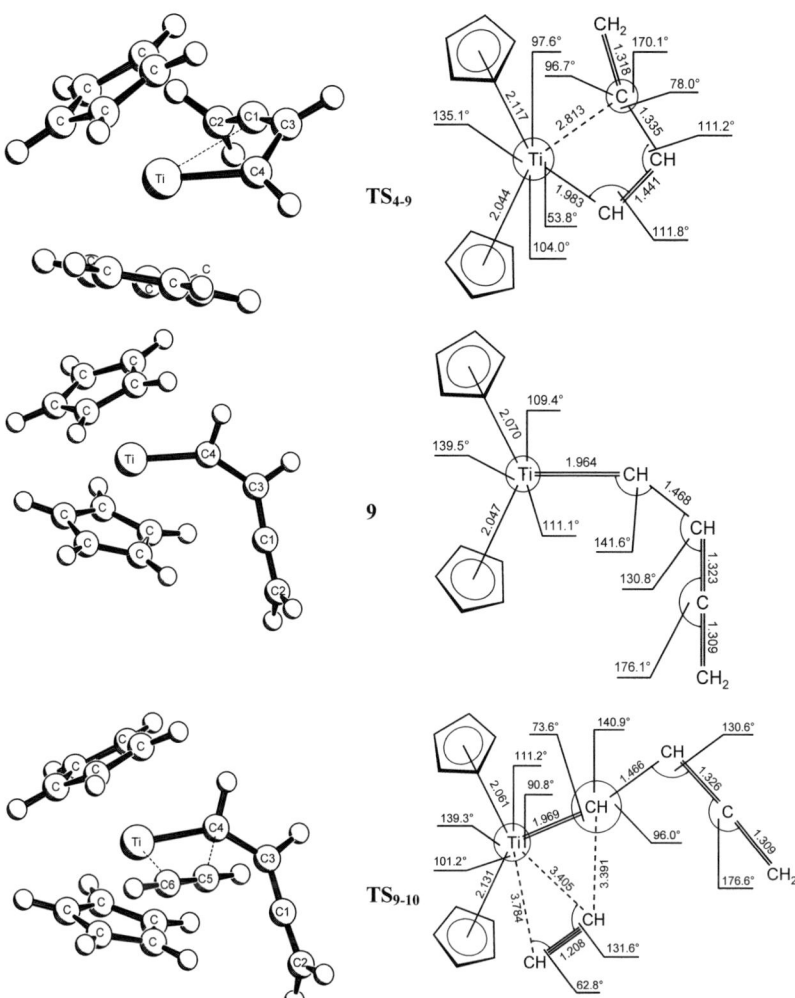

Fortsetzung von Abbildung 4-4

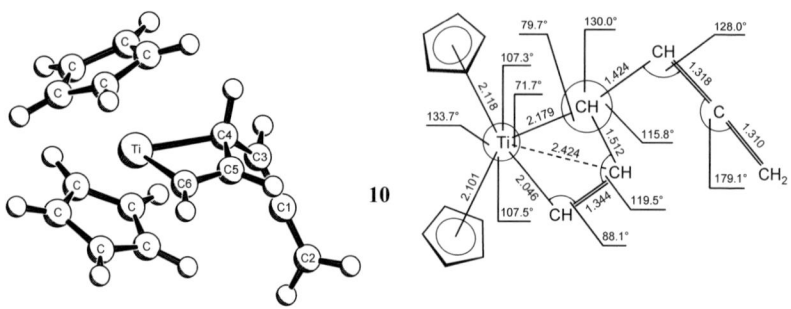

Fortsetzung von Abbildung 4-4

4.2.2   Oxatitanacyclobutane

Metallaoxetane der Struktur $Cp_2TiCH_2CR_2O$ (R= Organyl) werden als Intermediate in verschiedenen übergangsmetallkatalysierten Sauerstoffübertragungsreaktionen diskutiert [14, 49, 50]. Oxatitanacyclobutane dieses Typs wurden jedoch bisher nicht isoliert. Sie unterliegen einer spontanen Ringöffnung unter Bildung von $Cp_2Ti=O$ und Alkenen, einer Reaktion die breite Anwendung in der Methylenierung von Carbonylverbindungen gefunden hat [1, 3] und im vorangegangenen Kapitel ausführlich diskutiert wurde. [2+2]-Cyclo-additionen mit Oxokomplexen von Metallocenen der Gruppe 6 und Ethylen wurden mit quantenmechanischen Methoden untersucht. Dabei wurde festgestellt, dass die Oxochemie der Verbindungen $Cp_2M=O$ mit M = Mo, W durch Additionsreaktionen dominiert wird, bei denen die M-O-Bindung erhalten bleibt. Eine vollständige Spaltung der M-O-Bindung findet nur statt, wenn dabei sehr starke Bindungen zum Sauerstoff gebildet werden, wie z. B. Si-O oder H-O [51].

Das Titanaoxetan **6** ist gegenüber der Metathesereaktion mit einer Energiebarriere von 76.9 kJ/mol geschützt (siehe Schema 4-5). Titanaoxetane mit einer exocyclischen Methylengruppe $Cp^*_2Ti(C=CH_2)CR_2O$ mit $R_2 = O$ (**IV**), CPh_2 (**V**), NC_6H_{11} (**VI**) wurden hingegen isoliert und die Verbindungen **V** und **VI** sogar strukturell charakterisiert [2, 52]. Alle drei Verbindungen sind thermisch bis ca. 150 °C stabil. Die Fragmentierung dieser Verbindungen im Massenspektrometer führt zur Bildung von $Cp^*_2Ti=O$.

Andererseits wurden auch Verbindungen des Typs **7** isoliert (z. B. **XIV**), bei denen sich die exocyclische Methylengruppe in β-Stellung befindet [30]. Umlagerungen von **6** zu **7** und umgekehrt sollten möglich sein, da die berechneten Energiebarrieren für diese Prozesse ausgehend von **6** zu **TS$_{6-11}$** lediglich 76.9 kJ/mol bzw. von **7** zu **TS$_{7-11}$** 99.6 kJ/mol betragen. Diese Art der Umlagerung wurde jedoch noch nicht experimentell beobachtet.

Die Addition von Formaldehyd an das Titanocenvinyliden (**1**) verläuft über die primäre Bildung des Adduktes **AD$_{1-6}$** (siehe Schema 4-5). Von diesem Addukt zum Übergangszustand **TS$_{1-6}$** gibt es nur eine sehr kleine Aktivierungsbarriere von 14.9 kJ/mol. Wenn man die Geometrien von **AD$_{1-6}$**, **TS$_{1-6}$** und **6** vergleicht stellt man fest, dass es sich hierbei um einen frühen Übergangszustand handelt. Dieser Sachverhalt ist in Übereinstimmung mit dem Hammondpostulat welches besagt, dass exotherme Reaktionen frühe Übergangszustände haben sollten [53, 54]. Es ist bemerkenswert, dass der Ti-O-Abstand in **TS$_{1-6}$** länger ist als im Addukt **AD$_{1-6}$** (2.305 gegenüber 2.104 Å). Die von den Titanaoxetanen **6** und **7** ausgehende Metathese-Ringöffnung verläuft über die cyclischen Übergangszustände **TS$_{6-11}$** und **TS$_{7-11}$** zu den Produkten Cp$_2$Ti=O (**11**) und Allen. Die Abstände O-C3 (**TS$_{6-11}$**) und O-C2 (**TS$_{7-11}$**) sind in beiden Übergangszuständen etwa 2.0 Å. Die Bindungslänge Ti-C1 beträgt 2.284 Å in **TS$_{6-11}$** und 2.324 Å in **TS$_{7-11}$**. Es gibt bei diesen beiden Übergangszuständen keine so großen Unterschiede zwischen den Abständen der reagierenden Atome wie bei **TS$_{1-6}$**. Das deutet auf eine konzertierte, synchron ablaufende [2+2]-Cycloreversion hin. Es wurden keine weiteren Addukt-Komplexe gefunden, was den Erwartungen entspricht, da Allen ein unpolares Reagenz ist.

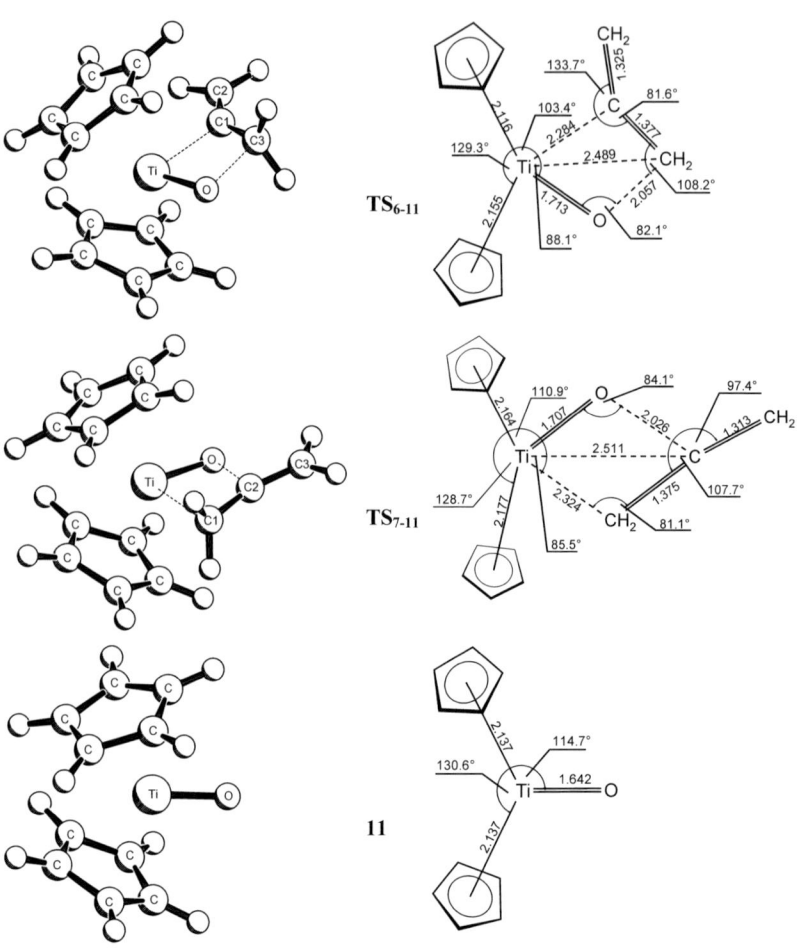

Abbildung 4-5: Übergangszustände **TS$_{6-11}$** und **TS$_{7-11}$** und Produkt **11** der Metathese der Titanaoxetane (Bindungslängen in Å, Winkel in °).

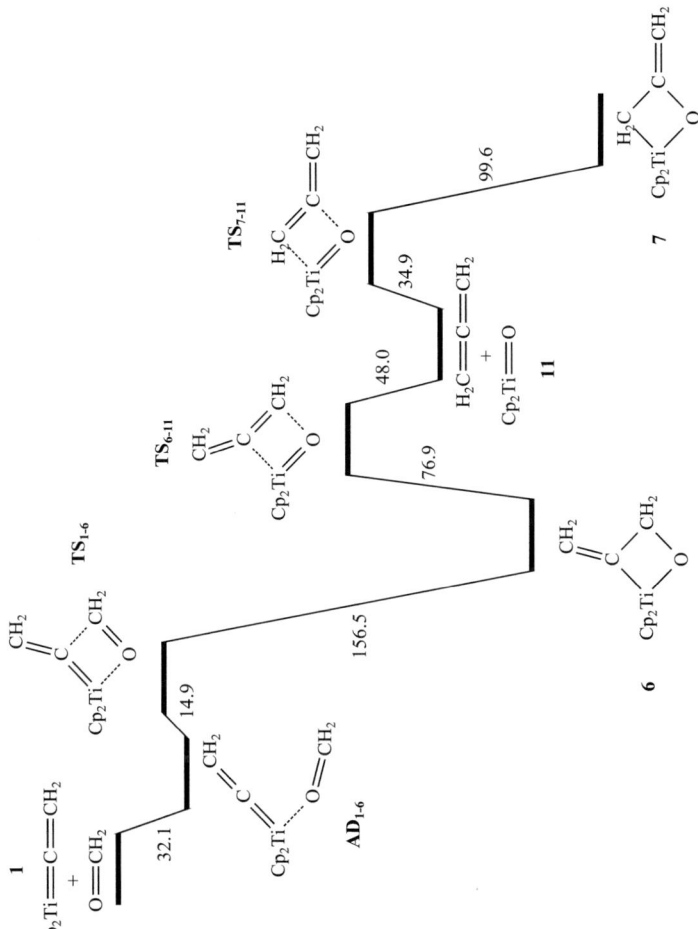

Schema 4-5: Energieprofildiagramm für die Bildung der Titanaoxetane **6** und **7** (Energie in kJ/mol mit Nullpunktsschwingungskorrektur).

4.2.3 Azatitanacyclobutene

Die [2+2]-Cycloaddition von Titanocenvinyliden **1** mit HCN verläuft über die Bildung eines Adduktes **AD$_{1-5}$**, bei dem das freie Elektronenpaar des Stickstoffatoms von HCN am elektrophilen Titaniumatom koordiniert ist. Dieses Addukt lagert sich in den Übergangs- zustand **TS$_{1-5}$** um, bei dem eine planare [2+2]-Anordung der den Azatitanacyclobutenring bildenden Atome vorliegt. Die Geometrien von **AD$_{1-5}$** und **TS$_{1-5}$** wurden bereits in Kapitel 4.1.2 diskutiert.

Azatitanacyclobutene unterliegen sehr leicht Ringöffnungsreaktionen. So erhält man bei der Reaktion von intermediär erzeugtem Titanocencarben mit Carbonsäurenitrilen aus- schließlich 1,3-Diaza-2-titana-cyclohexadiene. Dabei ist es gleichgültig, ob das Titanocen- carben aus Tebbe-Reagenz [15], Petasis-Reagenz [55] oder aus Titanacyclobutanen [5] erzeugt wurde (siehe Schema 4-6). Die 1,3-Diaza-2-titana-cyclohexa-3,6-diene tautomeri- sieren zu den konjugierten Cyclohexa-3,5-dienen [12]. Als Zwischenprodukte sollten bei diesen Reaktionen Azatitanacyclobutene auftreten, welche jedoch nicht isoliert werden konnten. In Gegenwart von starken Basen wie Trimethylphosphan oder p-Dimethylamino- pyridin gelingt lediglich das Abfangen von Vinylimido-Derivaten entsprechend Gleichung 4-4 und Gleichung 4-5 [15].

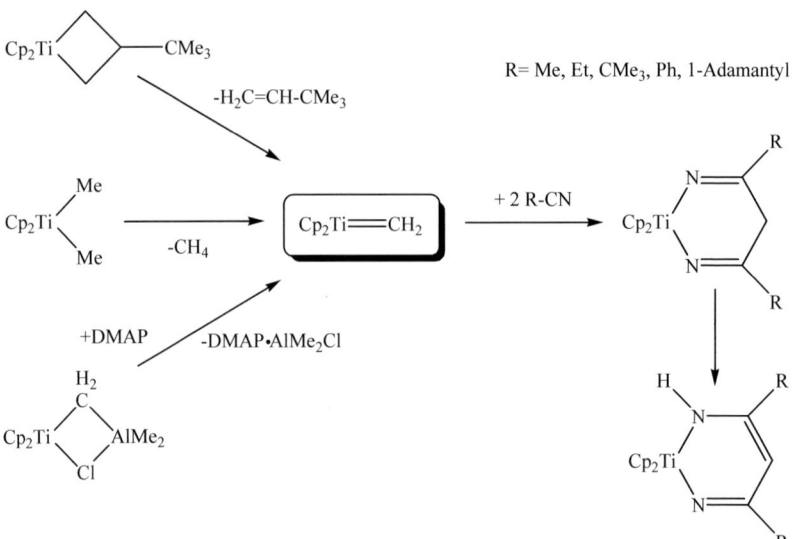

Schema 4-6: Bildung von 1,3-Diaza-2-titana-cyclohexadienen aus Titanocencarben.

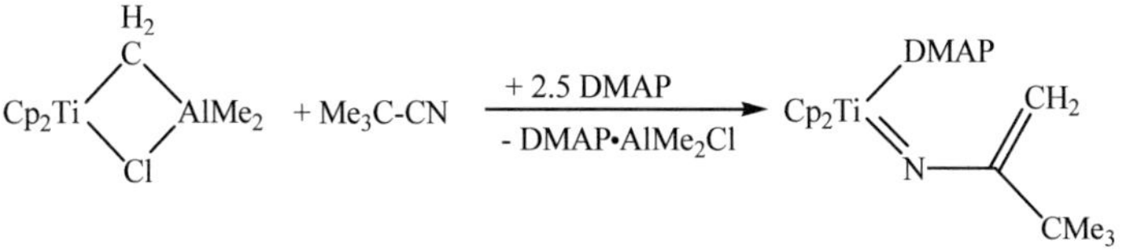

Gleichung 4-4

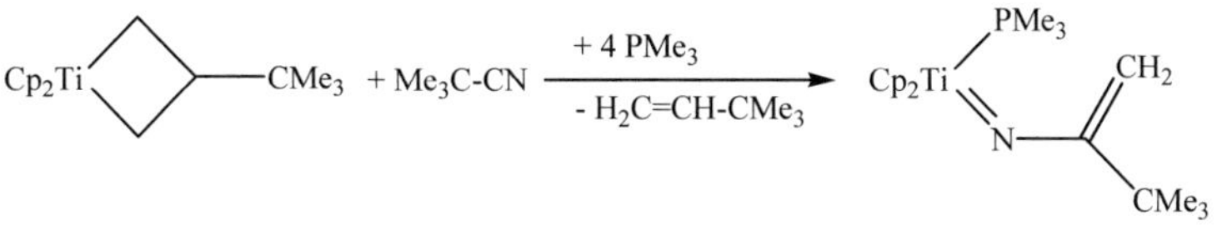

Gleichung 4-5

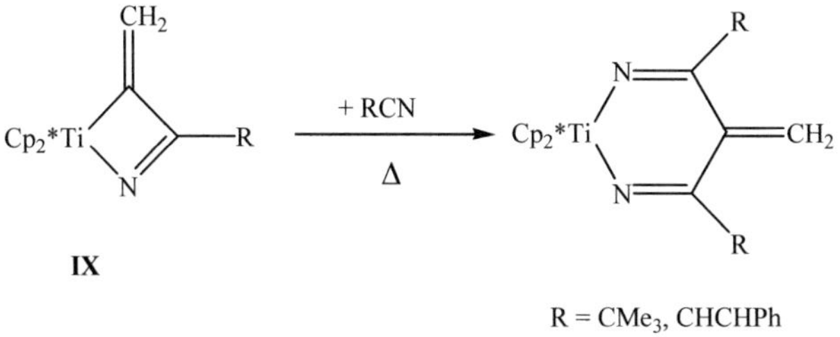

Gleichung 4-6

IX

$R = CMe_3, CHCHPh$

Im Unterschied dazu sind Azametallacyclobutene mit einer exocyclischen Methylengruppe vom Typ **IX** isolierbare Produkte, die durch Einkristall-Strukturanalyse charakterisiert wurden. Bei diesen Verbindungen erfolgt erst in Gegenwart von einem Überschuss an Nitril und bei höheren Temperaturen die Insertion eines weiteren Nitrilmoleküls unter Bildung von 1,3-Diaza-2-titana-cyclohexa-3,6-dienen (Gleichung 4-6) [19]. Diese können auf Grund der exocyclischen Methylengruppe in 5-Stellung nicht zu den entsprechenden 3,5-Dienen isomerisieren. Für die Bildung von Diazatitanacyclohexadien-Derivaten aus Azatitanacyclobutenen gibt es zwei denkbare Mechanismen. Entweder erfolgt eine direkte Insertion des Nitrilmoleküls in den Azatitanacyclobutenring (Weg **A** in Schema 4-7) oder eine Öffnung des Azatitanacyclobutenringes zum Allenylimido-Derivat. Dieses kann dann weiter zum Diazatitanacyclohexadien reagieren (Weg **B** in Schema 4-7). Beide Möglichkeiten wurden anhand der Cp$_2$Ti-Modellverbindungen untersucht und werden nachfolgend diskutiert.

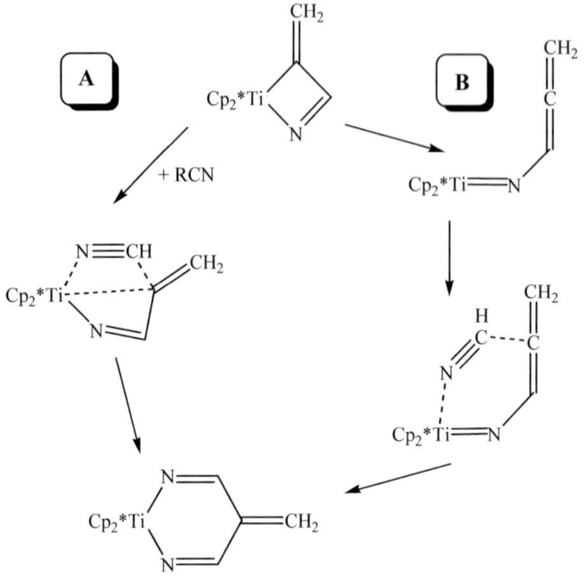

Schema 4-7: Mögliche Mechanismen für die Bildung von Diazatitanacyclohexadienen aus **IX**.

Das Azatitanacyclobuten **5** ist gegenüber einer Ringöffnungsreaktion bzw. einer direkten Insertion eines zweiten Nitrilmoleküls durch beträchtliche Energiebarrieren von 89.7 bzw. 108.0 kJ/mol geschützt (siehe Schema 4-8). Diese Aussage stimmt mit den experimentellen Befunden überein [19]. Die direkte Koordination eines zweiten Nitrilmoleküls am Titanium (Weg **A** in Schema 4-7) führt zum Übergangszustand **TS$_{5-13}$**. Die Einheit Ti, N1, C3, C1 ist mit einem Torsionswinkel von 0.8° nahezu planar (Abbildung 4-6). Das in das Molekül eindringende HCN ist demgegenüber mit einem Winkel N1-Ti-N2-C4 von 3.1° leicht aus dieser Ebene herausgedreht. Das Wasserstoffatom an C4 befindet sich recht nah an der Vinylidengruppe und ist daher noch stärker aus der Ebene der übrigen Atome herausgedrückt. Zusätzliche Substituenten an der Nitrilgruppe, wie sie ja in den experimentell verwendeten Carbonsäurenitrilen vorhanden sind, dürften eine Insertion auf diesem Wege deshalb erschweren.

Die Öffnung des Azatitanacyclobutenringes (Weg **B** in Schema 4-7) führt zum Übergangszustand **TS$_{5-12}$**, der in Abbildung 4-6 dargestellt ist. Die Einheit Ti-N-C3-C1 in **TS$_{5-12}$** ist nicht wie in **5** planar. Der Torsionswinkel beträgt -57.2°. Die Bindungslängen

Ti-N und C1-C3 sind auf 1.771 Å bzw. 1.344 Å verkürzt. Die Alleneinheit C3-C1-C2 ist mit einem Winkel von 169.6° bereits deutlich linearisiert. Dieser Trend setzt sich im Imidotitanocen **12** fort; hier beträgt der Winkel C3-C1-C2 177.4°. Der auffälligste Unterschied zwischen TS_{5-12} und **12** besteht in der Konformation des Allenrestes C3-C1-C2 am Imido-Stickstoffatom. Diese Gruppe hat eine laterale Orientierung im Übergangszustand, während sie in der Verbindung **12** nach „unten", also in Richtung auf einen der beiden Cyclopentadienylringe, zeigt. Diese Reorientierung wird von einer Aufweitung des Winkels Ti-N-C3 auf 165.5° und einer weiteren Verkürzung der Ti-N-Bindung um 0.044 Å begleitet. Vom Übergangszustand TS_{5-12} zu **12** werden 48.8 kJ/mol frei, die Bildung des HCN-Adukktes AD_{12-13} ist noch einmal mit 40.2 kJ/mol exotherm.

Beim Addukt AD_{12-13} erfolgt eine nahezu lineare Koordination des HCN-Moleküls über das Stickstoffatom (Winkel Ti-N2-C4 = 172.7°). Die Iminoallengruppe ist deutlich zur Seite ausgelenkt, um so Platz für die Koordination des HCN-Moleküls zu schaffen. Der Allenrest ist ähnlich wie im Übergangszustand TS_{5-12} lateral orientiert (Torsionswinkel N2-Ti-N1-C1 = 53.9°). Diese Orientierung ermöglicht den Ringschluss im Sinne einer [4+2]-Cycloaddition. Beim Übergang zum Übergangszustand TS_{12-13} ist lediglich eine Aktivierungsenergie von 22.3 kJ/mol notwendig. Der Übergangszustand TS_{12-13} weist eine starke Ähnlichkeit mit dem Addukt AD_{12-13} auf und kann daher als früher Übergangszustand betrachtet werden. Die deutlichsten Veränderungen beim Übergang zu TS_{12-13} zeigen sich an der Verkleinerung der Winkel Ti-N2-C4 um 28.6° und Ti-N1-C3 um 12.2°. Darüber hinaus befindet sich das Atom C1 des Allenylrestes bereits deutlich näher an der Ebene N2-Ti-N1 als im Addukt (Torsionswinkel N2-Ti-N1-C1 = 27.6°). Diese veränderten Winkel bewirken, dass der Abstand zwischen den Positionen des Ringschlusses an C4 und C1 nur noch 2.470 Å beträgt. Der Abstand vom Titanium zu N2 ist mit 2.136 Å sogar etwas kürzer als im Addukt.

Die Umwandlung von TS_{12-13} zu **13** ist mit 209.4 kJ/mol, von TS_{5-13} zu **13** sogar mit 294.3 kJ/mol exotherm. Das gebildete Diazatitanacyclohexadien **13** hat nahezu C_s-Symmetrie und weist einen vollkommen planaren Sechsring auf. Dieser ist aufgrund der größeren Bindungslängen vom Titanium zu den beiden Stickstoffatomen an dieser Stelle aufgeweitet. Die Bindungslängen im Sechsring lassen sich gut mit denen im Azatitanacyclobuten **5** vergleichen. So sind die Abstände Ti-N (1.952 Å), N-C (1.270 Å) und C-C (1.485 Å) in **13** fast identisch mit den Abständen in **5**.

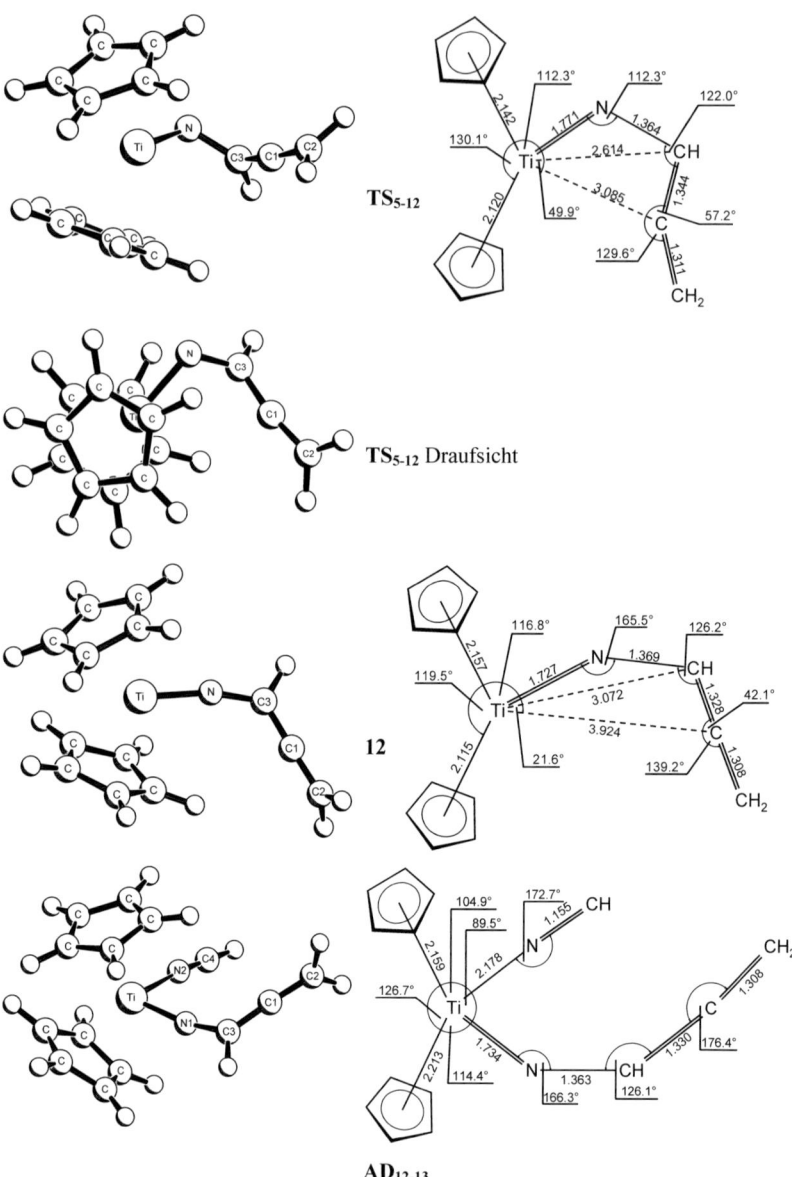

Abbildung 4-6: Übergangszustände und Produkte bei der Ringöffnung des Azatitanacyclo-butens **5** (Bindungslängen in Å, Winkel in °).

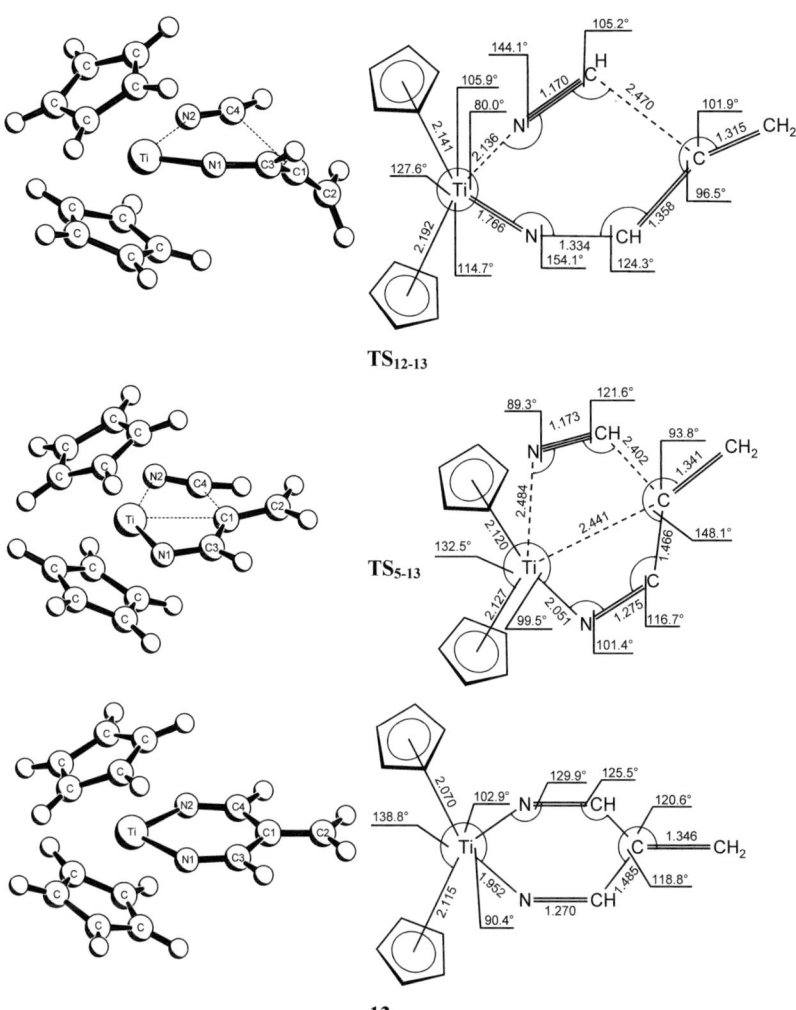

TS$_{12\text{-}13}$

TS$_{5\text{-}13}$

13

Fortsetzung von Abbildung 4-6

Das berechnete Energieprofil in Schema 4-8 zeigt, dass das Diazatitanacyclohexadien mit exocyclischer Methylengruppe vom Typ **13** das thermodynamisch stabile Produkt bei der Addition von HCN an Titanocenvinyliden (**1**) darstellt. Die in Schema 4-7 gezeigten Reaktionswege **A** und **B** für die Insertion eines zweiten HCN-Moleküls in das Azatitanacyclobuten **5** sind grundsätzlich beide möglich. Bei der elektrocyclischen Ringöffnung von **5** (Weg **B**) ist eine etwas geringere Aktivierungsenergie aufzubringen als bei der direkten Insertion von HCN in **5** (Weg **A**). Für Nitrilmoleküle mit großen organischen Substituenten dürfte allerdings für den Weg **A** eine deutlich höhere Aktivierungsenergie notwendig sein, da die Substituenten an der Nitrilgruppe im Übergangszustand in ungünstige räumliche Nähe zu den Atomen der Vinylideneinheit geraten.

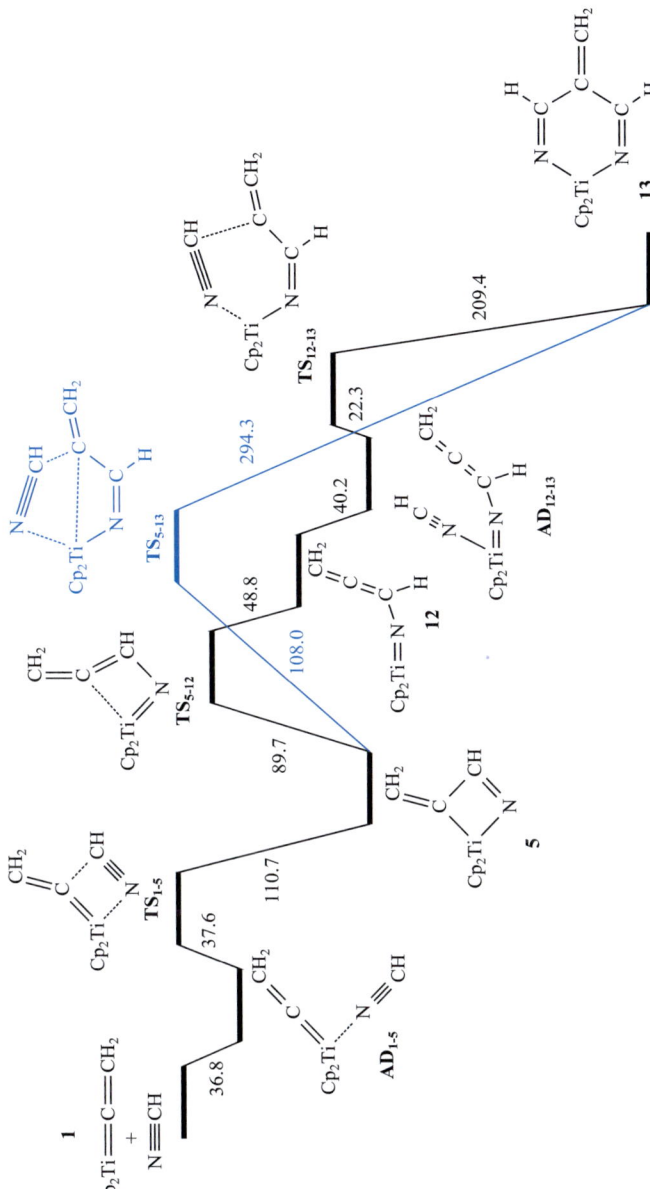

Schema 4-8: Energieprofildiagramm für die Bildung des Azatitanacyclobutens **5** und des Diazatitanacyclohexadiens **13** (Energie in kJ/mol mit Nullpunktsschwingungskorrektur).

4.2.4   Molekülorbitalanalyse der viergliedrigen Titanacyclen

Zum besseren Verständnis der elektronischen Struktur der viergliedrigen Titanacyclen wurde eine MO-Analyse mit Hilfe der Extended-Hückel-Methode für ausgewählte Derivate durchgeführt [56, 57, 58, 59, 60]. In der Abbildung 4-7 sind ausgewählte Molekülorbitale der Verbindungen **4**, **5** und **6** abgebildet. Alle drei Verbindungen besitzen einander sehr ähnliche Orbitalwechselwirkungen vom σ-Typ zwischen dem Titanocenfragment und den organischen Substituenten in der Ebene zwischen den beiden Cyclopentadienylringen. Deutliche Unterschiede in den Bindungsverhältnissen der drei Verbindungen gibt es hingegen in den Orbitalwechselwirkungen zwischen dem Atom **A** und der Titanoceneinheit (siehe Abbildung 4-7).

Die in der Verbindung **4** an das Titanocenfragment gebundenen Kohlenstoffatome sind alle sp^2-hybridisiert. Die π-Orbitale der Substituenten treten nur in geringe Wechselwirkung mit den d-Orbitalen am Titaniumatom (siehe Abbildung 4-7, Oben). Wesentlich stärkere Wechselwirkungen zwischen dem Titaniumatom und dem Atom **A** in α-Position sollten bei Atomen **A** auftreten, die geeignete besetzte Orbitale, z.B. freie Elektronenpaare, in der Ebene zwischen den beiden Cyclopentadienylringen besitzen. Diese Orbitale können mit dem leeren b_2-Orbital der Titanoceneinheit überlappen. Tatsächlich findet man diese Art der Wechselwirkung in den Azatitanacyclobutenen **5** und den Titanaoxetanen **6** (Abbildung 4-7, Mitte und Unten). Das freie Elektronenpaar in **5** befindet sich in der Ebene zwischen den beiden Cyclopentadienylringen und überlappt mit dem b_2-Akzeptororbital des Titaniumatoms. Eine ähnliche Situation findet man in **6**: Ein Elektronenpaar des Sauerstoffatoms befindet sich in der Ebene zwischen den beiden Cyclopentadienylringen, das andere steht senkrecht dazu. Der Einfluss dieser unterschiedlichen Orbitalwechselwirkungen auf die Reaktivität der Titanacyclobutane und -butene wird im nächsten Abschnitt diskutiert.

Die hier beschriebenen Orbitalwechselwirkungen wurden auch in den Kohn-Sham-Orbitalen der DFT-Berechnungen gefunden. Da die Kohn-Sham-MO's nicht dieselbe Bedeutung besitzen wie Molekülorbitale in der Hartree-Fock- oder Extended-Hückel-Theorie, wurden für die Diskussion der Orbitalwechselwirkungen die Ergebnisse der Extended-Hückel-Methode verwendet [61, 62].

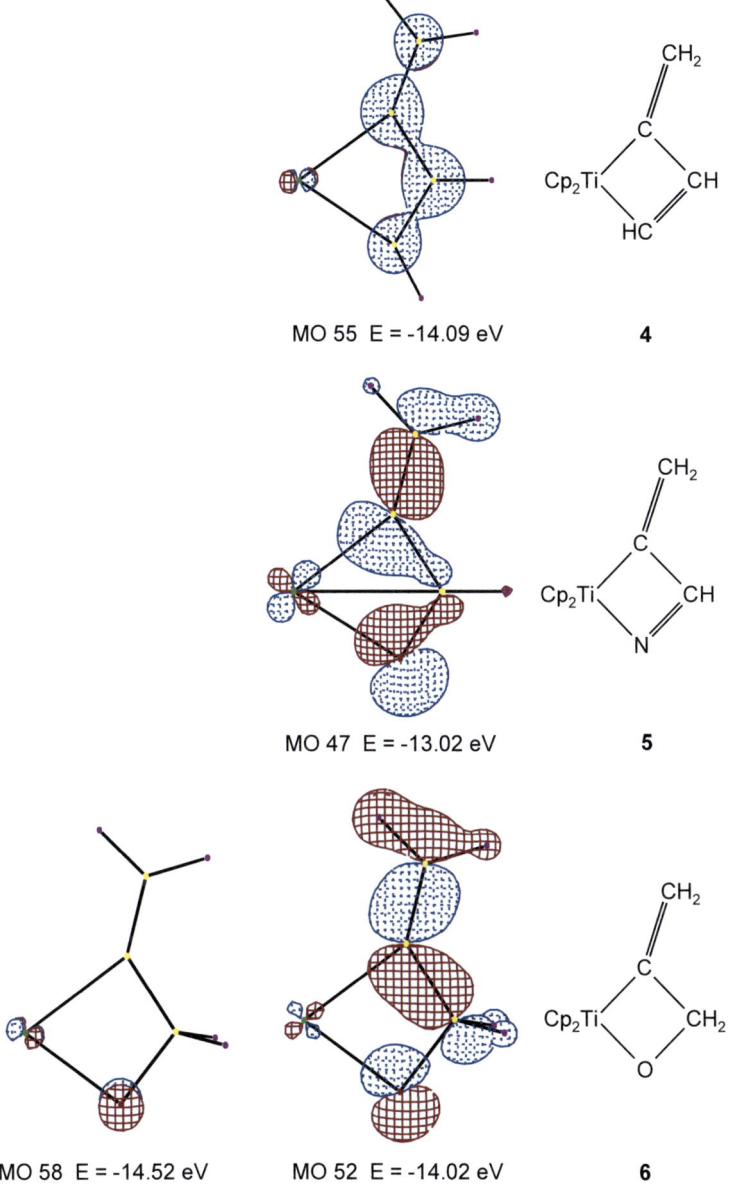

MO 55 E = -14.09 eV   **4**

MO 47 E = -13.02 eV   **5**

MO 58 E = -14.52 eV   MO 52 E = -14.02 eV   **6**

Abbildung 4-7: Molekülorbitale von **4**, **5** und **6** aus der EHT-Analyse.

4.2.5 Vergleichende Diskussion der Reaktivität der Titanacyclen

In Abhängigkeit von der Art des Heteroatoms **A** und der Orbitalsituation an diesem Atom beobachtet man unterschiedliche Folgereaktionen der Titanacyclen **III-XIII** (siehe Schema 4-9).

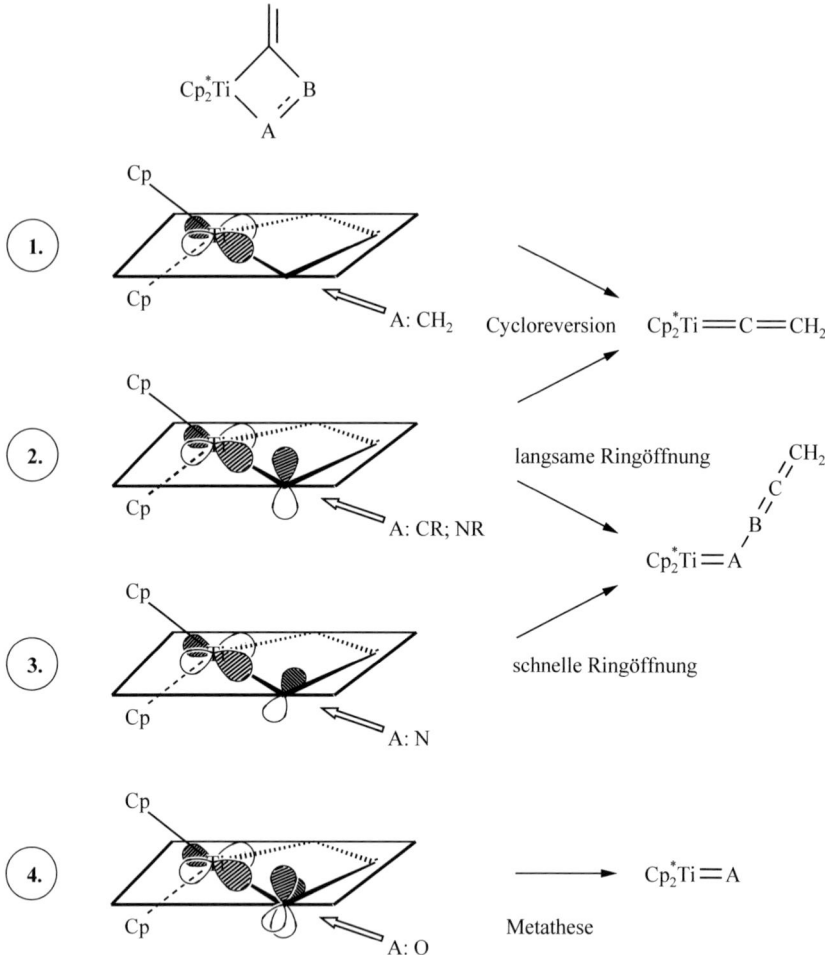

Schema 4-9: Orbitalwechselwirkungen zwischen Titanocenfragment und Atom **A** in Titanacyclobutanen und -butenen und Reaktivität dieser Verbindungen.

1. Verbindungen ohne Donororbitale am Atom A.
Im Fall der Titanacyclobutane **III** dominieren Cycloreversionen, die zum Vinyliden-intermediat **I** führen.

2. Verbindungen mit einem Donororbital am Atom A senkrecht zur Ebene zwischen den beiden Cyclopentadienylringen der Titanoceneinheit.
Bei den Titanacyclobutenen **XI** und den Azatitanacyclobutanen **XII** und **XIII** befindet sich das p_z-Orbital der Doppelbindung bei **XI** bzw. das freie Elektronenpaar am Stickstoffatom bei **XII** und **XIII** senkrecht zur Ebene zwischen den beiden Cyclopentadienylringen. Dadurch bestehen nur schwache π-Wechselwirkungen zwischen der Titanoceneinheit und dem Atom **A**. Cycloreversion oder langsame elektrocyclische Ringöffnungsreaktionen werden beobachtet. Im Falle von unsubstituierten Titanacyclobutenen **XI** beobachtet man elektrocyclische Ringöffnungsreaktionen die zur Bildung von Polyacetylen führen [20]. Die Reaktivität von Titanacyclobutenen **XI** mit Substituenten an den Atomen **A** und **B** wird hauptsächlich durch die sterischen und elektronischen Eigenschaften dieser Substituenten kontrolliert [43]. Die Azatitanacyclobutane **XII** und **XIII** sind bis zu 150 °C thermisch stabil. Oberhalb dieser Temperatur unterliegen die Azatitanacyclobutane **XII** mit R = C_6H_{11} einer Cycloreversion unter Freisetzung von Carbodiimid [8].

3. Verbindungen mit einem Donororbital am Atom A in der Ebene zwischen den beiden Cyclopentadienylringen der Titanoceneinheit.
Bei den Azatitanacyclobutenen **IX** laufen schnelle Ringöffnungsreaktionen ab, die zu formalen Insertionsprodukten von Nitrilen in die Ti-C-Bindung führen [19]. Das freie Elektronenpaar am Stickstoffatom **A** befindet sich in derselben Ebene wie das Akzeptor-orbital am Titaniumatom (siehe Schema 4-9). Diese Orbitalwechselwirkung repräsentiert eine de facto "vorgebildete" Doppelbindung und ermöglicht eine schnelle Ringöffnung, die zur Bildung von intermediär auftretenden Titanaimiden und deren Folgeprodukten führt.

4. Verbindungen mit zwei Donororbitalen am Atom A. Ein Donororbital befindet sich in der Ebene zwischen den beiden Cyclopentadienylringen der Titanoceneinheit und ein weiteres senkrecht dazu.
In den Titanaoxetanen **IV-VI** gibt es zwei freie Elektronenpaare am Atom **A**. Zwischen dem Sauerstoffatom **A** und der Metalloceneinheit existieren sehr starke bindende

Wechselwirkungen. Deshalb beobachtet man überwiegend Metathesereaktionen die unter Erhalt der Ti-O-Bindung ablaufen. Die Metathesereaktion, die zur Bildung von [Cp$_2$Ti=O] führt, ist symmetrieerlaubt und hat eine erreichbare Energiebarriere, wie oben gezeigt wurde. Bei den Oxetanen **IV-VI** beobachtet man diese Metathesereaktion im Massenspektrometer, während die nichtklassischen Oxetane **VII** die Reaktanten zurückbilden [1, 22].

4.3 Schlussfolgerungen

Die Ergebnisse von quantenmechanischen Berechnungen auf dem DFT-Niveau an einer Reihe von Titanocenkomplexen wurden diskutiert. [2+2]-Cycloadditionen des Titanocen-vinyliden-Intermediates [Cp$_2$Ti=C=CH$_2$] mit organischen π-Systemen führen zu viergliedrigen Titanacyclen. Die Übergangszustände und Reaktionsmechanismen dieser Cycloadditionsreaktionen wurden untersucht. Unpolare Reagenzien wie Alkene oder Alkine reagieren über eine [2+2]-Cycloaddition zu Titanacyclobutanen und -butenen. Im Unterschied dazu reagieren polare Reagenzien, die CO- oder CN-Gruppen enthalten, über einen Donor-Akzeptor-Komplex, der sich in den Titanacyclus umlagert.

Die Umlagerung von Titanaoxetanen mit der exocyclischen Methylengruppe in α-Stellung zum Titaniumatom in Titanaoxetane mit der exocyclischen Methylengruppe in β-Stellung wurde bisher experimentell noch nicht beobachtet. Diese Umlagerungsreaktion besitzt erreichbare Aktivierungsenergien. Ein Mechanismus für diese Reaktion wurde vorge-schlagen.

Der Einfluss der Gruppe **A** (CH$_2$, CR, NR, O, N) in Titanacyclobutanen und -butenen Cp$_2$TiC(=CH$_2$)BA wird bei der Untersuchung der elektronischen Struktur dieser Verbin-dungen verständlich. Verbindungen ohne freies Elektronenpaar an **A** in der Ebene zwi-schen den beiden Cyclopentadienylringen der Titanoceneinheit unterliegen einer Cyclo-reversion oder einer langsamen elektrocyclischen Ringöffnungsreaktion. Verbindungen mit einem freien Elektronenpaar an **A** in der Ebene zwischen den beiden Cyclopentadienyl-ringen der Titanoceneinheit unterliegen einer Metathesereaktion oder einer schnellen elektrocyclischen Ringöffnungsreaktion.

Literatur:

1   R. Beckhaus, *Angew. Chem.* **1997**, *109*, 694; *Angew. Chem. Int. Ed. Engl.* **1997**, *36*, 686.

2   R. Beckhaus, *Organic Synthesis via Organometallics (OSM 4) Methylidentitanacyclobutane vs. Titanocene-Vinylidene - Versatile Building Blocks;* in *Organic Synthesis via Organometallics,* Proceedings of the Fourth Symposium in Aachen, July 15 to 18, 1992 (Eds.: D. Enders, H.-J. Gais, W. Keim), Vieweg Verlag Braunschweig, **1993**, 131.

3   S. H. Pine, *Carbonyl Methylenation and Alkylidation using Titanium-Based Reagents;* in *Organic Reactions* (Ed.: L. A. Paquette), John Wiley & Sons, **1993**, *43*, 1.

4   R. H. Grubbs, R. H. Pine, *Comprehensive Organic Synthesis; Alkene Metathesis and Related Reactions;* in *Comprehensive Organic Synthesis* (Ed.: B. M. Trost), Pergamon, New York, **1991**, *5*, 1115.

5   K. M. Doxsee, J. B. Farahi, *J. Am. Chem. Soc.* **1988**, *110*, 7239.

6   S. Yamada, Y. Akihiro, Tosoh corporation, EP0587141 and EP 0587143.

7   R. Beckhaus, *J. Chem. Soc., Dalton Trans.* **1997**, 1991.

8   R. Beckhaus, J. Oster, J. Sang, I. Strauß, M. Wagner, *Synlett* **1997**, 241.

9   U. Böhme, R. Beckhaus, *J. Organomet. Chem.* **1999**, *585*, 179.

10   W. Tumas, J. A. Suriano, R. L. Harlow, *Angew. Chem.* **1990**, *102*, 89.

11   N. A. Petasis, D.-K. Fu, *Organometallics* **1993**, *12*, 3776.

12   K. M. Doxsee, J. K. M. Mouser, J. B. Farahi, *Synlett* **1992**, 13.

13   N. Avarvari, P. Rosa, F. Mathey, P. Le Floch, *J. Organomet. Chem.* **1998**, *567*, 151.

14   B. Schiøtt, K. A. Jørgensen, *J. Chem. Soc., Dalton Trans.* **1993**, 337.

15   K. M. Doxsee, J. B. Farahi, H. Hope, *J. Am. Chem. Soc.* **1991**, *113*, 8889.

16   K. M. Doxsee, J. B. Farahi, *J. Chem. Soc., Chem. Commun.* **1990**, 1452.

17   R. Beckhaus, C. Santamaría, *J. Organomet. Chem.* **2001**, *617-618*, 81.

18   R. Beckhaus, C. Zimmermann, T. Wagner, E. Herdtweck, *J. Organomet. Chem.* **1993**, *460*, 181.

19   R. Beckhaus, I. Strauß, T. Wagner, *Angew. Chem.* **1995**, *107*, 738; *Angew. Chem. Int. Ed. Engl.* **1995**, *34*, 688.

20   R. Beckhaus, J. Sang, T. Wagner, B. Ganter, *Organometallics* **1996**, *15*, 1176.

21   R. Beckhaus, J. Oster, T. Wagner, *Chem. Ber.* **1994**, *127*, 1003.

22   R. Beckhaus, J. Oster, *Z. Anorg. Allg. Chem.* **1995**, *621*, 359.

23   R. Beckhaus, J. Sang, T. Wagner, U. Böhme, *J. Chem. Soc., Dalton Trans.* **1997**, 2249.

24   D. B. Lawson, R. L. DeKock, *J. Phys. Chem. A* **1999**, *103*, 1627.

25   O. Eisenstein, R. Hoffmann, *J. Am. Chem. Soc.* **1981**, *103*, 5582.

26   R. J. McKinney, T. H. Tulip, D. L. Thorn, T. S. Coolbaugh, F. N. Tebbe, *J. Am. Chem. Soc.* **1981**, *103*, 5584.

27   R. Beckhaus, S. Flatau, S. Trojanov, P. Hofmann, *Chem. Ber.* **1992**, *125*, 291.

28   S. De Angelis, E. Solari, C. Floriani, A. Chiesi-Villa, C. Rizzoli, *Angew. Chem.* **1995**, *107*, 1200; *Angew. Chem. Int. Ed. Engl.* **1995**, *34*, 1092.

29   A. C. Legon, *Chem. Rev.* **1980**, *80*, 231.

30   D. J. Schwartz, M. R. Smith III, R. A. Andersen, *Organometallics* **1996**, *15*, 1446.

31   G. Hauptmann, *Organische Chemie*, VEB Deutscher Verlag für Grundstoffindustrie, Leipzig, **1985**, 216.

32   C. Liang, L. C. Allen, *J. Am. Chem. Soc.* **1991**, *113*, 1878.

33   Ein Vergleich der Strukturparameter der berechneten Verbindungen mit den Daten der Einkristall-Strukturanalysen befindet sich im Anhang.

34   D. J. Schwartz, M. R. Smith III, R. A. Andersen, *Organometallics* **1996**, *15*, 1446.

35   G. E. Herberich, C. Kreuder, U. Englert, *Angew. Chem.* **1994**, *106*, 2589; *Angew. Chem. Int. Ed. Engl.* **1994**, *33*, 2465.

36   R. Beckhaus, J. Sang, J. Oster, T. Wagner, *J. Organomet. Chem.* **1994**, *484*, 179.

37   R. Beckhaus, M. Wagner, R. Wang, *Eur. J. Inorg. Chem.* **1998**, 253.

38   F. A. Carey, R. J. Sundberg, *Advanced Organic Chemistry*, Plenum Press New York and London, 3rd Edition, **1993**, 638.

39   S. Dapprich, G. Frenking, *J. Phys. Chem.* **1995**, *99*, 9352.

40   D. V. Deubel, G. Frenking, *J. Am. Chem. Soc.* **1999**, *121*, 2021.

41   D. V. Deubel, S. Schlecht, G. Frenking, *J. Am. Chem. Soc.* **2001**, *123*, 10085.

42   D. V. Deubel, *J. Phys. Chem. A* **2002**, *106*, 431.

43   R. Beckhaus, J. Sang, U. Englert, U. Böhme, *Organometallics* **1996**, *15*, 4731.

44   H. G. Alt, H. E. Engelhardt, M. D. Rausch, L. B. Kool, *J. Organomet. Chem.* **1987**, *329*, 61.

45   K. M. Doxsee, J. J. J. Juliette, J. K. M. Mouser, K. Zientara, *Organometallics* **1993**, *12*, 4742.

46   K. C. Wallace, A. H. Liu, W. M. Davis, R. R. Schrock, *Organometallics* **1989**, *8*, 644.

47   D. W. Macomber, *Organometallics* **1984**, *3*, 1589.

48   M. M. Francl, W. J. Pietro, R. F. Hout Jr., W. J. Hehre, *Organometallics* **1983**, *2*, 815.

49   K. A. Jørgensen, B. Schiøtt, *Chem. Rev.* **1990**, *90*, 1483.

50   K. A. Jørgensen, *Chem. Rev.* **1989**, *89*, 431.

51   L. Luo, G. Lanza, I. L. Fragalà, C. L. Stern, T. J. Marks, *J. Am. Chem. Soc.* **1998**, *120*, 3111.

52   R. Beckhaus, I. Strauß, T. Wagner, P. Kiprof, *Angew. Chem.* **1993**, *105*, 281; *Angew. Chem. Int. Ed. Engl.* **1993**, *32*, 264.

53   G. S. Hammond, *J. Am. Chem. Soc.* **1955**, *77*, 334.

54   D. V. Deubel, T. Ziegler, *Organometallics* **2002**, *21*, 4432.

55   K. M. Doxsee, J. J. J. Juliette, J. K. M. Mouser, K. Zientara, *Organometallics* **1993**, *12*, 4682.

56   R. Hoffmann, *J. Chem. Phys.* **1963**, *39*, 1397.

57   R. Hoffmann, W. N. Lipscomb, *J. Chem. Phys.* **1962**, *36*, 2179.

58   R. Hoffmann, W. N. Lipscomb, *J. Chem. Phys.* **1962**, *37*, 2872.

59   J. W. Lauher, R. Hoffmann, *J. Am. Chem. Soc.* **1976**, *98*, 1729.

60   C. Mealli, D. M. Proserpio, *J. Chem. Educ.* **1990**, *67*, 399.

61   P. Politzer, F. Abu-Awwad, *Theor. Chim. Acta* **1998**, *99*, 83.

62   Eine vergleichende Diskussion der Molekülorbitale aus EHT, HF- und DFT-Berechnungen findet man in: R. Stowasser, R. Hoffmann, *J. Am. Chem. Soc.* **1999**, *121*, 3414.

5 Struktur und Reaktivität von Metallsilylenkomplexen

Übergangsmetall-Silylenkomplexe spielen eine wichtige Rolle bei verschiedenen technischen Prozessen und Synthesen im Labor. So treten diese Verbindungen z. B. als Intermediate bei der Hydrosilylierung, bei der dehydrierenden Kupplung von Silanen mit Katalysatoren der späten Übergangsmetalle, bei der Gasphasenabscheidung von Siliciden aus flüchtigen Precursoren (CVD-Prozesse), bei der Herstellung von Methylchlorosilanen im „Direktverfahren" und bei der Übertragung von Silylengruppen auf ungesättigte organische Substrate auf [1, 2]. Reagenzien mit Metall-Silicium-Mehrfachbindungen lassen darüber hinaus vielseitige neue Anwendungen erwarten, wie z. B. in Sila-Wittig-Reaktionen oder in der asymmetrischen Synthese [3].

Übergangsmetall-Silylenkomplexe weisen überraschend vielfältige Strukturen auf. Die Mehrzahl dieser Verbindungen besitzt zusätzliche, am Siliciumatom koordinierte Donor-liganden (Abbildung 5-1, **A** und **B**). Verschiedene Bis(silylen)komplexe werden ebenfalls durch einen Donorliganden unter Ausbildung einer cyclischen Struktur stabilisiert (Abbildung 5-1, **C**). Bei den Verbindungen vom Typ **D** sind zwei Übergangsmetalle und zwei Donorliganden an das Siliciumatom gebunden. Schließlich gibt es auch Übergangs-metall-Silylenkomplexe, die ohne zusätzliche Donorliganden auskommen (Abbildung 5-1, **E** und **F**). In Tabelle 5-1 sind Beispiele für Übergangsmetall-Silylenkomplexe zusammen-gestellt, von denen Einkristall-Strukturanalysen in der Literatur vorliegen.

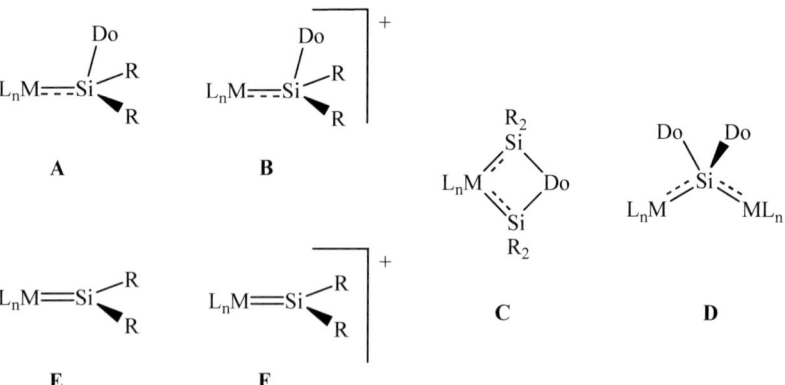

Abbildung 5-1: Allgemeine Strukturtypen von Übergangsmetall-Silylenkomplexen.

Tabelle 5-1: Beispiele für strukturell charakterisierte Übergangsmetall-Silylenkomplexe.

Donorstabilisierte Komplexe vom Typ A und B

$(OC)_5Cr=SiR_2(HMPA)$ R = Me, Cl, O-t-Bu   [4, 5]

$(OC)_5Cr=Si(o-Me_2NCH_2C_6H_4)_2$ [6]

$(OC)_5Cr=Si(o-Me_2NCH_2C_6H_4)R$ R = Ph, Cl, PPh_2, Vinyl   [6, 7]

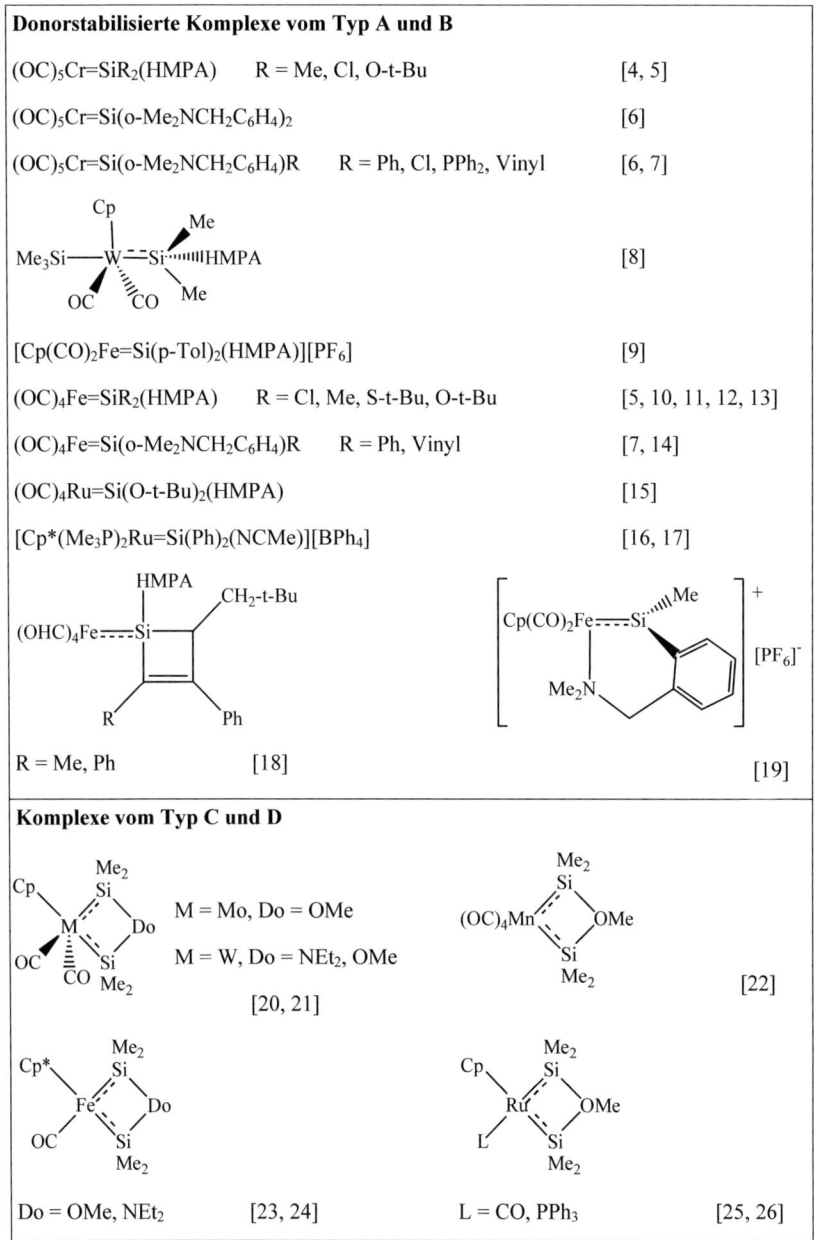

$[Cp(CO)_2Fe=Si(p-Tol)_2(HMPA)][PF_6]$ [9]

$(OC)_4Fe=SiR_2(HMPA)$ R = Cl, Me, S-t-Bu, O-t-Bu   [5, 10, 11, 12, 13]

$(OC)_4Fe=Si(o-Me_2NCH_2C_6H_4)R$ R = Ph, Vinyl   [7, 14]

$(OC)_4Ru=Si(O-t-Bu)_2(HMPA)$ [15]

$[Cp*(Me_3P)_2Ru=Si(Ph)_2(NCMe)][BPh_4]$ [16, 17]

R = Me, Ph   [18]

[19]

Komplexe vom Typ C und D

M = Mo, Do = OMe

M = W, Do = NEt_2, OMe

[20, 21]

[22]

Do = OMe, NEt_2   [23, 24]

L = CO, PPh_3   [25, 26]

Tabelle 5-1 fortgesetzt

Komplexe vom Typ E und F	
$[Cp^*(Me_3P)_2Ru=SiPh_2][CF_3SO_3]$	[17]
$[Cp^*(Me_3P)_2Ru=SiMe_2][B(C_6F_5)_4]$	[27, 28]
$Ph-B(CH_2PPh_2)_3(H_2)Ir=Si(Mesityl)_2$	[29]
$Ph-B(CH_2PPh_2)_3(H_2)Ir=Si(Mesityl)(cyclo-C_8H_{15})$	[30]
$(OC)_4M(SiN_2)_2$ M = Cr, Mo, W	[31]
$Cp_2Mo=SiN_2$	[32]
$(OC)_4Fe=SiN_2$	[31]
$(OC)_3Ru(SiN_2)_2$	[31]
$(OC)_2Ni(SiN_2)_2$	[33]
$Ni(SiN_2)_3$	[34]

$$SiN_2 = Si \begin{array}{c} N-t\text{-}Bu \\ \diagdown \\ N-t\text{-}Bu \end{array}$$

[35]

$$\begin{array}{c} PCy_2 \\ | \\ Ru \equiv SiN_2 \\ | \\ PCy_2 \end{array}$$

$(Cy_3P)_2Pt=Si(Mesityl)_2$	[36]
$[(Cy_3P)_2(H)Pt=Si(SEt)_2][BPh_4]$	[37]

Aus den in der Tabelle 5-1 zusammengestellten Beispielen kann man allgemeine Prinzipien zur Stabilisierung von Übergangsmetall-Silylenkomplexen ableiten. So werden Silylenkomplexe z. B. häufig durch zusätzliche Donorliganden stabilisiert, wobei offensichtlich Hexamethylphosphorsäuretriamid (HMPA) [38] ein besonders effektiver Ligand ist. Außerdem hat sich der intramolekular koordinierende 2-N,N-Dimethylaminomethylphenyl-Substituent (o-Me$_2$NCH$_2$C$_6$H$_4$) als wertvoll zur Stabilisierung von Silylenkomplexen erwiesen. Inwieweit bei der Koordination eines zusätzlichen Donorliganden der Charakter der Doppelbindung erhalten bleibt, wird im nächsten Abschnitt diskutiert. Weiterhin liegt das Übergangsmetall meist in einer niedrigen Oxidationsstufe vor, weshalb π-Akzeptorliganden wie CO zur Kompensation der hohen Ladungsdichte am Zentralatom günstig sind. Sterisch anspruchsvolle Liganden wie Cp* leisten sicher ebenfalls einen Beitrag zur Stabilisierung dieser Verbindungen. Silylenkomplexe ohne zusätzliche Donorliganden sind bisher nur von späten Übergangsmetallen wie Ru, Pt und Ir bekannt. Eine Sonderstellung nehmen die Silylenkomplexe mit dem 1,3-Di-t-butyl-1,3-diaza-2-silacyclo-pent-4-en-2-yliden-Substitenten ein. Dieser ist in Tabelle 5-1 mit „SiN$_2$" bezeichnet und besitzt eine enge strukturelle Verwandtschaft mit 1,3-Di-organyl-1,3-diazacyclopent-4-en-2-yliden (siehe Abbildung 5-1). Diese Verbindung und davon abgeleitete Derivate bilden stabile Carbene [39, 40, 41] und Silylene [42, 43, 44]. Zu den besonderen elektronischen Eigenschaften dieser Verbindungen gibt es umfangreiche Untersuchungen [45, 46], weshalb an dieser Stelle nicht weiter darauf eingegangen werden soll.

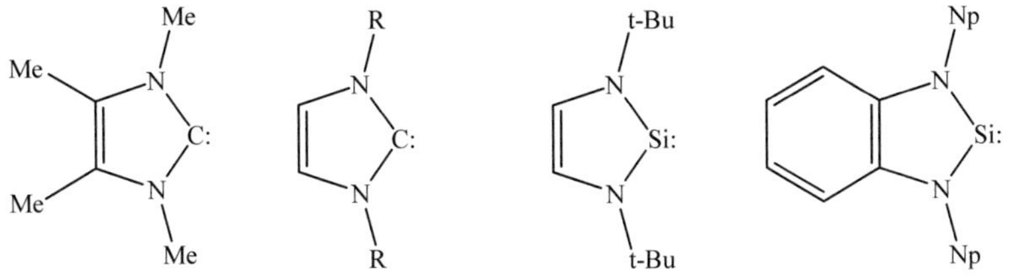

R = Adamantyl, Mesityl,   Np = Neopentyl
Ph, p-Cl-C$_6$H$_5$

Abbildung 5-2: Beispiele für stabile Carbene und Silylene.

Das Reaktionsverhalten von Silylenkomplexen ist vielfältig und aufgrund der möglichen Anwendungen auch von praktischem Interesse [47]. Folgende Reaktionen wurden bereits untersucht und in der chemischen Literatur beschrieben:

a) Addition von Nukleophilen HX (Wasser, Alkohole, HCl) und von Wasserstoff

b) Dimerisierung

c) Reaktionen mit polaren ungesättigten Molekülen

d) Reaktionen mit Hydrosilanen

e) Reaktionen mit Chloralkanen

f) Dissoziation der Silyleneinheit und Folgereaktionen

g) C-H-Bindungsaktivierung durch die M=Si-Bindung

h) 1,3-Organylübertragung bei Silyl(silylen)komplexen

i) 1,2-Organylübertragung bei Silylenkomplexen.

Der nukleophile Angriff von Wasser führt primär zur Addition der OH-Gruppe an das Siliciumatom und Addition des Protons am Übergangsmetallatom (1,2-Addition von

Wasser an die M=Si-Bindung). Da die entstehenden Hydroxysilylkomplexe im Allgemeinen recht reaktiv sind, erhält man meist komplexe Produktgemische, in denen Siloxane nachweisbar sind. In einigen Fällen wurden die entstandenen Produkte charakterisiert [17, 32, 36, 48]. Die Reaktion mit Alkoholen führt entweder zur Bildung von Alkoxyhydridosilanen [36, 49, 14, 50] oder über eine 1,2-Addition an die M=Si-Bindung zu Alkoxy-(hydrido)silylkomplexen [48, 51, 52]. Die Reaktion mit Alkoholen wird als Nachweis für intermediär auftretende Übergangsmetall-Silylenkomplexe verwendet [53, 54, 55, 56]. Additionsreaktionen mit den Reagenzien HCl und H_2 wurden an wenigen Beispielen untersucht. So reagiert der basestabilisierte Silylenkomplex Cp*(OC)$_2$HW=SiPh$_2$(Pyridin) unter schneller 1,2-Addition mit HCl [57]. Der Platin(0)-Silylen-Komplex (Cy$_3$P)$_2$Pt=Si(Mesityl)$_2$ addiert Wasserstoff bei Normaldruck, wobei der Hydrido(silyl)platin(II)-Komplex trans-H(Cy$_3$P)$_2$Pt-Si(Mesityl)$_2$H entsteht [36]. Für die Reaktion wurde ein Mechanismus vorgeschlagen, bei dem zunächst eine oxidative Addition des Wasserstoffmoleküls an das Platin erfolgen sollte. Danach soll eine 1,2-Hydridübertragung auf den Silylenliganden ablaufen. In Konkurrenz zur Bildung des Hydrido(silyl)platin(II)komplexes erfolgt die Zersetzung der Ausgangsverbindung unter Bildung von trans-(Cy$_3$P)$_2$PtH$_2$ und Freisetzung des Bis(mesitylen)silylens.

Bei einigen Übergangsmetall-Silylenkomplexen wurde Dimerisierung beobachtet. So führt z. B. das Erhitzen der Verbindungen (OC)$_4$Fe=SiR$_2$(HMPA) (R = Cl, Me, S-t-Bu, O-t-Bu) im Hochvakuum zur Abspaltung von HMPA und Bildung der dimeren Disiladiferracyclobutane [2]. Für Reaktionen mit polaren ungesättigten Molekülen sind nur wenige Beispiele bekannt. So ergibt die Reaktion von [Cp*(Me$_3$P)$_2$Ru=SiPh$_2$(NCMe)]$^+$ mit enolisierbaren Ketonen (R-C(=O)-CH$_3$) den Acetonitril-Komplex [Cp*(Me$_3$P)$_2$Ru(NCMe)]$^+$ und Silylenolether in quantitativer Ausbeute [49]. Obwohl bei dieser Reaktion keine Intermediate beobachtet wurden, nehmen die Autoren an, dass die Reaktion durch die Koordination der Carbonylverbindung am elektronenarmen Siliciumatom des Silylens eingeleitet wird (Gleichung 5-1).

$$\left[\begin{array}{c} Cp^* \quad NCMe \\ Ru \text{---} Si^{\text{''}\backslash Ph} \\ Me_3P \quad PMe_3 \quad Ph \end{array} \right]^+ \quad + \quad O\!\!=\!\!\underset{CH_3}{\overset{R'}{<}} \quad \xrightarrow{-\ NCMe} \quad \left[\begin{array}{c} Cp^* \quad O\!\!=\!\!C(CH_3)R \\ Ru \text{---} Si^{\text{''}\backslash Ph} \\ Me_3P \quad PMe_3 \quad Ph \end{array} \right]^+$$

$+$ NCMe

Gleichung 5-1 $$\left[\begin{array}{c} Cp^* \\ Ru \text{---} NCMe \\ Me_3P \quad PMe_3 \end{array} \right]^+ \quad + \quad \underset{SiPh_2H}{\overset{O \quad \diagup R'}{|}}\!\!\diagdown CH_2$$

Die Reaktion von Methylisocyanat mit dem Silylenrutheniumkomplex $[Cp^*(Me_3P)_2Ru\!\!=\!\!Si(S\text{-}p\text{-}Tolyl)_2]^+$ führt über eine 1,2-dipolare Addition der Isocyanat-Einheit an die Silicium-Schwefel-Bindung in glatter Reaktion zu dem in Gleichung 5-2 dargestellten Produkt [58]. Der erhaltene Silylenkomplex wird durch intramolekulare Donor-Akzeptor-Wechselwirkungen stabilisiert. Im Gegensatz dazu verläuft die Umsetzung des Silylenrutheniumkomplexes $[Cp^*(Me_3P)_2Ru\!\!=\!\!SiMe_2]^+$ mit Methyl- oder Phenylisocyanat in einer schnellen und quantitativen Reaktion zur Bildung des [2+2]-Cycloadditionsproduktes (Gleichung 5-3) [58].

$$\left[\begin{array}{c} Cp^* \\ Ru \!\!=\!\! Si^{\text{''}\backslash R} \\ Me_3P \quad PMe_3 \quad R \end{array} \right]^+ \quad + \text{ Me-N}\!\!=\!\!C\!\!=\!\!O \quad \longrightarrow \quad \left[\begin{array}{c} Cp^* \quad R \quad O \\ Ru \!\!=\!\! Si \qquad R \\ Me_3P \quad PMe_3 \quad N \\ Me \end{array} \right]^+$$

R = S-p-Tolyl

$$\left[\begin{array}{c} Cp^* \quad R \quad O \\ Ru \!\!=\!\! Si \qquad R \\ Me_3P \quad PMe_3 \quad N \\ Me \end{array} \right]^+$$

Gleichung 5-2

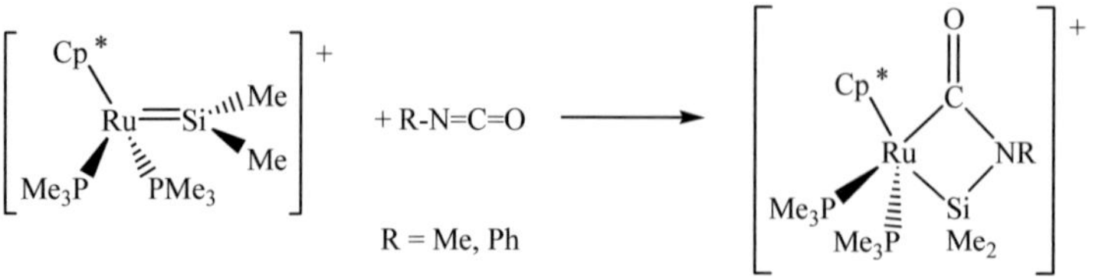

Gleichung 5-3

Reaktionen mit Hydrosilanen führen hauptsächlich zur Bildung von Silylenaustausch-produkten. So wurden z.B. die Reaktionen von $Cp^*(OC)_2HW=SiPh_2(Pyridin)$ mit $MePhSiH_2$ [59] und eines Bis(silylen)eisenkomplexes mit $(Me_3Si)_3SiH$ untersucht [60], welche in Gleichung 5-4 und Gleichung 5-5 dargestellt sind. Zwischen einer der Si-H-Bindungen und der Metall-Silicium-Bindung entsteht vermutlich ein viergliedriger Über-gangszustand, welcher die Übertragung des Hydridions auf die metallgebundene Silylen-gruppe ermöglicht.

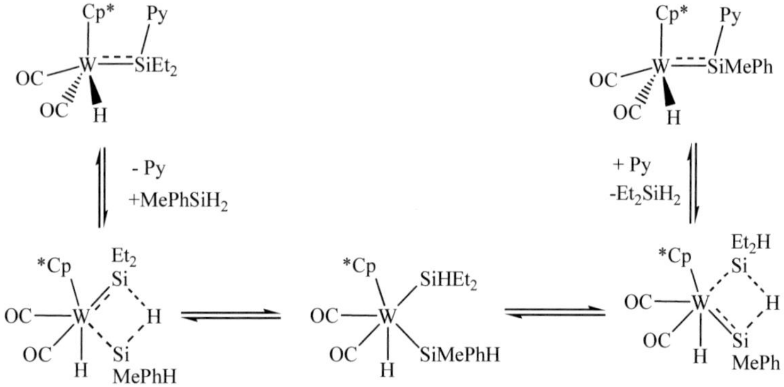

Gleichung 5-4

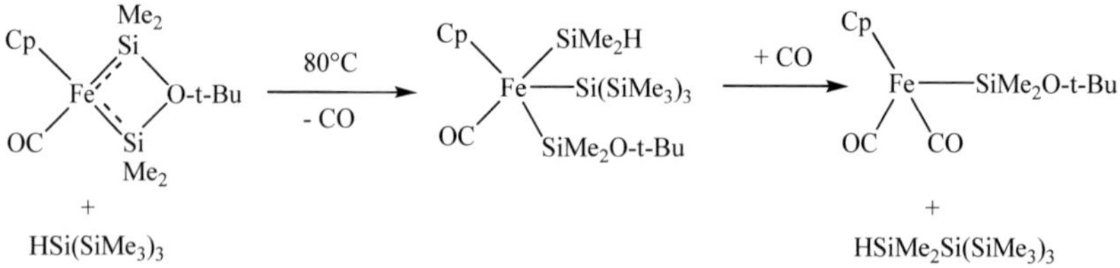

Gleichung 5-5

Die Reaktion von Silylenkomplexen mit Chloralkanen ist von technischem Interesse, da man vermutet, dass beim Müller-Rochow-Verfahren („Direktverfahren") auf der Oberfläche des Siliciums Silylenfragmente gebildet werden, die dann mit Chloralkanen zu den Zielprodukten reagieren [61, 62]. Deshalb könnten Silylenkomplexe geeignete Modellverbindungen für oberflächengebundene Silylenfragmente sein. Das Auflösen von $[Cp*(Me_3P)_2Os=SiMe_2][B(C_6F_5)_4]$ in Methylenchlorid ergibt zunächst ein komplexes Gemisch von Reaktionsprodukten, einschließlich paramagnetischer Spezies [63]. Bei sofortiger Zugabe des Reduktionsmittels Cp_2Co zu dieser Mischung erhält man $Cp*(Me_3P)_2OsSiMe_2Cl$ als Hauptprodukt. Der von Tilley et al. vorgeschlagene Mechanismus beinhaltet einen radikalischen Schritt, bei dem das Silylen ein Chloratom aus dem Methylenchlorid abstrahiert, wobei das Osmium von der Oxidationsstufe +2 zu +3 oxidiert wird [63]. Dabei entsteht $[Cp*(Me_3P)_2OsSiMe_2Cl]^+$ als paramagnetisches Zwischenprodukt, dieses wird dann durch Cp_2Co reduziert.

Eine weitere typische Reaktion der Silylenkomplexe ist die thermisch oder fotochemisch induzierte Abspaltung der Silyleneinheit. So führt z.B. das Erwärmen von $(OC)_4Fe=SiR_2(HMPA)$ (R = Me, O-t-Bu) auf 120°C zur Abspaltung des HMPA und Bildung von $Fe_3(CO)_{12}$ und Polysilanen [11]. Bei fotochemischer Aktivierung in Gegenwart von Triphenylphosphin werden die axialen Liganden CO und Silylen schrittweise ersetzt und das frei werdende Silylen bildet Polysilane (Gleichung 5-6) [11]. Die thermische oder fotochemische Abspaltung der Silyleneinheit gelingt auch mit verschiedenen anderen Silylenkomplexen. Das entstehende Silylen wurde mit verschiedenen Abfangreagenzien nachgewiesen. So führen Reaktionen in Gegenwart von Dimethylbutadien zu Silacyclopentenderivaten, in Gegenwart von Alkinen zu Silacyclopentadienen und in Gegenwart von Alkoholen zu Alkoxysilanen [12, 14].

Gleichung 5-6

Ruthenium-Silicium-Doppelbindungen sind in der Lage intramolekular C-H-Bindungen zu aktivieren. Das Erhitzen einer Lösung des methoxyverbrückten Bis(silylen)rutheniumkomplexes $Cp(Ph_3P)Ru(SiMe_2)_2(\mu\text{-}OMe)$ auf 130°C führt z. B. zur intramolekularen

Aktivierung einer ortho-ständigen C-H-Bindung des Triphenylphosphanliganden (Gleichung 5-7) [64].

Gleichung 5-7

Bei Übergangsmetall-Oligosilanen wurden Umlagerungsreaktionen der Silylgruppen beobachtet, bei denen die intermediär gebildeten Silyl(silylen)komplexe 1,3-Verschiebungen von Organylresten unterliegen [65]. Eine typische Reaktionssequenz ist im Schema 5-1 dargestellt. Der vorgeschlagene Mechanismus für diese Reaktionen umfasst vier Schritte:

- die fotochemische Abspaltung eines CO-Liganden,
- eine 1,2-Silylgruppenübertragung unter Ausbildung eines Silyl(silylen)komplexes,
- eine 1,3-Organylgruppen-Übertragung auf die Silylengruppe,
- die Abspaltung des Silylenrestes verbunden mit erneuter Koordination von CO.

Eine 1,2-Wanderung von Alkylresten vom Übergangsmetall zum Silylenrest wurde für einige Übergangsmetall-Silylenkomplexe beobachtet [66, 67, 68, 69]. Ein Beispiel ist in Gleichung 5-8 angeführt [67].

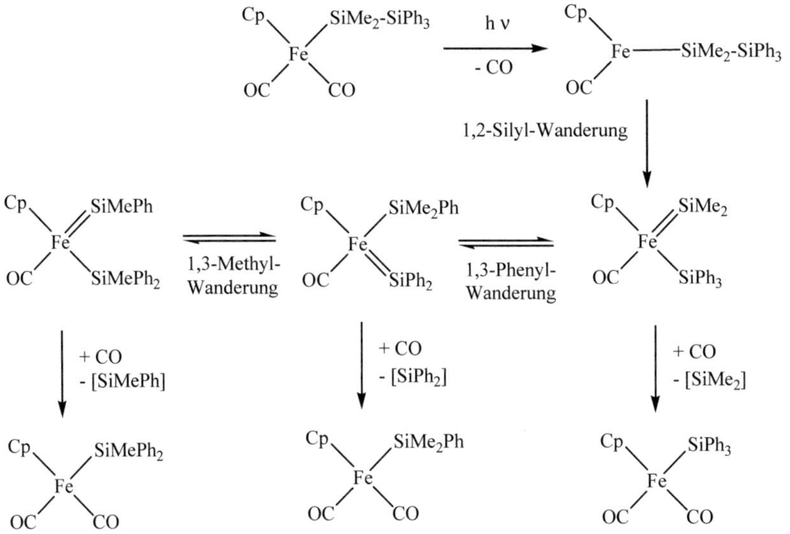

$$\text{Cp} \diagdown \underset{OC}{\overset{|}{Fe}} \diagup ^{SiMe_2\text{-}SiPh_3}_{CO} \xrightarrow[-\,CO]{h\nu} \text{Cp} \diagdown \underset{OC}{\overset{|}{Fe}}\!\!-\!\!SiMe_2\text{-}SiPh_3$$

1,2-Silyl-Wanderung

$$\text{Cp} \diagdown \underset{OC}{\overset{\|}{Fe}} \diagup ^{SiMePh}_{SiMePh_2} \;\underset{\text{Wanderung}}{\overset{\text{1,3-Methyl-}}{\rightleftharpoons}}\; \text{Cp} \diagdown \underset{OC}{\overset{\|}{Fe}} \diagup ^{SiMe_2Ph}_{SiPh_2} \;\underset{\text{Wanderung}}{\overset{\text{1,3-Phenyl-}}{\rightleftharpoons}}\; \text{Cp} \diagdown \underset{OC}{\overset{\|}{Fe}} \diagup ^{SiMe_2}_{SiPh_3}$$

| + CO | + CO | + CO |
| - [SiMePh] | - [SiPh$_2$] | - [SiMe$_2$] |

$$\text{Cp} \diagdown \underset{OC}{\overset{|}{Fe}} \diagup ^{SiMePh_2}_{CO} \qquad \text{Cp} \diagdown \underset{OC}{\overset{|}{Fe}} \diagup ^{SiMe_2Ph}_{CO} \qquad \text{Cp} \diagdown \underset{OC}{\overset{|}{Fe}} \diagup ^{SiPh_3}_{CO}$$

Schema 5-1: 1,3-Verschiebungen von Organylresten in Silyl(silylen)komplexen nach [65].

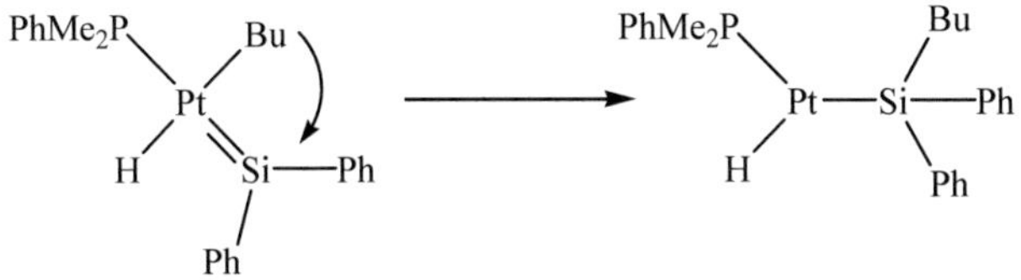

$$\underset{H}{\overset{PhMe_2P}{\diagdown}}\!\!\underset{}{Pt}\!\!\underset{Ph}{\overset{Bu}{\diagup}}\!\!Si\!-\!Ph \longrightarrow \underset{H}{\overset{PhMe_2P}{\diagdown}}\!\!Pt\!-\!\underset{Ph}{\overset{Bu}{Si}}\!-\!Ph$$

Gleichung 5-8

Die in den vorangegangenen Abschnitten diskutierten Reaktionen von Übergangsmetall-Silylenkomplexen sind in nachfolgendem Schema noch einmal zusammengefasst.

Aus den aufgeführten Reaktionen ergibt sich nun die Frage, warum bisher kaum Cyclo-additionsreaktionen von Übergangsmetall-Silylenkomplexen bekannt sind. Einerseits führt die extrem hohe Reaktivität dieser Verbindungen dazu, dass bevorzugt Additions-reaktionen mit allen verfügbaren Nukleophilen ablaufen. Andererseits gibt es eine Vielfalt anderer Reaktionen, die zu stabileren Verbindungen führen können, im einfachsten Fall die Dimerisierung. Im nachfolgenden Kapitel sollen an ausgewählten Beispielen mögliche Cycloadditionsreaktionen untersucht werden.

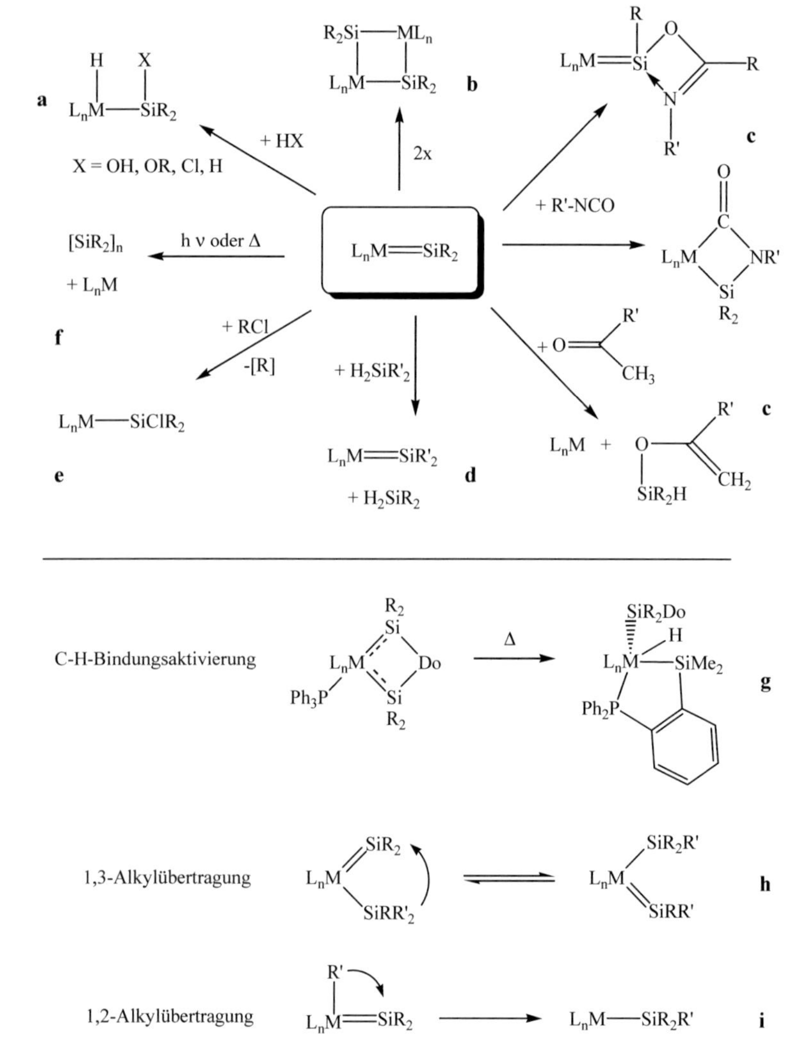

Schema 5-2: Reaktionen von Übergangsmetall-Silylenkomplexen. Bezeichnungen **a** bis **i** entsprechend der Aufzählung auf Seite 175.

5.1 Tetracarbonyl(diorganosilylen)eisen

Für die Erzeugung von Silylenkomplexen des Tetracarbonyleisens gibt es zwei alternative Synthesewege (Schema 5-3). Zum einen die Umsetzung von $Na_2Fe(CO)_4$ mit Dichlorodiorganosilanen in Gegenwart von HMPA und zum anderen kann man das Carbonylatanion in situ durch Deprotonierung von $H_2Fe(CO)_4$ mit Triethylamin erzeugen und dieses sofort mit Dichlorodiorganosilanen weiter umsetzen [2].

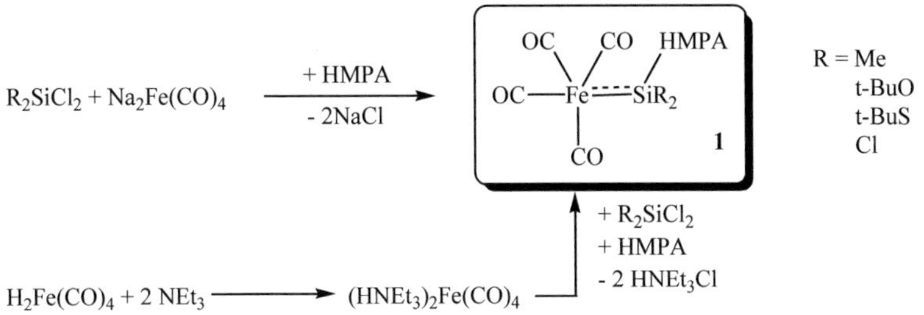

Schema 5-3: Synthese von $(OC)_4FeSiR_2 \bullet HMPA$.

Die so erzeugten Silylenkomplexe des Tetracarbonyleisens werden durch HMPA stabilisiert. Einige typische Reaktionen von $(OC)_4FeSiR_2 \bullet HMPA$ sind im Schema 5-4 zusammengefasst. Die Umsetzung von $(OC)_4FeSiCl_2 \bullet HMPA$ mit einem weiteren Äquivalent $Na_2Fe(CO)_4$ führt zur Bildung des Komplexes $(OC)_4FeSiFe(CO)_4 \bullet 2HMPA$, in dem ein formal nullwertiges Siliciumatom vorliegt (a in Schema 5-4) [70]. Die fotochemische oder baseinduzierte Abspaltung des Silylenrestes zieht verschiedene Folgereaktionen nach sich. So erhält man bei fotochemischer Aktivierung von 1 in Gegenwart von 2,3-Dimethylbutadien 3,4-Dimethyl-1-silacyclopentene und Butadienkomplexe des Tricarbonyleisens (b) als Abfangprodukte [4]. Das 3,4-Dimethyl-1-silacyclopenten stellt das Produkt einer formalen [4+1]-Cycloaddition dar. Die Fotolyse von 1 in Gegenwart von Triphenylphosphan ergibt zunächst einen trans-Phosphin-Silylenkomplex. In einem weiteren Schritt erfolgt die Abspaltung des Silylenrestes unter Bildung von trans-$(OC)_3Fe(PPh_3)_2$ (c). Die abgespaltenen Silylenreste bilden in Abwesenheit von Abfangreagenzien kettenförmige Polymere mit niedriger Molmasse. Diese wurden durch NMR-Spektroskopie und Massenspektrometrie nachgewiesen [2]. Die Möglichkeit der Freisetzung des reaktiven Silylens rechtfertigt auch die Bezeichnung „Silylenoid" für die Verbindungen vom Typ **1**. Das Erhitzen von $(OC)_4FeSiMe_2\bullet HMPA$ auf 110°C bei 10^{-2} kPa führt zur Abspaltung von HMPA und der Bildung des dimeren Komplexes $[(OC)_4FeSiR_2]_2$ (**d**). Fortgesetztes Erhitzen des Dimeren auf 150°C führt zur Zersetzung des Komplexes unter Bildung von Polysilanen und einem Gemisch aus verschiedenen Eisencarbonyl-clustern (**e**) [4]. Die Dimerisierung zum Diferradisilacyclobutan ist die einzige bekannte [2+2]-Cycloaddition von **1**.

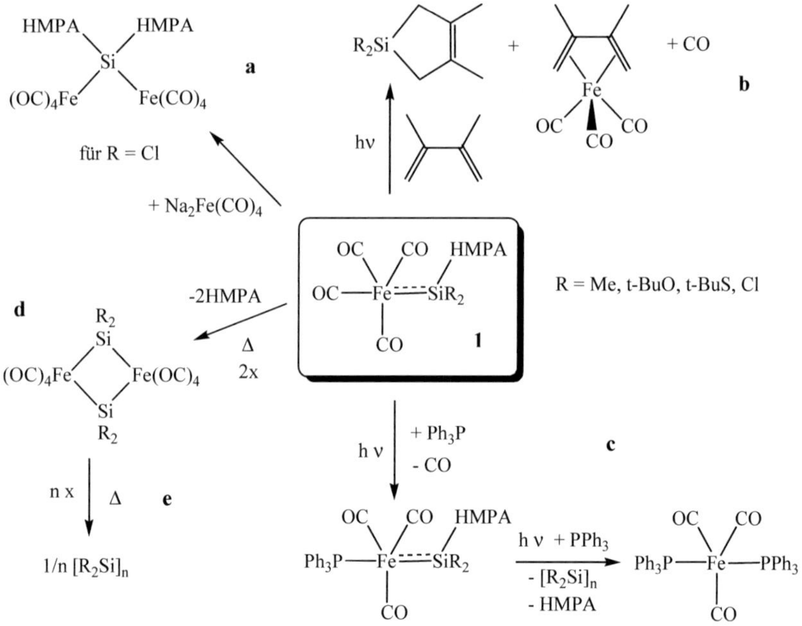

Schema 5-4: Reaktionen von $(OC)_4FeSiR_2\bullet HMPA$.

5.1.1 Elektronische Eigenschaften von $(OC)_4Fe=SiMe_2\bullet Donor$

$(OC)_4Fe=SiMe_2$ ist nur in Form von Addukten mit geeigneten Donorliganden stabil. Neben dem häufig zur Stabilisierung von Silylenkomplexen verwendeten HMPA werden auch andere Liganden wie THF oder 2-N,N-Dimethylaminomethylphenyl-Derivate genutzt [71]. Die Moleküle $(OC)_4FeSiMe_2\bullet Donor$ mit Donor = HMPA (**1**), NMe_3 (**2**) und THF (**3**) sowie $(OC)_4FeSiMe_2$ (**4**) wurden mit der B3LYP-Methode optimiert. Die optimierten Geometrien von **1** bis **4** sind in Abbildung 5-3 bis Abbildung 5-5 zusammengestellt.

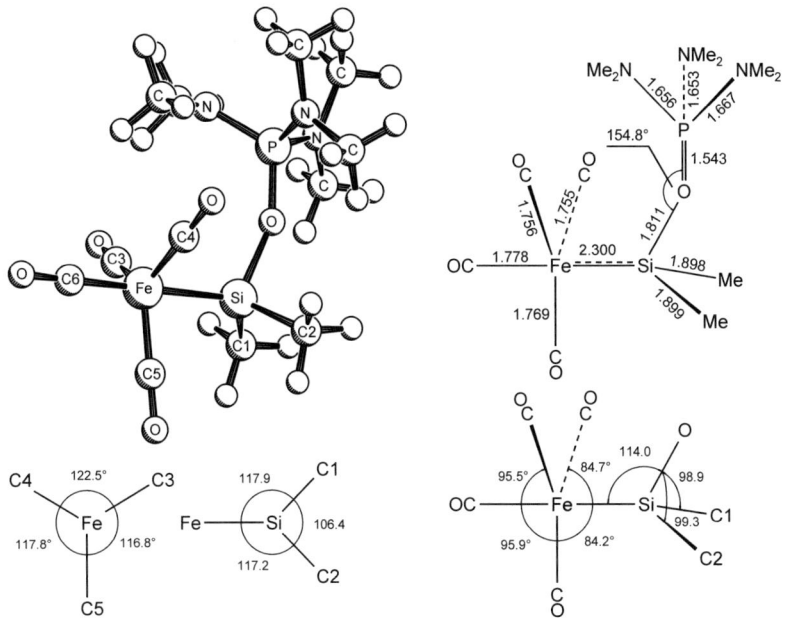

Abbildung 5-3: Optimierte Geometrie von **1** (Bindungslängen in Å, Winkel in °).

Für das HMPA-Addukt **1** ist ein Vergleich der optimierten Geometrie mit den Daten der Einkristall-Stukturanalyse möglich (siehe Tabelle 5-2). Die Verbindung **1** kristallisiert in der Raumgruppe P2$_1$/n mit zwei kristallographisch unabhängigen Molekülen in der Elementarzelle, weshalb bei den kristallographischen Strukturparametern in der Tabelle immer zwei Werte angegeben sind.

Tabelle 5-2: Vergleich der optimierten Geometrie von $(OC)_4FeSiMe_2 \bullet HMPA$ (**1**) mit den Daten der Einkristall-Stukturanalyse (Bindungslängen in Å und Winkel in °) [4].

	Strukturanalyse	optimierte Geometrie
Fe-Si	2.280(1) / 2.294(1)	2.30
Si-C	1.862(5) / 1.855(5)	1.898 / 1.899
	1.866(5) / 1.858(5)	
Si-O	1.735(3) / 1.731(3)	1.811
Fe-C(ax)	1.792(6) / 1.783(5)	1.778
Fe-C(äq)	1.753(5) bis 1.764(6)	1.755 / 1.756 / 1.769
O-P	1.528(3) /1.520(3)	1.543
P-N	1.607(4) bis 1.629(4)	1.653 / 1.656 / 1.667
Fe-Si-O	110.4(1) / 109.6(1)	114.0
Fe-Si-C1	115.5(2) / 116.8(2)	117.2 / 117.9
Fe-Si-C2	115.6(2) / 115.2(2)	
O-Si-C1	102.3(2) / 101.8(2)	98.9 / 99.3
O-Si-C2	103.6(2) / 104.1(2)	
C1-Si-C2	107.9(2) / 107.8(2)	106.4

Die Fe-Si-, Si-C- und Si-O-Bindungen sind in der optimierten Struktur etwas länger als in der Festkörperstruktur. Die größte Abweichung von 0.08 Å tritt bei der Si-O-Bindung auf. Der Bindungswinkel Fe-Si-O ist in der Strukturanalyse etwa 4° kleiner als in der optimierten Geometrie. Die übrigen Bindungswinkel am Siliciumatom zeigen ähnliche Abweichungen. Es wird jedoch eine übereinstimmende Tendenz zwischen der Geometrie im Festkörper und der optimierten Geometrie deutlich: Die Koordination des HMPA-Moleküls am Siliciumatom führt zu einer leichten Abwinkelung der Methylgruppen am Siliciumatom und damit zu einer verzerrt tetraedrischen Anordnung. Die Winkel Fe-Si-C1, Fe-Si-C2 und Fe-Si-O sind alle größer als 109.4°, das bedingt zwischen den Atomen Si, O, C1 und C2 Winkel, die kleiner sind als der ideale Tetraederwinkel. Ähnlich verzerrte Tetraedergeometrien findet man bei den Donor-Addukten **2** und **3**. Die Koordinationsgeometrie am Eisenatom soll ebenfalls am Beispiel der Verbindung **1** besprochen werden. Das Eisenatom ist trigonal bipyramidal koordiniert. Die Bindungslänge vom Eisenatom zum axialen Kohlenstoffatom ist größer als die zu den äquatorial koordinierten CO-Liganden. Die Winkel C(äquatorial)-Fe-Si sind kleiner und die Winkel C(axial)-Fe-

C(äquatorial) größer als 90°. Damit sind die äquatorialen CO-Liganden etwas zum Siliciumatom hin geneigt. Durch die Koordination des HMPA-Moleküls findet außerdem eine Aufweitung des Winkels zwischen den benachbarten äquatorialen CO-Liganden (C3-Fe-C4) auf 122.5° statt. Die gleiche leicht verzerrte Koordinationsgeometrie findet man bei der Einkristall-Strukturanalyse von **1**.

Die Verbindungen **2** und **3** haben ganz ähnliche Koordinationsgeometrien um das Silicium- und das Eisenatom herum und sind zum Vergleich in Abbildung 5-4 abgebildet.

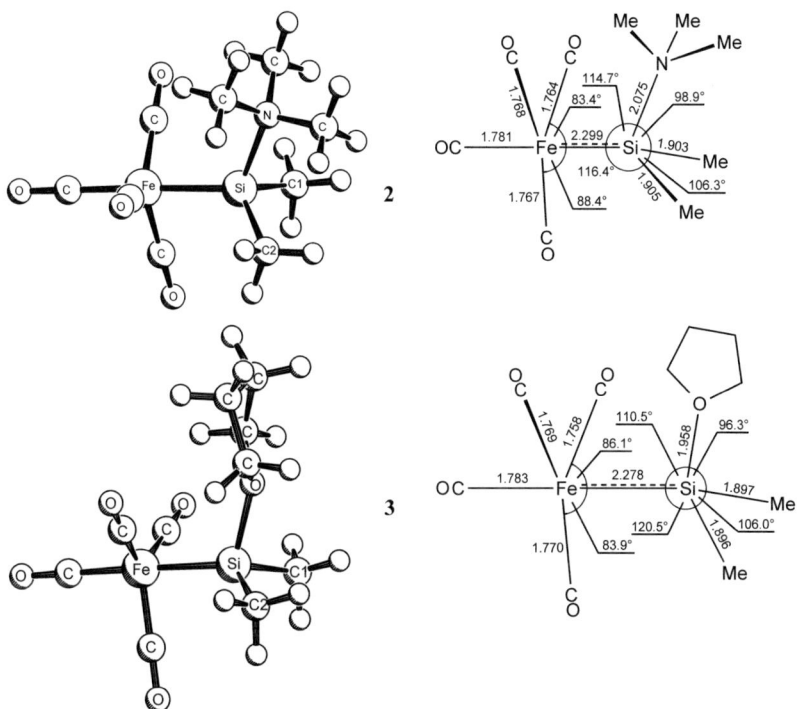

Abbildung 5-4: Optimierte Geometrien von **2** und **3** (Bindungslängen in Å, Winkel in °).

Mit Hilfe der CDA wurden die Bindungsverhältnisse zwischen den Liganden HMPA, NMe$_3$ bzw. THF und dem $(OC)_4FeSiMe_2$-Fragment untersucht. Die Ergebnisse der CDA sind in der Tabelle 5-3 zusammengefasst. Tatsächlich wirken HMPA, NMe$_3$ und THF hauptsächlich als Donorliganden und übertragen zwischen 0.362 bis 0.549 Elektronen auf das $(OC)_4FeSiMe_2$-Fragment. Die Donorwirkung der Liganden nimmt in der Reihenfolge HMPA > NMe$_3$ ≈ THF ab. Die Rückbindung ist in allen drei Fällen äußerst schwach ausgeprägt. Der Restterm Δ ist bei den drei Verbindungen nahezu Null, somit liegt eine Wechselwirkung von closed-shell-Fragmenten vor und die Verbindungen können als Donor-Akzeptor-Komplexe betrachtet werden.

Tabelle 5-3: Ergebnisse der CDA von **1** bis **3**.

Molekül	d	b	r	Δ
$(OC)_4FeSiMe_2\bullet HMPA$ (**1**)	0.549	0.091	-0.346	-0.002
$(OC)_4FeSiMe_2\bullet NMe_3$ (**2**)	0.374	0.089	-0.412	0.004
$(OC)_4FeSiMe_2\bullet THF$ (**3**)	0.362	0.059	-0.318	0.003

(**d** – Donorbindung; **b** – Rückbindung; **r** - repulsive Polarisierung; Δ - Restterm)

5.1.2   Elektronische Eigenschaften von $(OC)_4Fe=SiMe_2$

Wie ändern sich nun die Bindungsverhältnisse zwischen dem Eisen- und dem Silicium-atom beim Übergang vom donorstabilisierten Komplex **1** zum freien Eisen-Silylenkomplex **4**? Mit Hilfe der NBO-Analyse wurde versucht, eine Antwort auf diese Frage zu finden. Dazu wurde zunächst die Geometrie des freien Eisen-Silylenkomplexes **4** optimiert. Die optimierte Struktur von **4** ist in Abbildung 5-6 dargestellt. Die Bindungslänge Fe-Si ist gegenüber der in den Donorkomplexen deutlich verkürzt und beträgt in **4** nur noch 2.194 Å. Das Entfernen des Donorliganden führt zu einer Planarisierung der Substituenten am Siliciumatom und einer Umlagerung der CO- Liganden. Letztere kann zwanglos mit einer Berry-Pseudorotation erklärt werden [72]. Die Dimethylsilylgruppe befindet sich dadurch in äquatorialer Position am trigonal bipyramidal koordinierten Eisenatom. Während in den Donorkomplexen **1-3** eine lokale C_{3v}-Symmetrie um das Eisenatom herum vorliegt, besitzt das Molekül **4** somit C_{2v}-Symmetrie. Mit der NBO-Analyse wurde versucht, den Verbindungen **1** und **4** Strukturformeln nach Lewis [73] zuzuordnen. Die wichtigsten Ergebnisse dieser Analysen sind in Tabelle 5-4 zusammengefasst.

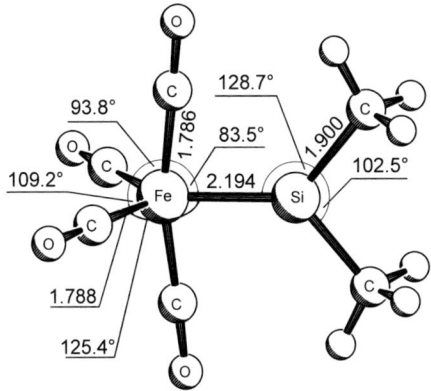

Abbildung 5-5: Optimierte Geometrie von **4** (Bindungslängen in Å, Winkel in °).

Tabelle 5-4: Ergebnisse der NBO-Analyse von **1** und **4**.

	q (Fe)	q (Si)	BO	Occ	%Fe	AO von Fe (%)				AO von Si (%)		
						s	p	d	f	s	p	d
1	-0.64	1.56	0.39	σ 1.75	67.9	8.2		91.8		35.5	64.3	0.2
				π -								
4	-0.63	1.19	0.65	σ 1.34	19.1	28.0	11.7	60.0	0.3	40.0	59.8	0.2
				π 1.78	84.4			100			99.4	0.6

(**q** – Ladung des Atoms, **BO** –Wiberg-Bindungsindex, **Occ** – Besetzung der Bindungen, **%Fe** –Anteil des Eisenatoms am Molekülorbital in %, **AO** – an den Bindungen beteiligte Atomorbitale)

Während die Ladung am Eisenatom in den Verbindungen **1** und **4** nahezu identisch ist, findet man in **1** eine stärker positive Ladung am Siliciumatom vor (Tabelle 5-4). Vermutlich führen die deutlich längere Fe-Si-Bindung und die Pyramidalisierung des Silicium- atoms dazu, dass weniger Elektronendichte an diesem Atom vorhanden ist. Die Bindungs- ordnung zwischen Eisen- und Siliciumatom beträgt in **1** nur 0.39. Das Entfernen des Donorliganden HMPA führt zu einer Erhöhung der Bindungsordnung auf 0.65. Dies ist allerdings noch weit von der formal zu erwartenden Bindungsordnung von 2 entfernt! Im Donor-Akzeptor-Komplex **1** liegt lediglich eine σ-Bindung vor, die zu 67.9 % am Eisen- atom lokalisiert ist. Dabei tritt ein sd-Hybridorbital vom Eisenatom mit einem sp^2-Hybrid- orbital vom Siliciumatom in Wechselwirkung. Das Siliciumatom bildet zwei weitere

Bindungen über die sp^2-Hybridorbitale zu den Atomen C1 und C2 aus. Das unbesetzte p_z-Orbital tritt als Akzeptor in Wechselwirkung mit einem freien Elektronenpaar des Sauerstoffatoms von HMPA. Die Fe-Si-Bindung in **4** sieht deutlich anders aus. Neben der σ-Bindung, die mit 1.34 Elektronen besetzt ist, liegt eine π-Bindung mit einer Besetzung von 1.78 Elektronen vor. Die beiden Bindungen sind entgegengesetzt polarisiert. Während die σ-Bindung stark zum Siliciumatom hin polarisiert ist, ist die π-Bindung zum Eisenatom hin polarisiert. An der σ-Bindung sind hauptsächlich s, p und d-Orbitale des Eisens und des Siliciumatoms beteiligt. Die π-Bindung wird aus einem d-Orbital des Eisenatoms und dem p_z-Orbital des Siliciumatoms gebildet.

Abschließend soll noch einmal die Veränderung der Geometrie und der Orbitalwechselwirkungen bei der Umwandlung von **1** in **4** betrachtet werden (Abbildung 5-6). Im Donor-Akzeptor-Komplex **1** besteht zwischen dem Eisenatom und dem Siliciumatom lediglich eine σ-Bindung. Von einem freien Elektronenpaar des Sauerstoffatoms am HMPA wird Elektronendichte in das p_z-Orbital am Siliciumatom übertragen. Nach dem Entfernen des HMPA-Liganden ist dieses Orbital nicht besetzt. Die Umlagerung der CO-Liganden am Eisenatom ermöglicht die π-Wechselwirkung eines symmetrieadaptierten Hybridorbitals vom Eisenatom mit dem p_z-Orbital am Siliciumatom.

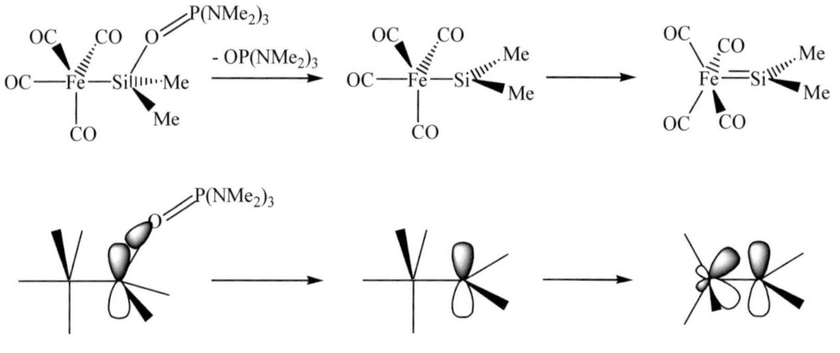

Abbildung 5-6: Schematische Darstellung der Orbitalwechselwirkungen zwischen Eisen, Silicium und dem Donorliganden beim Übergang von $(OC)_4FeSiMe_2(HMPA)$ (**1**, links) zu $(OC)_4Fe=SiMe_2$ (**4**, rechts).

5.1.3   Erzeugung von (OC)$_4$Fe=SiMe$_2$

Wie bereits in Kapitel 5.1 beschrieben, ist es möglich die Donorliganden aus den Donor-Akzeptor-Komplexen (OC)$_4$Fe=SiMe$_2$•Donor thermisch oder fotochemisch abzuspalten. Ein Vergleich der Gesamtenergien der Verbindungen **1** bis **4** unter Berücksichtigung der Nullpunktsschwingungsenergie zeigt, dass HMPA den Silylenkomplex um 86.9 kJ/mol stabilisiert. Die Koordination von Trimethylamin ist mit 72.1 kJ/mol und die Koordination von THF mit 63.3 kJ/mol exotherm (siehe Schema 5-5).

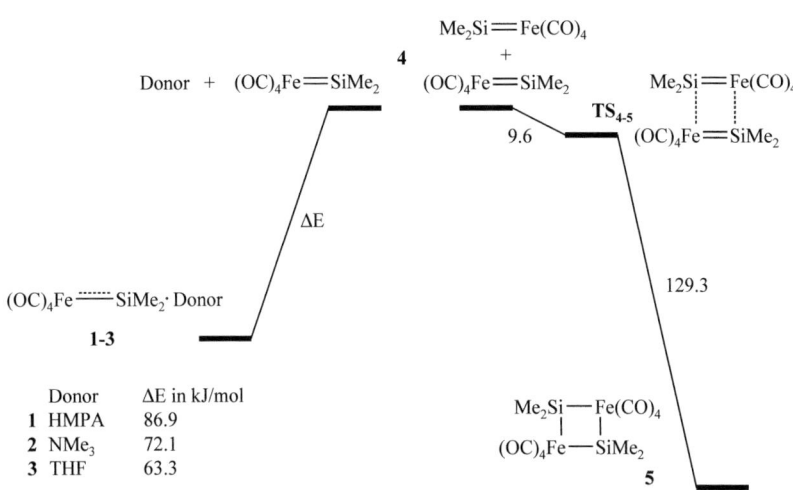

Schema 5-5: Relative Energien (in kJ/mol mit Nullpunktsschwingungskorrektur) für die Bildung (links) und die Dimerisierung von (OC)$_4$Fe=SiMe$_2$ (**4**) (rechts).

5.2   [2+2]-Cycloadditionen von (OC)$_4$Fe=SiMe$_2$

Über [2+2]-Cycloadditionen von Übergangsmetallsilylen-Komplexen ist nahezu nichts bekannt. In diesem Kapitel werden die möglichen Mechanismen der Dimerisierung und von [2+2]-Cycloadditionen von (OC)$_4$Fe=SiMe$_2$ mit den Reagenzien Ethylen, Acetylen, HCN und OCH$_2$ mit quantenchemischen Methoden untersucht.

5.2.1   Dimerisierung von (OC)$_4$Fe=SiMe$_2$

Der freie Silylenkomplex ist ein hochreaktives Intermediat. Deshalb verläuft die Dimerisierungsreaktion ohne Aktivierungsenergie zum Übergangszustand TS$_{4\text{-}5}$. Die Dimerisierung ist mit 138.9 kJ/mol exotherm (Schema 5-5). Für die Dimerisierung wurde der Basissatzüberlagerungsfehler mit Hilfe der „Counterpoise"-Methode abgeschätzt. Die Counterpoise-Correction beträgt -35.8 kJ/mol. Unter Berücksichtigung des Basissatzüberlagerungsfehlers (BSSE) ist die Reaktion von 4 zu 5 nur noch mit 103.1 kJ/mol exotherm. Der Übergangszustand TS$_{4\text{-}5}$ ist in Abbildung 5-7 dargestellt. Die Struktur ist nahezu C$_2$-symmetrisch. Die beiden (OC)$_4$Fe=SiMe$_2$-Einheiten sind noch sehr weit voneinander entfernt. Das deutet auf einen „frühen" Übergangszustand hin. Die Fe-Si-Bindung ist gegenüber 4 nur geringfügig aufgeweitet. Die laterale Auslenkung der SiMe$_2$-Gruppe ist die einzige deutliche Veränderung der Molekülgeometrie. Während der Winkel Si-Fe-C(äquatorial) in 4 125.4° beträgt, ist dieser in TS$_{4\text{-}5}$ auf 139.1° aufgeweitet.

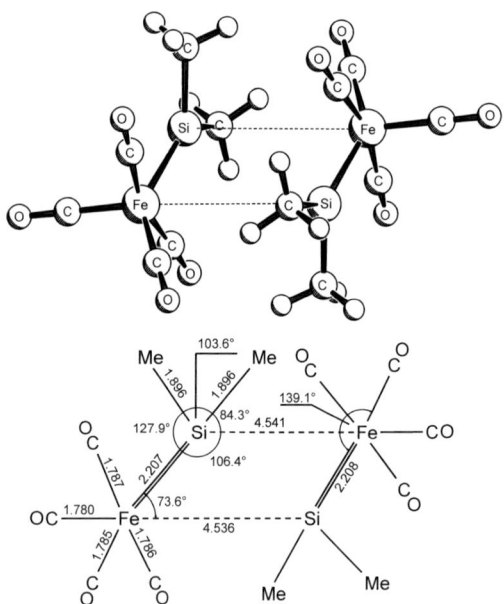

Abbildung 5-7: Optimierte Geometrie von TS$_{4\text{-}5}$ (Bindungslängen in Å, Winkel in °).

5.2.2 Cycloadditionen mit unpolaren Reagenzien

Für die Cycloaddition von Ethylen und Acetylen sind moderate Aktivierungsenergien von 20.7 bzw. 33.7 kJ/mol notwendig (Schema 5-6). Beide Reaktionen sind exotherm, die Addition von Acetylen mit 132.8 kJ/mol und die Addition von Ethylen mit 50.6 kJ/mol. Wenn man die Exothermie dieser Cycloadditionen mit der Wärmetönung der Dimerisierung vergleichen will, so muss man die Bildung von 2 Mol Produkt berücksichtigen. Bei der Bildung von 2 Mol der Verbindung **7** werden 101.2 kJ freigesetzt. Im Vergleich dazu ist die Dimerisierung von **4** mit 138.9 kJ (bzw. 103.1 kJ bei Berücksichtigung des BSSE) stärker exotherm. Daher dürfte die Addition von Ethylen nicht ablaufen. Bei der Bildung von 2 Mol **6** werden hingegen 265.6 kJ frei. Somit dürfte die Cycloaddition von Acetylen gegenüber der Dimerisierung bevorzugt sein.

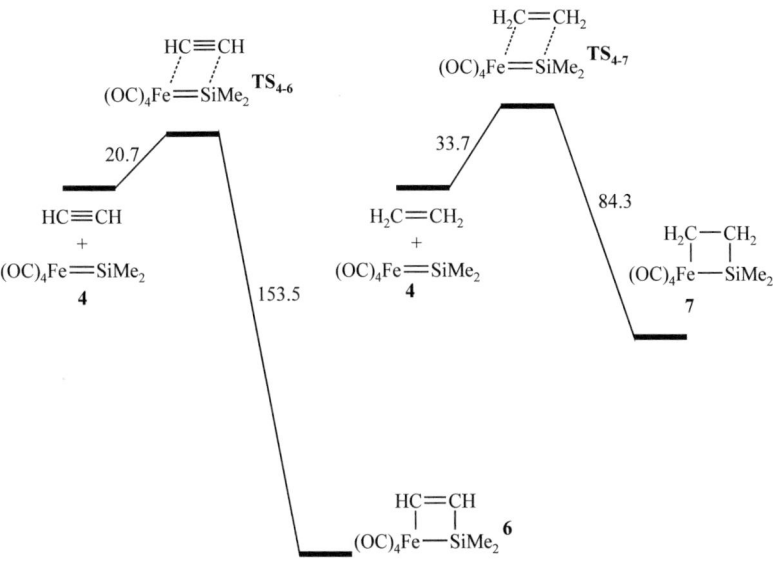

Schema 5-6: Energieprofildiagramme für die Cycloaddition von Ethylen bzw. Acetylen an **4** (Energiedifferenzen in kJ/mol mit Nullpunktsschwingungskorrektur).

Der Übergang von **4** zum Übergangszustand **TS$_{4-6}$** ist mit einer Umlagerung der CO-Liganden verbunden. Ähnlich wie in den Donor-Akzeptor-Komplexen **1** bis **3** findet man in **TS$_{4-6}$** eine lokale C$_{3v}$-Symmetrie am Eisenatom vor. Das Acetylenmolekül befindet sich in **TS$_{4-6}$** deutlich näher am Silicium- als am Eisenatom (Abbildung 5-8). So betragen die

Abstände Si-C4 und Si-C3 lediglich 2.102 bzw. 2.279 Å, während der Abstand Fe-C3 größer als 3 Å ist.

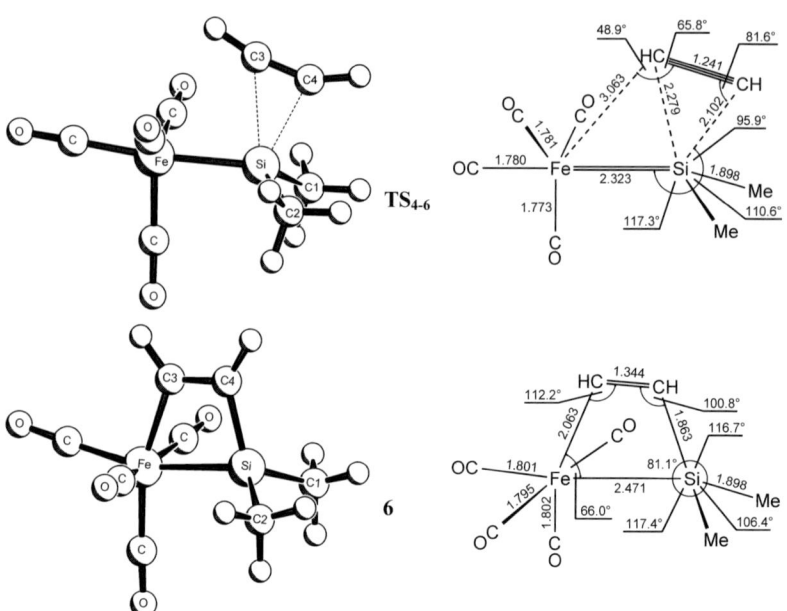

Abbildung 5-8: Optimierte Geometrien von TS_{4-6} und **6** (Bindungslängen in Å, Winkel in °).

Während in TS_{4-6} die Bindung C3-C4 gegenüber dem freien Acetylen nur geringfügig länger ist (0.041 Å), findet man im Endprodukt eine Bindungslänge C3-C4 von 1.344 Å vor. Die beiden Methylgruppen am Siliciumatom sind in TS_{4-6} bereits abgewinkelt, so dass das Siliciumatom deutlich pyramidalisiert ist. Dieselbe Pyramidalisierung findet man im Produkt der Cycloaddition **6**. Die Fe-Si-Bindung ist in **6** auf 2.471 Å verlängert, und der Ferrasilacyclobutenring völlig eben.

Die Addition von Ethylen an **4** läuft in ähnlicher Weise wie die Addition von Acetylen ab. Im Übergangszustand TS_{4-7} ist das Ethylenmolekül hauptsächlich am Siliciumatom koordiniert. Die Bindung zwischen C3 und C4 ist gegenüber dem freien Ethylen (1.33 Å) auf 1.409 Å gedehnt. Die Cycloaddition zum Ferrasilacyclobutan **7** ergibt einen völlig ebenen Vierring. Die Bindungslänge C3-C4 entspricht mit 1.545 Å dem üblichen Wert für eine C-C-Einfachbindung. Die Bindung zwischen Fe und Si beträgt im Produkt der Cyclo-addition 2.443 Å.

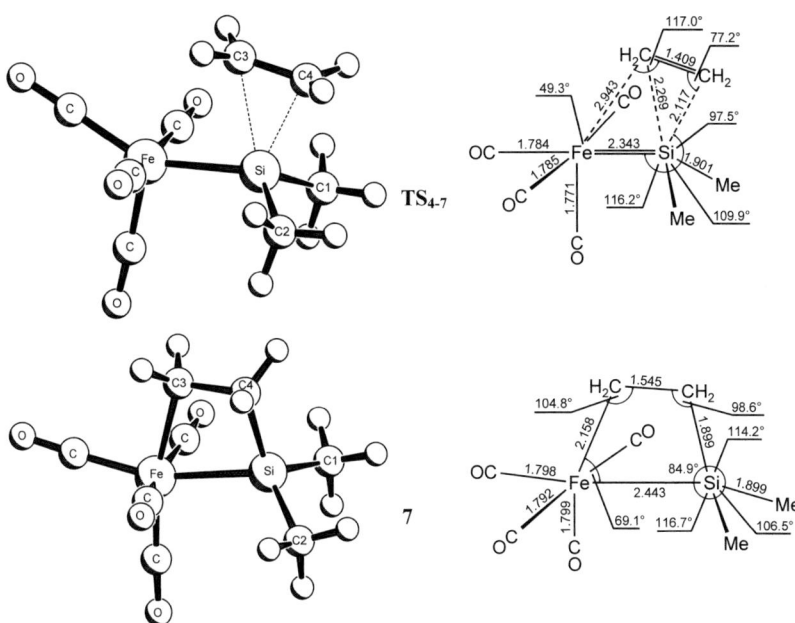

Abbildung 5-9: Optimierte Geometrien von **TS$_{4-7}$** und **7** (Bindungslängen in Å, Winkel in °).

Zur genaueren Untersuchung der Bindungsverhältnisse in den Übergangszuständen **TS$_{4-6}$** und **TS$_{4-7}$** wurde eine AIM-Analyse mit den beiden Strukturen vorgenommen. Nur wenn zwischen zwei Atomen ein bindungskritischer Punkt vorliegt, existiert eine Bindung zwischen diesen beiden Atomen. Die Analyse der bindungskritischen Punkte der beiden Verbindungen zeigte, dass wie erwartet Bindungen zwischen den Carbonylgruppen, dem Eisenatom, dem Siliciumatom und den beiden Methylgruppen vorliegen. Als auffallende Besonderheit kann festgestellt werden, dass in den beiden Übergangszuständen nur ein kritischer Punkt, also eine Bindung, zwischen dem Atom C4 und dem Siliciumatom, jedoch kein kritischer Punkt zwischen C3 und dem Eisenatom vorliegt (siehe Abbildung 5-10).

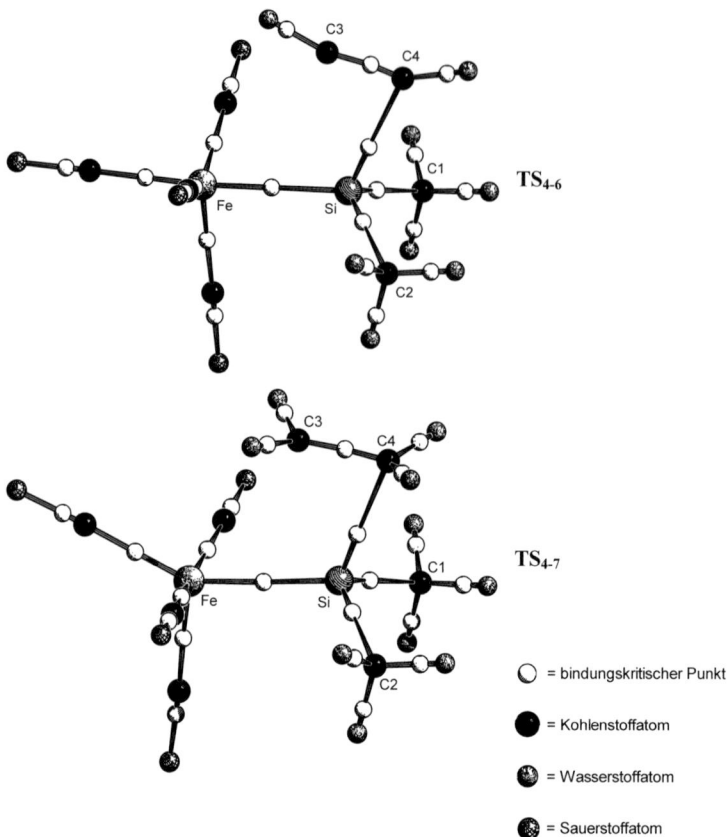

Abbildung 5-10: Darstellung der bindungskritischen Punkte aus der AIM-Analyse von **TS$_{4-6}$** und **TS$_{4-7}$**.

Eine ganz ähnliche Koordination wurde für die Cycloaddition von Acetylen an eine Pd-Sn-Doppelbindung vorhergesagt [74, 75]. Der Verlauf dieser Reaktion ist in Schema 5-7 dargestellt. Ausgehend von der Verbindung (H$_2$PCH$_2$CH$_2$PH$_2$)Pd=SnH$_2$ (**a**) führt die Reaktion mit Acetylen zunächst zur Ausbildung eines Adduktes **b**. Die Koordination des Acetylenmoleküls ähnelt derjenigen im Übergangszustand **TS$_{4-6}$**. Die Bindungslängen sind aufgrund der unterschiedlichen Atomradien Pd/Fe und Si/Sn nicht vergleichbar. Der Übergang vom Addukt **b** zum Übergangszustand **c** erfordert eine Rotation des zweizähnigen Phosphanliganden am Palladiumatom und eine Pyramidalisierung der Liganden am Zinnatom. Im Endprodukt **d** liegt der Phosphanligand in derselben Ebene wie der neu gebildete Vierring.

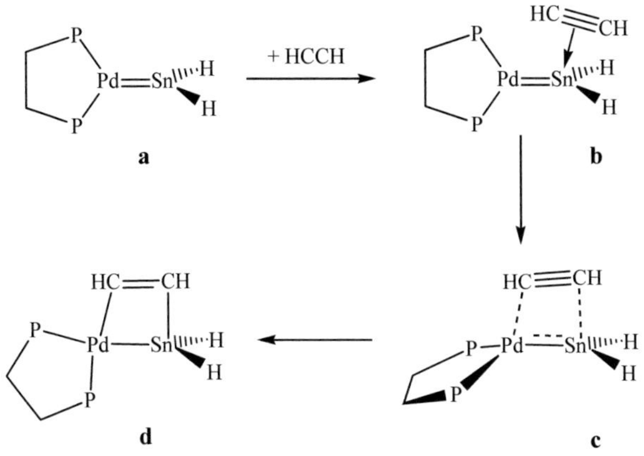

Schema 5-7: Schematische Darstellung der Addition von Acetylen an eine Pd-Sn-Bindung nach [74, 75].

Die Reagenzien Ethylen und Acetylen sind bei der Cycloaddition an **4** in den Übergangs-zuständen ausschließlich an das Siliciumatom koordiniert. Im Unterschied zur Cyclo-addition von Acetylen an die Pd=Sn-Doppelbindung findet man jedoch keine Addukte als Minima auf der Potenzialhyperfläche. Die bei der Pd-Sn-Verbindung quantenchemisch vorhergesagte Adduktbildung kann folgendermaßen begründet werden: Einerseits ist die Palladium-Zinn-Verbindung ein weicherer Elektronenpaarakzeptor als der Eisen-Silylen-komplex. Andererseits dürfte die π-Rückbindung vom Palladium- zum Zinnatom deutlich geringer sein als vom Eisen- zum Siliciumatom. Dadurch muss zur Pyramidalisierung am Siliciumatom unter Aufhebung des π-Bindungsanteils in **TS₄₋₆** mehr Energie aufgebracht werden als bei der Pyramidalisierung des Zinnatoms.

5.2.3   Cycloadditionen mit polaren Reagenzien

Die Addition der polaren Reagenzien HCN und Formaldehyd verläuft über die primäre Bildung der Addukte AD_{4-8} und AD_{4-9}. Diese stellen Minima auf der Potenzialhyperfläche dar. Ein ähnliches Adduktwurde bei der Addition von Dimethylcarbonat an $(OC)_5Cr=SiMe_2$ NMR-spektroskopisch nachgewiesen [4]. Relativ geringe Aktivierungsenergien von 17.7 (TS_{4-8}) bzw. 49.3 kJ/mol (TS_{4-9}) führen zu den Übergangszuständen der Cycloaddition (Schema 5-8 und Schema 5-9). Die Reaktion von 4 zu 8 ist mit 118.1 kJ/mol, die von 4 zu 9 mit 54.9 kJ/mol exotherm. Nur die Bildung von 8 ist stärker exotherm als die Dimerisierung (236.2 kJ/mol für die Bildung von 2 Mol 8). Die Cycloaddition von Formaldehyd an einen Platin-Germylenkomplex wurde bereits experimentell beobachtet [76].

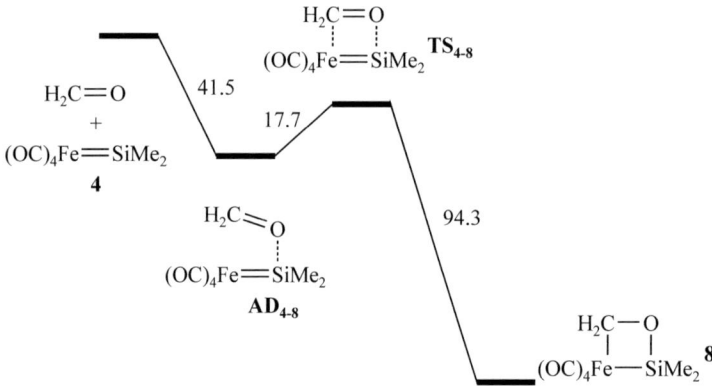

Schema 5-8: Energieprofildiagramme für die Cycloaddition von Formaldehyd an 4 (Energiedifferenzen in kJ/mol mit Nullpunktsschwingungskorrektur).

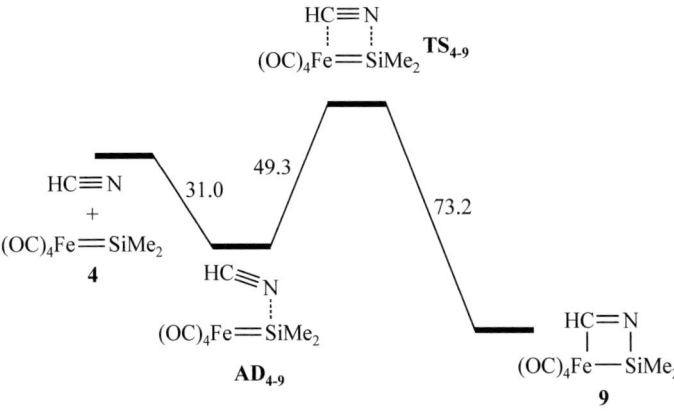

Schema 5-9: Energieprofildiagramme für die Cycloaddition von HCN an **4** (Energiedifferenzen in kJ/mol mit Nullpunktsschwingungskorrektur).

Die CDA der beiden Addukte **AD$_{4-8}$** und **AD$_{4-9}$** zeigt, dass die Donor-Akzeptor-Wechselwirkungen in diesen beiden Molekülen ganz ähnlich der Verhältnisse in den Verbindungen **1** bis **3** sind. Von den beiden Liganden CH_2O und HCN geht eine Donorwirkung von ca. 0.3 Elektronen aus. Dieser steht nur eine äußerst geringe Rückbindung gegenüber. Der Restterm Δ ist bei beiden Molekülen nahezu Null.

Tabelle 5-5: Ergebnisse der CDA von **AD$_{4-8}$** und **AD$_{4-9}$**.

Molekül	d	b	r	Δ
AD$_{4-8}$	0.348	0.047	-0.295	0.001
AD$_{4-9}$	0.327	0.031	-0.325	-0.006

(**d** – Donorbindung; **b** – Rückbindung; **r** - repulsive Polarisierung; Δ - Restterm)

Die optimierten Strukturen der an diesen Cycloadditionen beteiligten Moleküle sind in Abbildung 5-12 und Abbildung 5-13 dargestellt. Die Koordination von Formaldehyd an **4** führt zur Bildung des Adduktes **AD$_{4-8}$** (Abbildung 5-12). Das Sauerstoffatom des Formaldehydmoleküls ist an das Siliciumatom koordiniert. Der Si-O-Abstand beträgt 1.927 Å und ist damit vergleichbar mit den Abständen in den Addukten **1** (1.811 Å) und **3** (1.958 Å). Die CH_2-Gruppe des Formaldehyds ist mit einem Torsionswinkel von 88.0° aus der Ebene Fe-Si-O herausgedreht. Der Winkel C3-O-Si beträgt 127.8°. Das Siliciumatom ist bereits deutlich pyramidalisiert. Im Übergangszustand TS_{4-8} ist die CH_2-Gruppe deutlich näher an das Eisenatom herangerückt. Der Torsionswinkel C3-O-Si-Fe beträgt nur noch 29.1°, der Winkel C3-O-Si 116.2° und der Abstand C3-Fe 3.173 Å. Schließlich weist das Endprodukt **8** der Cycloaddition einen völlig ebenen Fe-Si-O-C-Vierring auf. Die Bindungslänge Si-O ist mit 1.686 sehr kurz.

Im Addukt AD_{4-9} ist das Stickstoffatom von HCN am Siliciumatom koordiniert (Abbildung 5-13). Der Abstand N-Si ist mit 1.988 Å etwas kürzer als in **2**. Das HCN-Molekül liegt mit einem Torsionswinkel C3-N-Si-Fe von 11.4° nahezu in der gleichen Ebene wie die Fe-Si-Bindung. Das Siliciumatom ist ähnlich wie in AD_{4-8} bereits pyramidalisiert. Der Winkel C3-N-Si beträgt 169.7°. Dieser Winkel ist im Übergangszustand TS_{4-9} auf 111.9° verringert. Der Abstand Si-N ist im Übergangszustand nahezu unverändert. Das Produkt der Cycloaddition **9** weist wiederum einen völlig ebenen Vierring auf.

Bei der Cycloaddition von $H_2C=O$ bzw. HCN an $(H_2PCH_2CH_2PH_2)Pd=SnH_2$ erfolgt im ersten Schritt ebenfalls die Bildung von Addukten, die Minima auf der Potenzialhyperfläche darstellen. [75]. Die Koordination des Formaldehyds erfolgt auch in diesem Fall über das Sauerstoffatom, allerdings liegt die CH_2-Gruppe des Formaldehydmoleküls mit der Pd-Sn-O-Sequenz in derselben Ebene. Das Addukt mit HCN ist mit einem Winkel C-N-Sn von 170.0° ebenfalls nahezu linear am Sn-Atom koordiniert (Abbildung 5-11). Ein Vergleich der Bindungslängen ist aufgrund der unterschiedlichen Atomradien Pd/Fe und Si/Sn nicht sinnvoll.

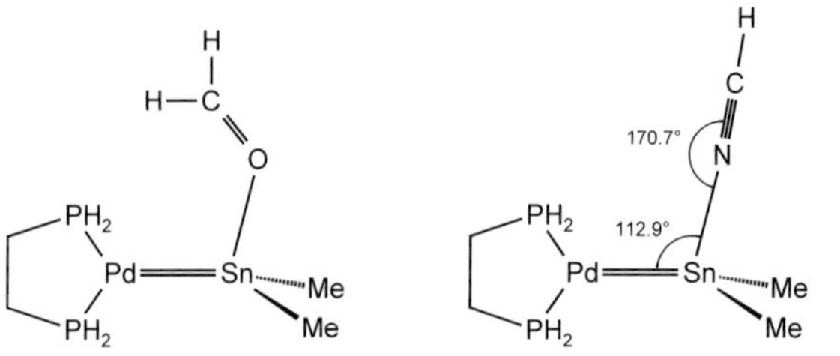

Abbildung 5-11: Addukte bei der Addition von $H_2C=O$ (links) und HCN (rechts) an $(H_2PCH_2CH_2PH_2)Pd=SnH_2$ nach [75].

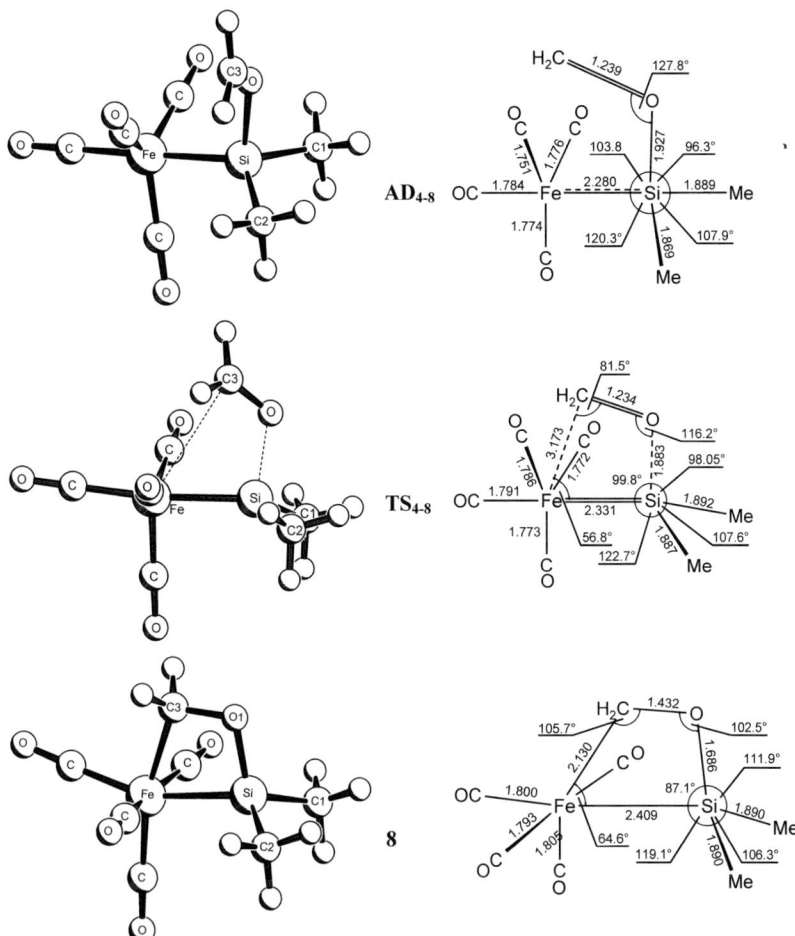

Abbildung 5-12: Optimierte Geometrien von Addukt, Übergangszustand und Produkt der Cycloaddition von Formaldehyd an **4** (Bindungslängen in Å, Winkel in °).

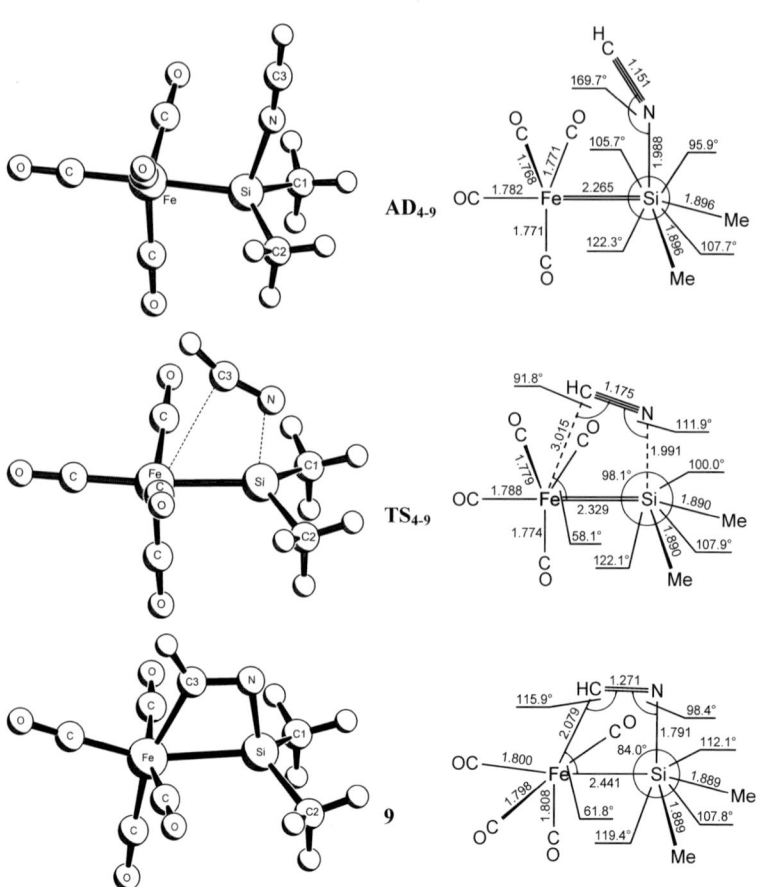

Abbildung 5-13: Optimierte Geometrien von Addukt, Übergangszustand und Produkt der Cycloaddition von HCN an **4** (Bindungslängen in Å, Winkel in °).

5.3 Folgereaktionen der Cycloadditionsprodukte

Denkbare Folgereaktionen der Ferrasilacyclobutane und -butene **6-9** wären die elektro-cyclische Ringöffnungsreaktion (**a** in Schema 5-10), für Verbindungen bei denen im Vierring eine Doppelbindung zwischen **A** und **B** vorliegt, und die Metathese **b**. Letztere Reaktion bezeichnet man auch als Sila-Wittig-Reaktion. Diese könnte für die Synthese neuer Carbenkomplexe mit ungewöhnlichen Substituenten von Interesse sein, die auf anderen Wegen schwierig herzustellen sind [3]. Außerdem sollte natürlich die Cycloreversion **c** unter Rückbildung der Ausgangsstoffe in Betracht gezogen werden.

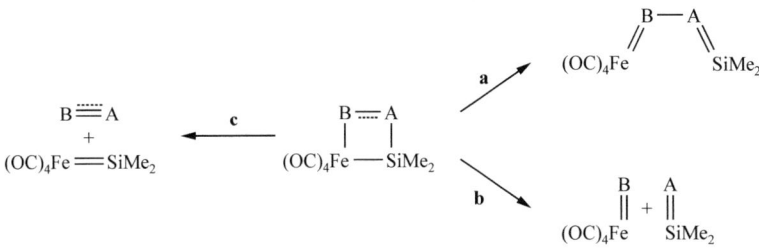

Schema 5-10: Mögliche Folgereaktionen der Ferrasilacyclobutane und -butene **6-9**.

5.3.1 Elektrocyclische Ringöffnungsreaktionen

Die Verbindungen **6** und **9** können einer elektrocyclischen Ringöffnung unterliegen. Die dabei notwendigen Aktivierungsenergien zum Erreichen der Übergangszustände **TS$_{6\text{-}10}$** bzw. **TS$_{9\text{-}11}$** sind mit 126.6 kJ/mol bzw. 91.5 kJ/mol als moderat zu bezeichnen und sollten in Lösung durchaus erreichbar sein (Schema 5-11). Beide Reaktionen sind endotherm, die Reaktion von **6** zu **10** mit 117.2 kJ/mol und die Reaktion von **9** zu **11** mit 67.4 kJ/mol. Demgegenüber erfordert die Cycloreversion von **6** eine Aktivierungsenergie von 153.5 kJ/mol und ist mit 132.8 kJ/mol endotherm (siehe Kapitel 5.2.2). Somit stellt die Verbindung **6** das thermodynamisch stabile Produkt in dieser Reaktionssequenz dar, eine elektrocyclische Ringöffnung sollte jedoch möglich sein.

Bei der Verbindung **9** müsste die Cycloreversion bevorzugt gegenüber der elektrocycli-schen Ringöffnung ablaufen, da die Aktivierungsenergie für erstere lediglich 73.2 kJ/mol beträgt. Sofern bei der Cycloreversion wieder **4** entsteht, kann dieses leicht der Dimerisierung unterliegen.

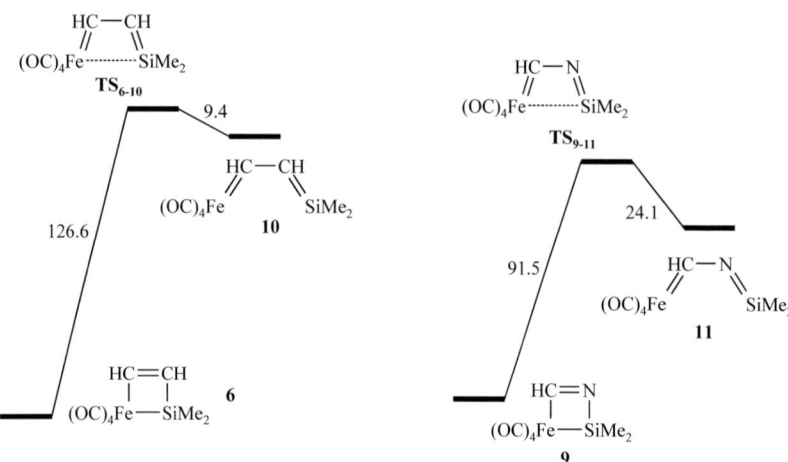

Schema 5-11: Energieprofildiagramme für elektrocyclischer Ringöffnungsreaktionen von **6** und **9** (Energiedifferenzen in kJ/mol mit Nullpunktsschwingungskorrektur).

In Abbildung 5-14 sind die optimierten Geometrien der Übergangszustände und Produkte der beiden Cycloreversionen zusammengestellt. In den Übergangszuständen **TS**$_{6-10}$ und **TS**$_{9-11}$ sind die Fe-Si-Abstände bereits größer als 3.5 Å. Beide Übergangszustände ähneln weitgehend der Geometrie der Produkte und können daher als späte Übergangszustände bezeichnet werden. Unterschiede zwischen den beiden Übergangszuständen bestehen in der Konformation der Dimethylsilylengruppe. Während in **TS**$_{6-10}$ der Torsionswinkel C2-Si-C4-C3 lediglich 37.8° beträgt, ist der analoge Winkel C2-Si-N-C3 in **TS**$_{9-11}$ 102.2°. Die Drehung der Dimethylsilylengruppe in die Ebene Fe-C3-C4 ist im Produkt **10** vollendet. Hier beträgt der Torsionswinkel C2-Si-C4-C3 0°. Im Produkt **11** stehen die Methylgruppen am Siliciumatom senkrecht auf der Ebene Fe-C3-Si. Weitere deutliche Differenzen zwischen **10** und **11** ergeben sich aus den unterschiedlichen Atomen C4 bzw. N. Das Atom C4 in **10** hat eine Bindungslänge zu C3 von 1.401 Å und einen Bindungswinkel C3-C4-Si von 131.0°. Das Stickstoffatom in **11** hat eine Bindungslänge von 1.287 Å zu C3, was einen deutlichen Doppelbindungsanteil vermuten lässt. Außerdem ist der Winkel C3-N-Si mit 171.6° nahezu linear.

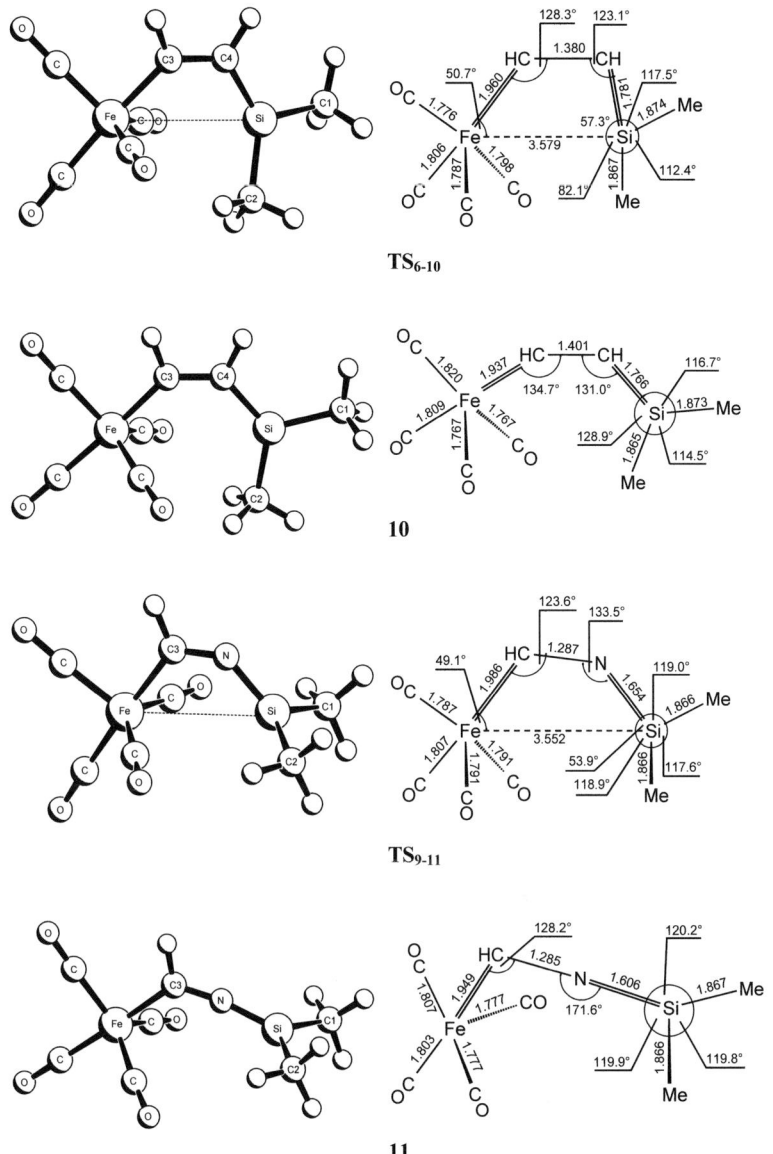

Abbildung 5-14: Übergangszustände und Produkte elektrocyclischer Ringöffnungs-reaktionen (Bindungslängen in Å, Winkel in °).

5.3.2 Metathesereaktionen

Es gibt bereits ein Beispiel für eine experimentell beobachtete Metathesereaktion. So erhält man ausgehend von dem in situ erzeugten $(OC)_5Cr=SiMe_2$ durch Umsetzung mit Dimethylcarbonat ein Addukt, welches bei -45 °C NMR-spektroskopisch nachgewiesen wurde. Dieses reagiert beim Erwärmen der Reaktionslösung weiter zu $(OC)_5Cr=C(OMe)_2$ und $(OSiMe_2)_3$ (Schema 5-12) [4].

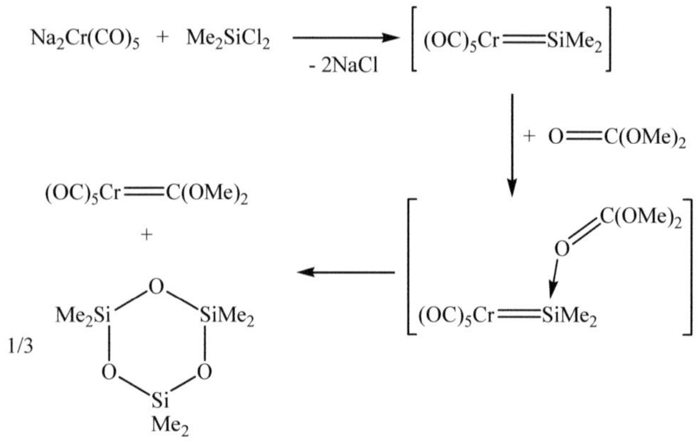

Schema 5-12: Metathesereaktion von $(OC)_5Cr=SiMe_2$ mit Dimethylcarbonat nach [4].

Ausgehend von **7** bzw. **8** benötigen die Metathesereaktionen deutlich höhere Aktivierungsenergien zum Erreichen der Übergangszustände als die im vorigen Kapitel beschriebenen Cycloreversionen. Verbunden mit dem äußerst geringen Energiebetrag, der bei der Bildung der Produkte **12**, **13** und **14** frei wird, sind diese Reaktionen stark endotherm. Die Aktivierungsenergien zum Erreichen der Übergangszustände TS_{7-12} und TS_{8-12} betragen 261.6 bzw. 186.8 kJ/mol. Eine Absenkung der Aktivierungsenergie könnte durch Koordination von Donorliganden im Übergangszustand möglich sein, auf die Modellierung dieser möglichen Übergangszustände wurde jedoch aus Zeitgründen verzichtet.

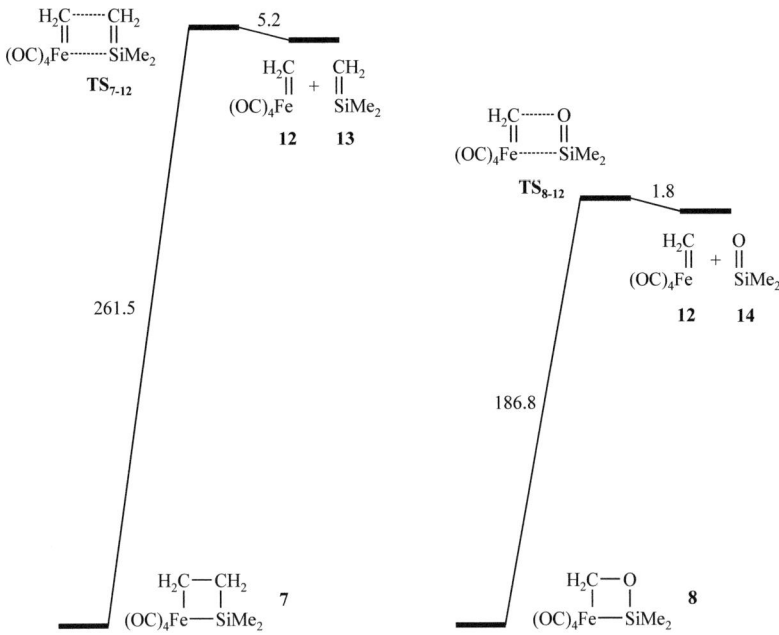

Schema 5-13: Energieprofildiagramme für Metathesereaktionen von **7** und **8** (Energie-differenzen in kJ/mol mit Nullpunktsschwingungskorrektur).

Die Aktivierungsenergie für die Cycloreversion von **7** beträgt lediglich 84.3 kJ/mol (siehe Kapitel 5.2.2). Die Verbindung **7** sollte also eher der Cycloreversion zu **4** und Ethylen unterliegen, statt die obige Metathesereaktion einzugehen. Ähnlich liegen die Verhältnisse bei der Verbindung **8**. Die Cycloreversion zum Addukt **AD$_{4-8}$** benötigt eine etwa nur halb so große Aktivierungsenergie wie die Metathesereaktion. Erstere sollte deshalb bevorzugt ablaufen.

Der Vollständigkeit halber sind die optimierten Geometrien der Übergangszustände und Produkte der Metathesereaktionen aus Schema 5-13 in der nachfolgenden Abbildung zu-sammengestellt. In **TS$_{7-12}$** und **TS$_{8-12}$** sind die Geometrien der Produkte bereits weitgehend vorgebildet, somit handelt es sich hier um späte Übergangszustände. Auf eine ausführliche Diskussion der Geometrien wird aufgrund der vermutlich geringen Relevanz dieser Reaktionen an dieser Stelle verzichtet. Die Verbindungen **13** und **14** sind äußerst energie-reiche Intermediate. Diese würden sofort weiterreagieren und Folgeprodukte bilden. So ist z.B. die Trimerisierung von Me$_2$Si=O (**14**) mit 798.2 kJ pro Mol Trimer exotherm!

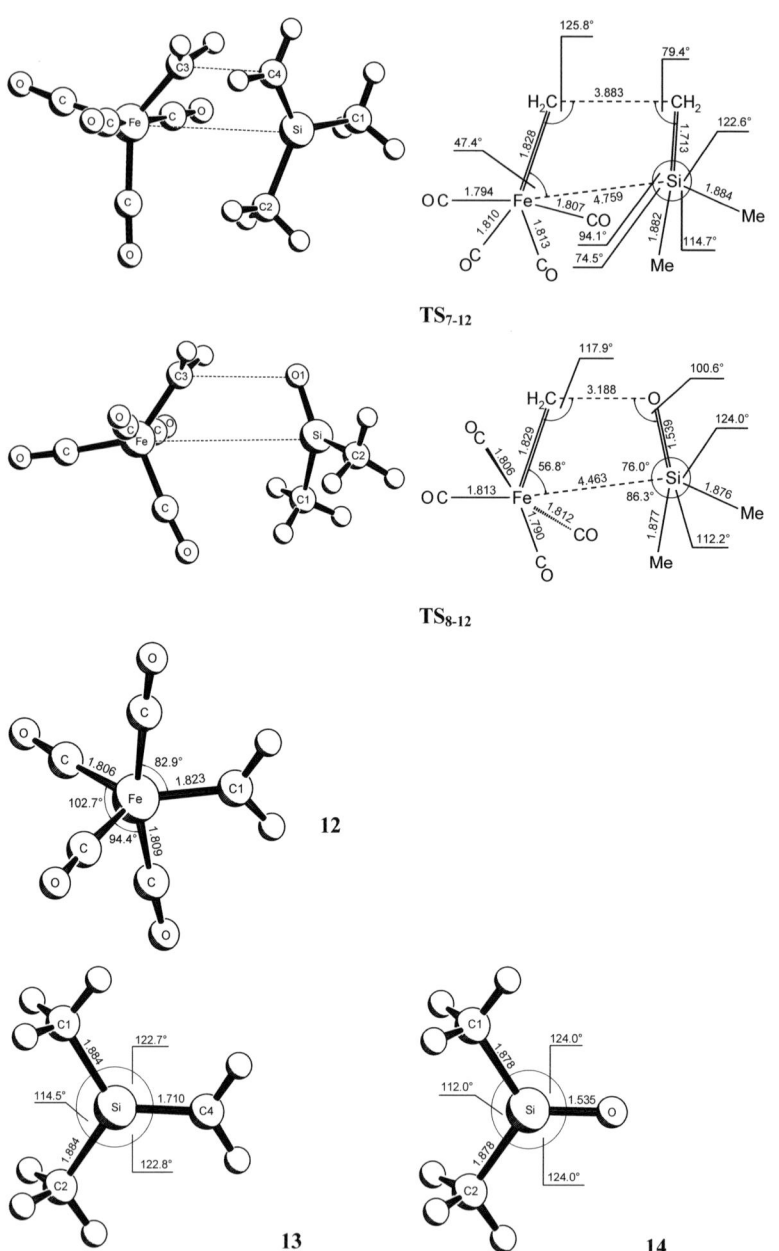

Abbildung 5-15: Übergangszustände und Produkte von Metathesereaktionen (Bindungs-längen in Å, Winkel in °).

5.4 Schlussfolgerungen

Die in situ-Erzeugung des donorfreien Silylenkomplexes **4** ist mit moderater Aktivierungs-energie möglich. **4** ist ein hochreaktives Intermediat, welches einer Reihe von Folge-reaktionen unterliegen kann. Die Dimerisierung zu **5** ist dabei die dominante Reaktion, die bei allen weiteren Überlegungen in Betracht gezogen werden muss. Cycloadditionen mit **4** können eintreten, wenn zwei Bedingungen erfüllt sind:

a) Die Aktivierungsenergie zum Erreichen des Übergangszustandes ist nicht zu hoch (kinetische Voraussetzung),

b) Die Cycloadditionsreaktion ist zumindest genauso stark exotherm wie die Dimerisie-rung von **4** (thermodynamische Voraussetzung).

Es konnte gezeigt werden, dass diese beiden Bedingungen für die Addition von Acetylen und für die Addition von Formaldehyd an **4** erfüllt sind. Die Synthese von Ferrasilacyclo-butenen und von Ferrasilaoxetanen (Verbindungen **6** und **8** bzw. davon abgeleitete Deri-vate) sollte also möglich sein. Zur Bestätigung dieser Vorhersagen sind weitere experi-mentelle Untersuchungen notwendig.

Bei den Folgereaktionen der Verbindungen **6** bis **9** sind vorzugsweise elektrocyclische Ringöffnungsreaktionen der Verbindungen $(OC)_4Fe\text{-}CH\text{=}CH\text{-}SiMe_2$ (**6**) und $(OC)_4Fe\text{-}CH\text{=}N\text{-}SiMe_2$ (**9**) zu erwarten. Bei der Verbindung **9** sollte jedoch die Cycloreversion gegenüber der elektrocyclischen Ringöffnungsreaktion bevorzugt ablaufen, da erstere eine geringere Aktivierungsenergie benötigt. Metathesereaktionen der Verbindungen **7** und **8** in Abwesenheit zusätzlicher Donorliganden sind aufgrund der hohen Aktivierungsenergie und der stark endothermen Reaktion wenig wahrscheinlich.

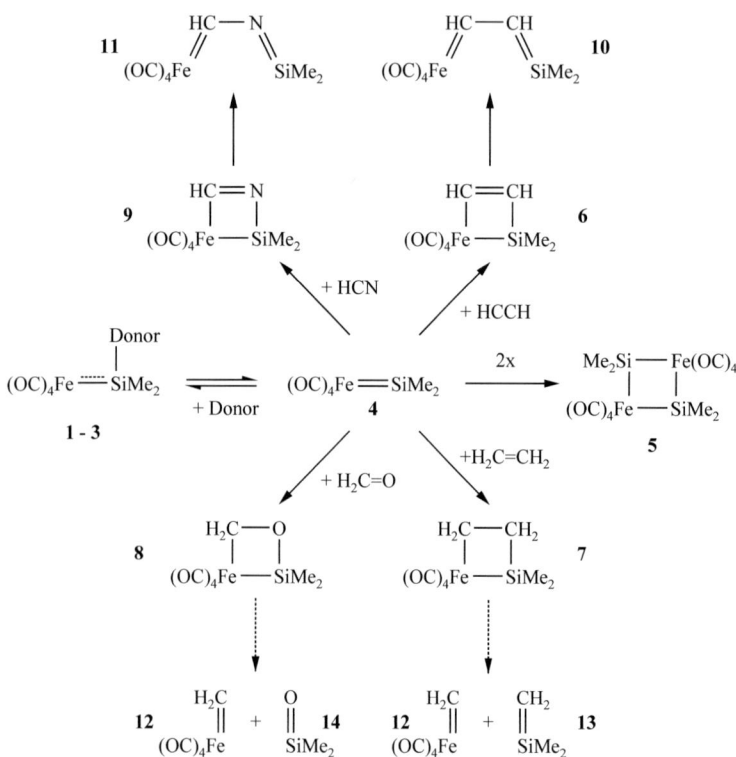

Schema 5-14: Übersicht über mögliche Reaktionen von $(OC)_4Fe=SiMe_2$ (4).

Literatur:

1   T. D. Tilley, *Transition-metal silyl derivatives;* in *The Chemistry of Organic Silicon Compounds*, (Eds.: S. Patai, Z. Rappoport), J. Wiley & Sons, Chichester **1989**, 1415.

2   C. Zybill, *Topics in Current Chem.* **1991**, *160*, 1.

3   C. Zybill, C. Liu, *Synlett* **1995**, 687.

4   C. Leis, D. L. Wilkinson, H. Handwerker, C. Zybill, G. Müller, *Organometallics* **1992**, *11*, 514.

5   C. Zybill, G. Müller, *Organometallics* **1988**, *7*, 1368.

6   H. Handwerker, C. Leis, R. Probst, P. Bissinger, A. Grohmann, P. Kiprof, E. Herdtweck, J. Blümel, N. Auner und C. Zybill, *Organometallics* **1993**, *12*, 2162.

7   M. Weinmann, G. Rheinwald, L. Zsolnai, O. Walter, M. Buchner, B. Schiemenz, G. Huttner, H. Lang, *Organometallics* **1998**, *17*, 3299.

8   K. Ueno, M. Sakai, H. Ogino, *Organometallics* **1998**, *17*, 2138.

9   H. Kobayashi, K. Ueno, H. Ogino, *Chem. Lett.* **1999**, 239.

10   C. Leis, D. L. Wilkinson, H. Handwerker, C. Zybill, G. Müller, *Organometallics* **1992**, *11*, 514.

11   C. Zybill, D. L. Wilkinson, C. Leis, G. Müller, *Angew. Chem.* **1989**, *101*, 206; *Angew. Chem., Int. Ed. Engl.* **1989**, *28*, 203.

12   C. Leis, C. Zybill, J. Lachmann, G. Müller, *Polyhedron* **1991**, *10*, 1163.

13   C. Zybill, G. Müller, *Angew.Chem.* **1987**, *99*, 683; *Angew. Chem., Int. Ed. Engl.* **1987**, *26*, 669.

14   B. P. S. Chauhan, R. J. P. Corriu, G. F. Lanneau, C. Priou, N. Auner, H. Handwerker, E. Herdtweck, *Organometallics* **1995**, *14*, 1657.

15   H. Handwerker, C. Leis, S. Gamper, C. Zybill, *Inorg. Chim. Acta* **1992**, *198*, 763.

16   D. A. Straus, T. D. Tilley, A. L. Rheingold, S. J. Geib, *J. Am. Chem. Soc.* **1987**, *109*, 5872.

17   D. A. Straus, C. Zhang, G. E. Quimbita, S. D. Grumbine, R. H. Heyn, T. D. Tilley, A. L. Rheingold, S. J. Geib, *J. Am. Chem. Soc.* **1990**, *112*, 2673.

18   N. Auner, C. Wagner, E. Herdtweck, M. Heckel, W. Hiller, *Bull. Soc. Chim. Fr.* **1995**, *132*, 599.

19   H. Kobayashi, K. Ueno, H. Ogino, *Organometallics* **1995**, *14*, 5490.

20   K. Ueno, A. Masuko und H. Ogino, *Organometallics* **1999**, *18*, 2694.

21   K. Ueno, A. Masuko, H. Ogino, *Organometallics* **1997**, *16*, 5023.

22   T. Takeuchi, H. Tobita, H. Ogino, *Organometallics* **1991**, *10*, 835:

23   H. Tobita, K. Ueno, M. Shimoi, H. Ogino, *J. Am. Chem. Soc.* **1990**, *112*, 3415.

24   K. Ueno, S. Ito, K. Endo, H. Tobita, S. Inomata, H. Ogino, *Organometallics* **1994**, *13*, 3309.

25   H. Tobita, H. Kurita, H. Ogino, *Organometallics* **1998**, *17*, 2844.

26   H. Tobita, H. Wada, K. Ueno, H. Ogino, *Organometallics* **1994**, *13*, 2545.

27   S. K. Grumbine, T. D. Tilley, F. P. Arnold, A. L. Rheingold, *J. Am. Chem. Soc.* **1994**, *116*, 5495.

28   S. K. Grumbine, G. P. Mitchell, D. A. Straus, T. D. Tilley, A. L. Rheingold, *Organometallics* **1998**, *17*, 5607.

29   J. C. Peters, J. D. Feldman, T. D. Tilley, *J. Am. Chem. Soc.* **1999**, *121*, 9871.

30   J. D. Feldman, J. C. Peters, T. D. Tilley, *Organometallics* **2002**, *21*, 4065.

31   T. A. Schmedake, M. Haaf, B. J. Paradise, A. J. Millevolte, D. R. Powell und R. West, *J. Organomet. Chem.* **2001**, *636*, 17.

32   S. H. A. Petri, D. Eikenberg, B. Neumann, H.-G. Stammler, P. Jutzi, *Organometallics* **1999**, *18*, 2615.

33   M. Denk, R. K. Hayashi, R. West, *Chem. Commun.* **1994**, 33.

34   T. A. Schmedake, M. Haaf, B. J. Paradise, D. Powell und R. West, *Organometallics* **2000**, *19*, 3263.

35   D. Amoroso, M. Haaf, G. P. A. Yap, R. West, D. E. Fogg, *Organometallics* **2002**, *21*, 534.

36   J. D. Feldman, G. P. Mitchell, J.-O. Nolte, T. D. Tilley, *J. Am. Chem. Soc.* **1998**, *120*, 11184.

37   S. D. Grumbine, T. D. Tilley, F. P. Arnold, A. L. Rheingold, *J. Am. Chem. Soc.* **1993**, *115*, 7884.

38   HMPA und HMPT sind keine Akronyme für dieselbe Verbindung, werden jedoch in der Literatur häufig miteinander verwechselt. Bei HMPT handelt es sich um Hexamethylphosphortriamid $(Me_2N)_3P$, während HMPA Hexamethylphosphor-säuretriamid $(Me_2N)_3P=O$ ist.

39   A. J. Arduengo. III, R. L. Harlow, M. Kline, *J. Am. Chem. Soc.* **1991**, *113*, 361.

40   A. J. Arduengo. III, H. V. Rasika Dias, R. L. Harlow, M. Kline, *J. Am. Chem. Soc.* **1992**, *114*, 5530.

41   A. J. Arduengo III, R. Krafczyk, *Chemie in unserer Zeit* **1998**, *32*, 6.

42   M. Denk, R. Lennon, R. Hayashi, R. West, A. V. Belyakov, H. P. Verne, A. Haaland, M. Wagner, N. Metzler, *J. Am. Chem. Soc.* **1994**, *116*, 2691.

43   B. Gehrhus, M. F. Lappert, *J. Organomet. Chem.* **2001**, *617-618*, 209 und dort zitierte Literatur.

44   M. Haaf, T. A. Schmedake, R. West, *Acc. Chem. Res.* **2000**, *33*, 704 und dort zitierte Literatur.

45   C. Heinemann, W. A. Herrmann, W. Thiel, *J. Organomet. Chem.* **1994**, *475*, 73.

46   C. Boehme, G. Frenking, *J. Am. Chem. Soc.* **1996**, *118*, 2039.

47   M. Okazaki, H. Tobita, H. Ogino, *Dalton Trans.* **2003**, 493.

48   H. Wada, H. Tobita, H. Ogino, *Organometallics* **1997**, *16*, 2200.

49   C. Zhang, S. D. Grumbine, T. D. Tilley, *Polyhedron* **1991**, *10*, 1173.

50   R. J. P. Corriu, B. P. S. Chauhan, G. F. Lanneau, *Organometallics* **1995**, *14*, 1646.

51   K. Ueno, H. Tobita, S. Seki, H. Ogino, *Chem. Lett.* **1993**, 1723.

52   T. Sato, H. Tobita, H. Ogino, *Chem. Lett.* **2001**, 854.

53   K. Ueno, S. Seiji, H. Ogino, *Chem. Lett.* **1993**, 2159.

54   M. Okazaki, H. Tobita, H. Ogino, *Chem. Lett.* **1996**, 477.

55   M. Okazaki, H. Tobita, Y. Kawano, S. Inomata, H. Ogino, *J. Organomet. Chem.* **1998**, *553*, 1.

56   M. Okazaki, H. Tobita, H. Ogino, *Chem. Lett.* **1997**, 437.

57   H. Sakaba, T. Hirata, C. Kabuto, H. Horino, *Chem. Lett.* **2001**, 1078.

58   G. P. Mitchell, T. D. Tilley, *J. Am. Chem. Soc.* **1997**, *119*, 11236.

59   H. Sakaba, M. Tsukamato, T. Hirata, C. Kabuto, H. Horino, *J. Am. Chem. Soc.* **2000**, *122*, 11511.

60   H. K. Sharma, K. H. Pannell, *Organometallics* **2001**, *20*, 7.

61   M. P. Clarke, *J. Organomet. Chem.* **1989**, *376*, 165.

62   M. P. Clarke, I. M. T. Davidson, *J. Organomet. Chem.* **1991**, *408*, 149.

63   P. W. Wanandi, P. B. Glaser, T. D. Tilley, *J. Am. Chem. Soc.* **2000**, *122*, 972.

64   H. Wada, H. Tobita, H. Ogino, *Organometallics* **1997**, *16*, 3870.

65   H. K. Sharma, K. H. Pannell, *Chem. Rev.* **1995**, *95*, 1351 und dort zitierte Literatur.

66   M. Okazaki, H. Tobita, H. Ogino, *J. Chem. Soc. Dalton Trans.* **1997**, 3531. Berichtigung in M. Okazaki, H. Tobita, H. Ogino, *J. Chem. Soc. Dalton Trans.* **1997**, 4829.

67   F. Ozawa, M. Kitaguchi, H. Katayama, *Chem. Lett.* **1999**, 1289.

68   P. Burger, R. G. Bergman, *J. Am. Chem. Soc.* **1993**, *115*, 10462.

69   S. R. Klei, T. D. Tilley, R. G. Bergman, *Organometallics* **2001**, *20*, 3220.

70   C. Zybill, D. L. Wilkinson, G. Müller, *Angew. Chem.* **1988**, *100*, 574; *Angew. Chem., Int. Ed. Engl.* **1988**, *27*, 583.

71   M. Eisen, *Transition-metal silyl complexes;* in *The Chemistry of Organic Silicon Compounds*, Vol. 2 (Eds.: Z. Rappoport, Y. Apeloig), J. Wiley & Sons, Chichester **1998**, 2037.

72   R. S. Berry, *J. Chem. Phys.* **1960**, *32*, 933.

73   G. N. Lewis, *J. Am. Chem. Soc.* **1916**, *38*, 762.

74   T. Matsubara, *Organometallics* **2001**, *20*, 1462.

75   T. Matsubara, K. Hirao, *Organometallics* **2002**, *21*, 1697.

76   K. E. Litz, J. E. Bender, R. D. Sweeder, M. M. Banaszak Holl, J. W. Kampf, *Organometallics* **2000**, *19*, 1186.

6 Vergleich von Metallcarben- und Metallsilylenkomplexen

6.1 Elektronische Eigenschaften von Metallcarbenkomplexen

Wie bereits in der Einleitung erwähnt, unterscheidet man zwei Arten von Verbindungen mit Übergangsmetall-Kohlenstoff-Doppelbindung: Fischer- und Schrock-Carbene. Bei den Fischer-Carbenen liegt das Übergangsmetallatom in einer niedrigen Oxidationsstufe vor und am Carben-Kohlenstoffatom sind meist π-Donor-Substituenten gebunden. In diesen Verbindungen besitzt das Carben-Kohlenstoffatom überwiegend elektrophile Eigenschaften. Bei den Schrock-Carbenen liegt das Übergangsmetallatom in einer höheren Oxidationsstufe vor und am Carben-Kohlenstoffatom sind Substituenten ohne π-Donor-Charakter gebunden. In diesen Verbindungen besitzt das Carben-Kohlenstoffatom häufig nukleophile Eigenschaften.

Aus diesen experimentell beobachteten Unterschieden in der Reaktivität dieser Verbindungen ergibt sich die Frage nach den Ursachen für dieses unterschiedliche Verhalten. Eine Vielzahl von quantenmechanischen Untersuchungen geht dieser Frage nach. In diesem Kapitel sollen die wichtigsten Ergebnisse dieser Arbeiten zusammenfassend diskutiert werden.

Die unterschiedlichen Eigenschaften von Fischer- und Schrock-Carbenen kann man sehr gut mit einem Bindungsmodell erklären, bei dem die Triplett- und Singulettzustände der Fragmente L_nM und CR_2 zur Beschreibung der Bindungsverhältnisse verwendet werden. Dieses Modell von Taylor / Hall [1] und Rappé / Carter / Goddard [2, 3, 4, 5, 6] ist inzwischen als einfache und treffende Beschreibung für die Metall-Kohlenstoff-Bindung in diesen beiden Klassen von Verbindungen akzeptiert [7]. Die Autoren verwendeten die Methode der Konfigurationswechselwirkung (CI-Rechungen), um einen Einblick in die Bindungsverhältnisse von Carbenkomplexen zu gewinnen. Außerdem wurden Fragment-orbitalanalysen der Komplexe vorgenommen. Die Unterschiede zwischen elektrophilen und nukleophilen Metallcarbenen resultieren aus unterschiedlichen Bindungsverhältnissen in den beiden Verbindungsklassen. Die Metall-Kohlenstoff-Bindung in elektrophilen Metallcarbenen mit 18 Valenzelektronen kann man als Bindung zwischen einem Singulett-Metall- und einem Singulett-Carbenfragment betrachten, während die Bindung in den häufig Elektronen-defizitären nukleophilen Metallcarbenen als Bindung zwischen Triplett-

Metall- und Triplett-Carbenfragment aufgefasst werden kann (siehe Abbildung 6-1). Somit kann man die Übergangsmetall-Kohlenstoff-Bindung in einem Fischer-Carbenkomplex auch als Donor-Akzeptor-Wechselwirkung, bestehend aus einer σ-Hinbindung vom Singulett-Carben- ($^1A_1$) zum Metallfragment und einer π-Rückbindung vom Metall- zum Carbenfragment, beschreiben (Abbildung 6-1, links). Diese Bindungsverhältnisse ähneln den Verhältnissen in Übergangsmetall-CO-Komplexen [8]. Die Bindung in Schrock-Carbenen kann man dementsprechend als kovalente Bindung zwischen einem Triplett-Carben ($^3B_1$) und einem Triplett-Metallfragment auffassen (Abbildung 6-1, rechts). Da bei diesem Bindungsmodell keine Donor-Akzeptor-Wechselwirkungen auftreten, bezeichnet man diese Verbindungen auch als Übergangsmetall-Alkylidene.

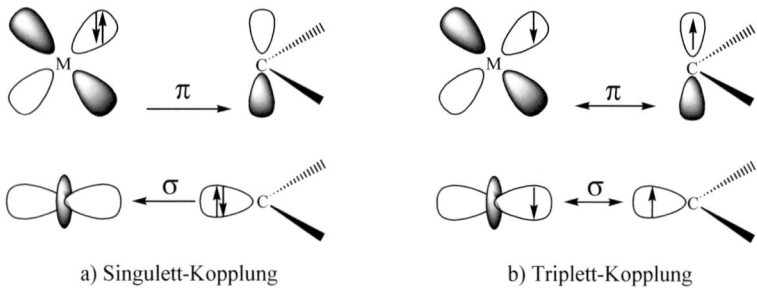

a) Singulett-Kopplung   b) Triplett-Kopplung

Abbildung 6-1: Bindungsverhältnisse in Carbenkomplexen nach Taylor und Hall [1].

Bei freien Carbenen findet man vorzugsweise die gleichen elektronischen Zustände vor, wie sie soeben für die an Übergangsmetalle gebundenen Carbenfragmente beschrieben wurden. So stabilisieren z.B. Heteroatom-Substituenten den Singulett-Zustand von Carbenen, Kohlenwasserstoff-Substituenten dagegen den Triplett-Zustand. Somit kann man aus der Elektronenkonfiguration des freien Carbenliganden auf die Bindungs-verhältnisse im Übergangsmetall-Carbenkomplex schließen [6]. Methylen (CH_2) hat einen Triplett-Grundzustand, welcher 37.7 kJ/mol tiefer liegt als der Singulettzustand [9, 10, 11].

Eine detailliertere Beschreibung der Bindungsverhältnisse in Übergangsmetall-Carben-komplexen wurde von Cundari und Gordon ermöglicht. Die Autoren unternahmen den Versuch, das oben beschriebene, mehr qualitative Bindungskonzept zu quantifizieren. Zu diesem Zweck wurden Multikonfigurations-Rechnungen (MCSCF) vorgenommen, bei denen verschiedene Möglichkeiten der Elektronenverteilung zwischen Metall und Carbenligand berücksichtigt wurden. Die in Abbildung 6-1 gezeigten Konfigurationen stellen dabei nur zwei mögliche Varianten dar. Die Autoren bestimmten den relativen Anteil der verschiedenen Konfigurationen an der Gesamtwellenfunktion für ausgewählte Übergangs-metall-Alkylidene in hohen Oxidationsstufen. Dabei handelte es sich um die Verbindungen $H_2M=CH_2$ (M = Ti, Zr, Hf), $H_3M=CH_2$ (M = Nb, Ta), $(HO)_2(HN)M=CH_2$ (M = Mo, W) und $(HO)_2(HC)Re=CH_2$. Zunächst wurden die Moleküle mit der HF-Methode optimiert und die Molekülorbitale der Metall-Kohlenstoffbindung (σ, σ^*, π, π^*) identifiziert [12]. In einem weiteren Schritt wurden single-point-Berechnungen mit einer Variante der Multi-konfigurations-SCF-Methode durchgeführt. Dabei handelt es sich um die FORS-Methode (Full Optimized Reaction Space), bei der die vier Molekülorbitale der M-C-Bindung mit 4 Elektronen besetzt werden. Die daraus erhaltenen delokalisierten MOs wurden mit Hilfe der Boys-Methode in lokalisierte MOs umgewandelt [13]. Im letzten Schritt verwendeten die Autoren die lokalisierten MOs als Grundlage für eine 4 x 4 Konfigurationswechsel-wirkungsrechnung. Da folgende Schritte in den Berechnungen ausgeführt wurden, wird dafür auch die Abkürzung MC/LMO/CI verwendet:

- Geometrieoptimierung mit der HF-Methode
- Konfigurationswechselwirkung (MC)
- Boys-Lokalisierung der Orbitale (LMO)
- Konfigurationswechselwirkungsrechnung (CI)

Dabei wurden 20 „Resonanzstrukturen" und deren relativer Anteil an der Grundzustands-wellenfunktion erhalten. Die fünf spinadaptierten Konfigurationen, die den größten Anteil an der Gesamtwellenfunktion besitzen, sind in Abbildung 6-2 dargestellt und sollen von oben nach unten besprochen werden. Die Konfiguration mit der Bezeichnung |2200> stellt die Referenzdeterminante dar. Die Bezeichnung |2200> steht für die Besetzung der vier lokalisierten Orbitale $|\sigma_C{}^2 \pi_C{}^2 \pi_M{}^0 \sigma_M{}^0>$. Diese Konfiguration entspricht der Koordination eines $CH_2{}^{2-}$-Liganden an ein Übergangsmetallfragment L_nM^{2+} und kann deshalb auch in der vereinfachten Schreibweise $M \overset{\longleftarrow}{=} C$ dargestellt werden. Diese Darstellung symboli-siert einen Carbenliganden als 4-Elektronendonor, der an ein Übergangsmetall in einer hohen Oxidationsstufe gebunden ist. Eine solche Betrachtungsweise wird manchmal in vereinfachter Weise für Schrock-Carbene (Alkylidenkomplexe) verwendet [12]. Die Konfiguration |2200> hat in den untersuchten Verbindungen allerdings nur einen geringen Anteil an der Grundzustandswellenfunktion. Dieser reicht von 3% bei der Titanium- bis zu 9% für die Hafniumverbindung.

Die beiden einfach angeregten Resonanzstrukturen |1201> und |2110> repräsentieren, genauso wie die Resonanzstruktur |2200>, nukleophile Wechselwirkungen des negativ geladenen Carbenfragmentes mit dem positiv geladenen Metallfragment. Die Summe der Quadrate dieser drei nukleophilen Resonanzstrukturen liefert für alle untersuchten Verbindungen etwa die Hälfte der Beiträge zur Grundzustandswellenfunktion.

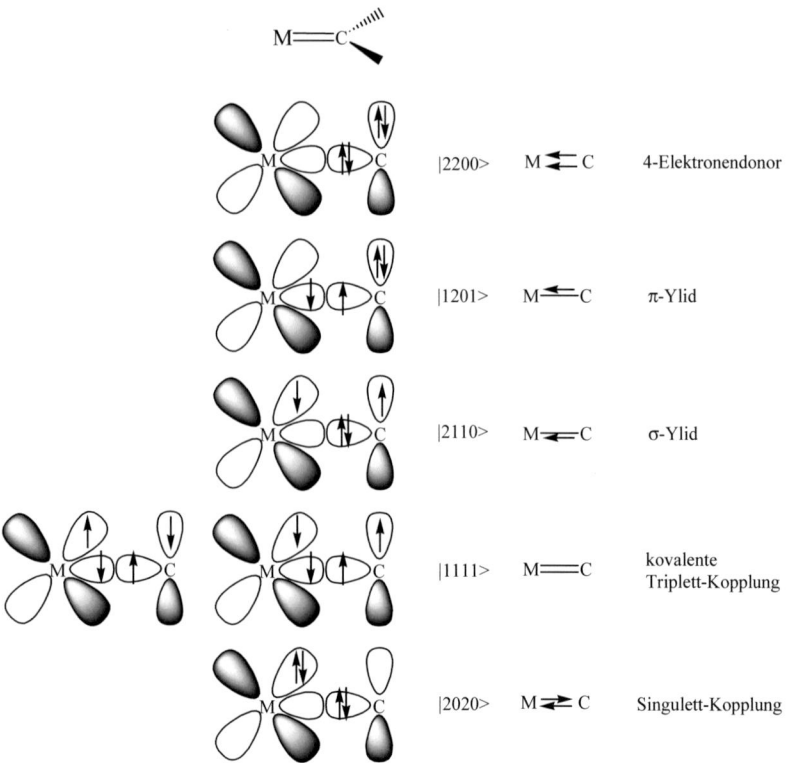

|2200>	M ⇇ C	4-Elektronendonor
|1201>	M ⇇ C	π-Ylid
|2110>	M ⇇ C	σ-Ylid
|1111>	M══C	kovalente Triplett-Kopplung
|2020>	M ⇌ C	Singulett-Kopplung

Abbildung 6-2: Wichtige Resonanzstrukturen von Übergangsmetall-Alkylidenkomplexen.

Eine zweifache Anregung, ausgehend von der Referenzdeterminante, führt zu den beiden Resonanzstrukturen |1111> und |2020>. Auf Grund der möglichen Spinkopplungen ($\alpha\beta\alpha\beta$ und $\alpha\alpha\beta\beta$) gibt es zwei Konfigurationen mit der Bezeichnung |1111>, beide sind in Abbildung 6-2 dargestellt. Diese Konfiguration entspricht einer kovalenten M-C-Doppelbindung und damit der kovalenten Bindung zwischen einem Triplett-Carben und einem Triplett-Metallfragment, wie bereits von Taylor und Hall beschrieben.

Die Konfiguration $|2020\rangle$ entsteht durch Anregung von 2 Elektronen vom π_C-Orbital auf das π_M-Orbital. Diese Darstellung entspricht exakt dem Modell von Taylor und Hall, bei dem zwei Singulett-Fragmente miteinander in Wechselwirkung treten. Die beiden neutralen Resonanzstrukturen ($|2020\rangle$ und $|1111\rangle$) haben etwa einen Anteil von 45% an der Grundzustandswellenfunktion. Die restlichen 5% sind elektrophilen Resonanzstrukturen ($L_nM^{n-} CH_2^{n+}$) zuzuschreiben. In allen untersuchten Verbindungen hat die Resonanzstruktur $|1111\rangle$ entweder den größten oder den zweitgrößten Anteil von allen Konfigurationen. Außerdem ist der Anteil dieser Resonanzstruktur in allen Fällen etwa dreimal so groß wie der Anteil der Konfiguration $|2020\rangle$. **Damit ist das Bindungsmodell von Taylor und Hall qualitativ richtig!** Die Metall-Kohlenstoff-Bindung in Schrock-Carbenen (Übergangsmetall-Alkylidenen) wird hauptsächlich durch eine Kopplung von Triplett-Fragmenten bestimmt (Abbildung 6-1, rechts bzw. Abbildung 6-2, $|1111\rangle$). Die Arbeit von Cundari und Gordon ermöglicht somit eine genauere Analyse der Bindungsverhältnisse. Neben der genannten Triplett-Kopplung spielen noch nukleophile Wechselwirkungen des negativ geladenen Carbenfragmentes mit dem positiv geladenen Metallfragment eine wichtige Rolle. Diese Wechselwirkungen werden durch die Resonanzstrukturen $|1201\rangle$, $|2110\rangle$ und $|2200\rangle$ beschrieben. Damit kann man die Nukleophilie der Carbenliganden in Übergangsmetall-Alkylidenen erklären.

In einer weiteren Arbeit von Cundari und Gordon werden die Einflüsse der Liganden am Übergangsmetall und der Substituenten am Carben-Kohlenstoffatom in Übergangsmetall-Alkylidenen $L_nM=CR_2$ (M = Ti, Zr, Hf, Nb, Ta) untersucht [14]. Die Autoren benutzen die gleiche Methode wie in der eben beschriebenen Arbeit zur Analyse der Bindungsverhältnisse. Es wurde gezeigt, dass die Natur der Übergangsmetall-Kohlenstoff-Bindung durch Variation der Elektronegativität der Liganden L und der Substituenten R nur in bestimmten Grenzen variiert werden kann. So ähneln sich z. B. die Tantalum-Kohlenstoff-Bindungen in $H_3Ta=CH_2$, $H_3Ta=CCl_2$ und $Cl_3Ta=CH_2$ weitgehend und besitzen wahrscheinlich in experimentell untersuchten Verbindungen mit Cyclopentadienylliganden und Neopentylresten ebenfalls ähnliche Eigenschaften. Deutliche Änderungen in den Eigenschaften der M=C-Bindung kann man auf andere Weise erreichen:

- durch Verwendung von stark elektropositiven Substituenten,
- durch Variation des Übergangsmetalls,
- durch Verwendung von π-Donor-Substituenten am Carben-Kohlenstoffatom.

Stark elektropositive Substituenten, wie z.B. Lithium, am Carbenkohlenstoffatom verursachen in den untersuchten Verbindungen eine in Richtung Dreifachbindung verstärkte M-C-Bindung. Die schweren Homologen der Elemente der 4. und 5. Nebengruppe, Hf und Ta, verstärken die Nukleophilie des Carbenkohlenstoffatoms. π-Donor-Substituenten am α-Kohlenstoffatom führen zu einer verstärkten Elektrophilie des Kohlenstoffatoms. Leider konnten Fischer-Carbene nicht mit der MC/LMO/CI-Methode untersucht werden, da in diesen Verbindungen die Metall-Kohlenstoffbindung nicht in bindende und antibindende Orbitale aufgeteilt werden kann, sondern eine Korrelation mit einem äußeren Orbital stattfindet, welches einen zusätzlichen Radialknoten aufweist [15]. Für Fischer-Carbene dürfte außerdem die Elektronenkorrelation wichtiger sein als bei Schrock-Carbenen, da in ersteren zahlreiche, teilweise besetzte d-Orbitale auftreten.

Fischer-Carbenkomplexe $(OC)_5M=CH_2$ (M = Cr, Mo, W) wurden von Ziegler et al. mittels DFT-Methoden untersucht. Die Bindungsverhältnisse werden hierbei ohne weitere Begründung als dative σ/π-Kopplung von zwei Singulett-Fragmenten entsprechend Abbildung 6-1a) beschrieben. In der ersten Arbeit wird der Einfluss der nichtlokalen Dichtekorrektur und relativistischer Effekte auf die Geometrien und Bindungsenergien bei diesen Verbindungen untersucht [16]. In einer weiteren Publikation wurden für die Carbenkomplexe von Cr, Mo, W und Mn die intrinsischen σ- und π-Bindungsstärken mit der ETS-Analyse ermittelt [17]. Die σ-Bindungsstärken der Verbindungen sinken in der Reihenfolge Mn^+C (341) > CrC (267) > MoC (236) $\approx$ WC (233 kJ/mol). Die π-Bindungsstärken der CrC- (202 kJ/mol) und der MoC-Bindungen (204 kJ/mol) sind nahezu identisch. Die etwas stärkere π-Bindung im Fall des Wolframcarbens (221 kJ/mol) wird auf relativistische Effekte zurückgeführt. Die Mn^+C-π-Bindung ist mit 152 kJ/mol deutlich schwächer. Die besondere Bindungssituation in der Manganverbindung kommt durch die positive Ladung am Manganatom zustande. Im Vergleich zum $Cr(CO)_5$-Fragment haben die Grenzorbitale von $Mn(CO)_5^+$ eine niedrigere Energie. Die Stabilisierung der Grenzorbitale wird durch die Coulomb-Anziehung verursacht. Dadurch gelangt das LUMO des $Mn(CO)_5^+$-Fragmentes energetisch in die Nähe des HOMO des CH_2-Fragmentes. Dies führt zu einer stärkeren Wechselwirkung dieser beiden Orbitale und damit zu einer stärkeren σ-Bindung. Genau umgekehrt verhält es sich bei der π-Wechselwirkung. Das HOMO des metallorganischen Fragmentes liegt niedriger, was zu einer größeren Energiedifferenz zum LUMO von CH_2 und zu einer schwächeren π-Bindung führt. Die Zusammenhänge sind anhand der Ergebnisse von EHT-Rechnungen noch einmal in Abbildung 6-3 verdeutlicht.

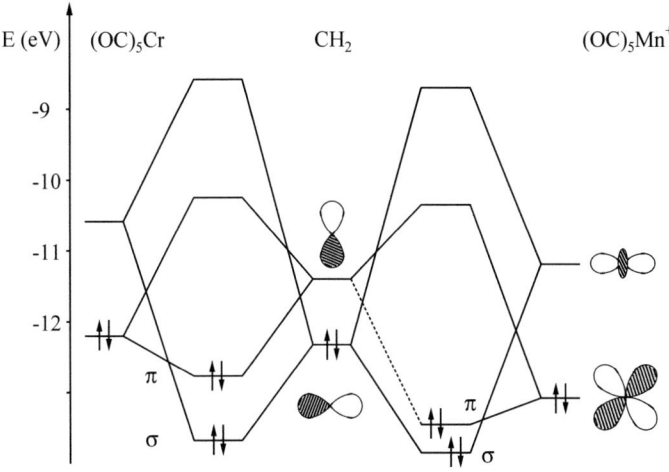

Abbildung 6-3: Vergleich der Grenzorbital-Wechselwirkungen von Cr(CO)$_5$ und [Mn(CO)$_5$]$^+$ mit Singulett-CH$_2$.

Die Bindungsverhältnisse in Schrock- und Fischer-Carbenkomplexen des Wolframs wurden in einer vergleichenden Studie von Vyboishchikov und Frenking untersucht [18]. Die Geometrien der Verbindungen wurden auf dem MP2-Niveau optimiert und die Bindungsenergien auf Grundlage der CCSD(T)-Methode berechnet. Für die Fischer-Carbene (OC)$_5$WCR$_2$ mit CR$_2$ = CH$_2$, CF$_2$, CHF, CH(OH) wurden mit Hilfe der CDA Donor-Akzeptor-Wechselwirkungen zwischen dem metallorganischen Fragment und einem Singulett-Carben nachgewiesen. Die CDA der Verbindungen [F$_5$WCH$_2$]$^-$ und [F$_5$WCF$_2$]$^-$ zeigt, dass bei diesen beiden Verbindungen ebenfalls Donor-Akzeptor-Wechselwirkungen zwischen Wolframatom und dem Carbenliganden vorliegen. Man kann also aus der formalen Wertigkeitsstufe des Metallatoms nicht auf die Art der Bindung zwischen Metallatom und Carbenliganden schließen. Bei den Schrock-Carbenen X$_4$WCH$_2$ mit X = F, Cl, Br, I, OH und F$_4$WCF$_2$ existiert eine kovalente Bindung zwischen dem Metallkomplexfragment mit zwei ungepaarten Elektronen und einem Triplett-Carben. Somit unterstützen auch diese Ergebnisse das Bindungsmodell von Taylor und Hall (siehe Abbildung 6-1). Die NBO-Analyse und die topologische Analyse der Bindungsverhältnisse (AIM-Methode) zeigten weitere deutliche Unterschiede von den Carbenkomplexen, bei denen das Wolframatom in einer niedrigen Oxidationsstufe vorliegt, zu den Komplexen, bei denen es in einer hohen Oxidationsstufe vorliegt. So ist z.b. die Wolfram-Kohlenstoff-π-Bindung in den Verbindungen $(OC)_5WCR_2$ (niedrige Oxidationsstufe) zum Wolfram hin polarisiert, während sie in den Verbindungen X_4WCH_2 (hohe Oxidationsstufe) zum Kohlenstoff hin polarisiert ist. Die Bindungsordnung ist in den Verbindungen $(OC)_5WCR_2$ deutlich niedriger (0.93 bis 1.18) als in den Verbindungen X_4WCH_2 (1.48 bis 1.87). Die W-C-Bindung hat also in den Verbindungen X_4WCH_2 einen deutlich höheren Doppelbindungscharakter und der Carbenligand sollte nukleophile Eigenschaften aufweisen. Demgegenüber sollte der Carbenligand bei den Verbindungen $(OC)_5WCR_2$ elektrophile Eigenschaften besitzen.

Die AIM-Methode liefert noch einen weiteren Beleg für diese unterschiedlichen Reaktivitäten: Die Elektronendichteverteilung in den Fischer-Carbenen weist Lücken in der Elektronenkonzentration am Carbenkohlenstoff auf. An diesen Positionen kann ein nukleophiler Angriff erfolgen. Im Gegensatz dazu sind die Carbenkohlenstoffatome der Schrock-Carbene von einer geschlossenen Ladungswolke umhüllt. Diese Erkenntnisse stimmen mit den experimentell beobachteten Reaktivitäten von Schrock- und Fischer-Carbenen überein.

Eine besondere Klasse von Carbenkomplexen stellen die Verbindungen dar, bei denen ein N-heterocyclisches Carben an ein Übergangsmetall gebunden ist. Diese Verbindungen werden im Vergleich mit den homologen Silicium- und Germaniumverbindungen im nächsten Kapitel besprochen.

Zusammenfassend kann man sagen, dass die in Abbildung 6-1 dargestellten Bindungsmodelle Grenzstrukturen für die Bindungsverhältnisse demonstrieren. Die realen Bindungsverhältnisse in Übergangsmetall-Alkylidenen liegen je nach vorhandenen Substituenten, Liganden und der Art des Übergangsmetalls zwischen diesen beiden Grenzstrukturen und werden recht anschaulich durch die in Abbildung 6-2 dargestellten Resonanzstrukturen beschrieben.

6.2 Elektronische Eigenschaften von Metallsilylenkomplexen und homologen Verbindungen

Die meisten der in diesem Kapitel vorgestellten Arbeiten beschäftigen sich nicht ausschließlich mit Metallsilylenkomplexen, sondern beziehen ebenfalls die höheren Homologen der Gruppe 14 in die Betrachtungen mit ein. Da der Vergleich dieser Verbindungen recht aufschlussreich ist, wird auch über die höheren Homologen berichtet.

Cundari und Gordon untersuchten die Bindungsverhältnisse in Übergangsmetall-Silylenkomplexen [19, 20]. Dabei wurde die gleiche Methode verwendet, die im vorangehenden Kapitel beschrieben wurde (MC/LMO/CI). Die Bindungsverhältnisse und die elektronischen Strukturen der Komplexe $MSiH_2^+$ mit M = Sc, Ti, V, Cr, Mn, Fe, Co und Ni wurden analysiert und die Ergebnisse mit den analogen Carbenkomplexen MCH_2^+ verglichen. Ein Vergleich der Elemente der Gruppe 14 (E = C, Si, Ge, Sn) wurde anhand der Verbindungen $CrEH_2^+$ durchgeführt. Der Singulettzustand von Silylen SiH_2 ist 70.3 kJ/mol stabiler als der Triplettzustand [21]. Daher würde man erwarten, dass die |2020> Konfiguration in Silylenkomplexen eine größere Rolle spielen sollte als in den analogen Carbenkomplexen. Überraschenderweise zeigen die Berechnungen mit der MC/LMO/CI-Methode für die Silylenkomplexe der elektronenarmen Übergangsmetalle M = Sc, Ti, V, Cr, Mn, dass |1111> die wichtigste und |2110> die zweitwichtigste Konfiguration darstellt! Alle anderen Resonanzstrukturen haben nur einen sehr geringen Anteil an der Gesamtwellenfunktion. Die elektronenarmen Übergangsmetalle besitzen einen high-spin-Grundzustand und haben keine gefüllten π_M d-Orbitale. Die Resonanzstruktur |2020> spielt daher keine Rolle. Bei den Silylenkomplexen der elektronenreichen Übergangsmetalle mit M = Fe, Co und Ni hingegen wird die Resonanzstruktur |2020> zunehmend wichtiger und schließlich zur dominierenden Konfiguration. Die entsprechenden Carbenkomplexe zeigen eine viel schwächere Veränderung der Bindungsverhältnisse beim Übergang von den elektronenarmen zu den elektronenreichen Übergangsmetallen. Bei diesen Verbindungen sind immer die Konfigurationen |1111> und |2110> dominierend. Die |2020> Konfiguration wird nur beim $NiCH_2^+$ wichtig, die beiden anderen Konfigurationen haben jedoch immer noch den größten Anteil an der Gesamtwellenfunktion.

In der Reihe der Verbindungen $CrEH_2^+$ findet man nur sehr geringe Änderungen in der Wichtung der Resonanzstrukturen beim Übergang von den leichten zu den schweren Tetrelen. Die Konfiguration |1111> hat in all diesen Verbindungen etwa einen Anteil von 50% und die Konfiguration |2110> von etwa 35%. Die restlichen 18 Resonanzstrukturen liefern nur sehr geringe Beiträge.

In einer weiteren Arbeit entwickelten Cundari und Gordon Strategien zum Design von Übergangsmetall-Silylidenkomplexen, bei denen das Übergangsmetall in Analogie zu den Schrock-Carbenen in einer hohen Oxidationsstufe vorliegt [20]. Es wurden einfache Modellverbindungen des Typs $L_2M=SiR_2$ mit M= Ti, Zr, Hf und $L_3M=SiR_2$ mit M = Nb, Ta (L = H, Cl; R = H, Cl, Me, SiH_3) untersucht. Aus den Kraftkonstanten der M-Si-Valenzschwingungen schlussfolgerten die Autoren, dass elektronenziehende Substituenten die thermodynamische Stabilität der Verbindungen erhöhen sollten. Außerdem weisen die Silylidenkomplexe der Gruppe 5 größere Kraftkonstanten als die Verbindungen mit den Elementen der Gruppe 4 aus der gleichen Periode auf. Die Analyse der Bindungsverhältnisse mit der MC/LMO/CI-Methode zeigte, dass die Konfigurationen |1111> und |2110> wiederum die wichtigsten Beiträge zur Gesamtwellenfunktion liefern.

Chung und Gordon untersuchten die Bindungsverhältnisse in den Verbindungen $H_2Ti=EH_2$ mit E = C, Si und $H_2Ti=EH$, mit E = N, P [22]. Die Geometrien der Moleküle wurden mit der Multikonfigurations-SCF-Methode (MCSCF) optimiert und Rotationsbarrieren um die Ti-E-Bindung und Bindungsdissoziationsenergien mit der Multireferenz-MP2-Methode berechnet. Die Bindungsdissoziationsenergien betragen 349.2 kJ/mol (TiC), 238.2 kJ/mol (TiSi), 487.8 kJ/mol (TiN) und 201.4 kJ/mol (TiP). Die recht hohe Bindungsenergie der Ti-N-Bindung kann mit einem Dreifachbindungscharakter erklärt werden, der durch eine starke Rückbindung vom freien Elektronenpaar des Stickstoffatoms zu einem leeren d-Orbital am Titaniumatom zustande kommt.

Nakatsuji, Hada und Kondo gingen ebenfalls der Frage nach, inwieweit Silylidenkomplexe vom Schrock-Typ existenzfähig sein könnten. Sie verglichen dazu die Silylidenkomplexe MeH_2NbSiR_2 (R = H, OH) mit den Silylenkomplexen $(OC)_4FeSiR_2$ und $(OC)_5CrSiR_2$ (R = H, OH) [23]. Die Geometrien der Verbindungen wurden auf dem HF-Niveau optimiert, die Analyse der Bindungsverhältnisse erfolgte mit Hilfe der Mulliken-Populationsanalyse und der Untersuchung der Molekülorbitale. Für die Verbindung MeH_2NbSiH_2 wurden zusätzlich die Effekte der Elektronenkorrelation mit der Symmetrie-angepassten Clustermethode (symmetry-adapted cluster method – SAC) berücksichtigt [24]. Die Grenzorbitale der Verbindung MeH_2NbSiR_2 haben am Niobiumatom die größten Koeffizienten. Dementsprechend sollten sowohl ein nukleophiler als auch ein elektrophiler Angriff an diesem Atom erfolgen. Jedoch kann auch ein nukleophiler Angriff am Siliciumatom nicht ausgeschlossen werden, da das LUMO ebenfalls einen großen Koeffizienten am Siliciumatom besitzt. Etwas anders sieht die Reaktivität der Verbindungen $(OC)_5CrSiR_2$ aus, hier sollten Elektrophile am Chromiumatom und Nukleophile am Siliciumatom angreifen. Die Nb-Si-Bindungen in den Silylidenkomplexen MeH_2NbSiR_2 mit R = H und OH sind stabiler als die Metall-Silicium-Bindungen in den entsprechenden Fischer-Komplexen $(OC)_4FeSiR_2$ und $(OC)_5CrSiR_2$. Deshalb vermerken die Autoren, dass es möglich sein sollte, stabile Schrock-Silylenkomplexe dieser Art zu synthetisieren.

Die elektronischen Eigenschaften von Fischer-Carbenen und deren Homologen mit Elementen der Gruppe 14 $(OC)_5MoEH_2$ (E = C, Si, Ge, Sn) wurden von Márquez und Sanz untersucht [25]. Die Geometrien der Moleküle wurden auf dem HF-Level und anschließend die Mo-E-Bindungslängen auf dem CASSCF-Niveau optimiert. Die aus den Berechnungen erhaltenen Mo-E-Bindungsdissoziationsenergien für den Singulett-Zustand der Fragmente werden in der Reihenfolge C >> Si > Ge $\approx$ Sn kleiner. Aus den Mulliken-Populationsanalysen der Verbindungen kann man entnehmen, dass die Beschreibung der Verbindungen als Donor-Akzeptor-Komplexe entsprechend Abbildung 6-1a) zutreffend ist. Das σ-Donororbital des EH_2-Fragmentes hat für die schwereren Elemente einen zunehmenden s-Charakter, wird diffuser und der Ladungstransfer von EH_2 zum Mo-Atom wird geringer. Die Polarität der Molybdän-Element-π-Bindung nimmt vom Kohlenstoff zum Zinn kontinuierlich zu, d.h. das Molybdänatom wird zunehmend stärker negativ polarisiert. Die damit verbundene geringer werdende π-Rückbindung vom Mo-Atom zu EH_2 ist die Ursache dafür, dass die schwereren Homologen dieser Verbindungen einen Lewis-sauren Charakter am Atom E aufweisen und sehr leicht Basen koordinieren.

In einer weiteren Arbeit untersuchten Marquez und Sanz die Bindungsverhältnisse in den Verbindungen $MoEH_2$ (E = C, Si, Ge, Sn) mit der CASSCF-Methode [26]. Der elektronische Grundzustand des Molybdänatoms mit den Außenelektronen $5s^1 4d^5$ ist ^7S und der Grundzustand von Methylen ist $^3B_1$. Daher, so argumentieren die Autoren, fällt „nacktes" $Mo=CH_2$ in die Kategorie der Alkylidenkomplexe. Die Kopplung dieser beiden Fragmente ergibt drei mögliche Spinkombinationen:

- Der Quintettzustand $^5B_1$ entspricht der Kopplung der beiden Elektronen des EH_2-Fragmentes mit je einem Elektron von Mo, also einer σ- und einer π-Bindung.
- Der Septettzustand $^7B_1$ entspricht einer σ-Bindung ohne π-Bindung.
- Der high-spin-Zustand $^9B_1$ hätte formal keine Bindung und wird außer Acht gelassen.

Eine weitere Möglichkeit besteht in der Wechselwirkung des Fragmentes EH_2 im Singulettzustand ($^1A_1$) mit dem Molybdänatom (^7S) und führt zum Zustand $^7A_1$. Diese Wechselwirkung würde einer σ-Donorbindung von EH_2 zum Mo-Atom entsprechen. Bei den Verbindungen E_2H_4 mit E = Si, Ge, Sn und Pb findet man trans-abgewinkelte Geometrien [27, 28]. Diese wurden auf die Wechselwirkung von Singulett-Fragmenten im Sinne einer doppelten Donor-Akzeptor-Bindung zurückgeführt [29]. Die drei für die Bindung in $MoEH_2$ relevanten Zustände $^5B_1$, $^7B_1$ und $^7A_1$ sind noch einmal in Tabelle 6-1 zusammengefasst.

Tabelle 6-1: Mögliche elektronische Zustände und Bindungsverhältnisse in $MoEH_2$

Zustand	Bindungen		Besonderheiten
$^5B_1$	σ- und π-Bindung	$Mo\!=\!\!=\!EH_2$	
$^7B_1$	σ-Bindung	$Mo\!-\!\!-\!EH_2$	
$^7A_1$	σ-Donorbindung	$Mo\!\leftarrow\!EH_2$	Abwinkelung möglich $Mo\!-\!\!-\!E\substack{,,,//H \\ \blacktriangledown H}$

Die Verbindungen $MoEH_2$ mit E = C, Si, Ge besitzen die $^5B_1$ Konfiguration als Grundzustand mit C_{2v}-Symmetrie. In diesen Verbindungen liegt also eine formale σ- und π-Doppelbindung vor, die dem Bindungsmodell in Abbildung 6-1b entspricht. Die Verbindung $MoSnH_2$ hat im Grundzustand C_s-Symmetrie mit einer abgewinkelten SnH_2-Gruppe. Die elektronische Struktur weist eine Mischung aus $^7B_1$- und $^7A_1$-Zustand auf und wurde daher als $^7A^{'}$ bezeichnet. Die Bindungsordnung Mo-E nimmt von $Mo\text{-}CH_2$ mit 1.447 zu Mo-Sn mit 0.936 ab. Die Bindungsenergie Mo-E nimmt in der Reihenfolge C > Si $\approx$ Sn $\approx$ Ge ab. Die berechneten Bindungsenergien und die Kraftkonstanten der Mo-E-Valenzschwingungen in den Verbindungen $MoEH_2$ sind deutlich kleiner als die der Verbindungen $(OC)_5MoEH_2$. **Somit weisen die untersuchten Verbindungen vom Fischer-Typ deutlich stärkere Metall-Element-Bindungen auf als die vom Schrock-Typ.**

Jacobsen und Ziegler führten Berechnungen auf dem DFT-Niveau an Pentacarbonylchrom-komplexen vom Fischer-Typ durch. Die erste Arbeit [16] dieser Serie wurde bereits im vorangehenden Kapitel erwähnt. In der zweiten Arbeit wurden Carben- und Silylen-komplexe $(OC)_5CrER_2$ mit ER_2 = CH_2, CF_2, CCl_2, CMe_2, $CMe(OMe)$, SiH_2, SiF_2, $SiCl_2$, $SiMe_2$ und $SiMe(OMe)$ untersucht [30]. Die Analyse der Bindungsverhältnisse mit Hilfe der ETS-Methode zeigte, dass die Silylenkomplexe im Vergleich zu den Carbenkomplexen deutlich schwächere π-Bindungen mit dem Metallatom eingehen. Die π-Bindungsenergie beträgt in den Silylenkomplexen etwa 70 kJ/mol, während sie in den Carbenkomplexen Werte von 120 (CF_2) bis zu 200 kJ/mol (CH_2) erreicht. Hingegen sind die σ-Bindungen bei den Silylenkomplexen stärker als bei den Carbenkomplexen. Für die verschiedenen Substituenten an den ER_2-Liganden wurde eine Abstufung der σ-Bindungsstärke in der Reihenfolge EMe_2 > EH_2 > ECl_2 ≈ EF_2 gefunden.

In einer weiteren Arbeit untersuchten Jacobsen und Ziegler die Bindungsverhältnisse in den Verbindungen $(OC)_5CrEH_2$ mit E = C, Si, Ge, Sn und $(OC)_5MCH_2$ mit M = Mo, W, Mn^+ [17]. Als wichtigstes Ergebnis der durchgeführten ETS-Analyse wurde ein deutlicher Abfall der π-Bindungsstärke von der Cr-C- (202 kJ/mol), über die Cr-Si- (82 kJ/mol) bis zur Cr-Ge- (72 kJ/mol) und Cr-Sn-Bindung (51 kJ/mol) festgestellt. Die Cr-C-π-Bindung ist etwa doppelt so stark wie die übrigen Bindungen. Die σ-Bindungsstärke ist beim Silylenkomplex am größten (332 kJ/mol), die anderen σ-Bindungen sind etwas schwächer (CrC = 267, CrGe = 268, CrSn = 283 kJ/mol). Die Unterschiede in den σ- und π-Bin-dungsstärken der $Cr-EH_2$-Bindungen wurden mit den unterschiedlichen Orbitalenergien der Grenzorbitale der EH_2-Fragmente erklärt. Beim Übergang zu den schwereren Elemen-ten der Gruppe 14 steigen die Energien von HOMO und LUMO an. Während das HOMO von EH_2 auch bei den schwereren Elementen noch ausreichend zur Wechselwirkung mit dem LUMO des $(OC)_5Cr$-Fragmentes in der Lage ist, führt die größer werdende Energie-differenz zwischen dem HOMO des Pentacarbonylchrom-Fragmentes und dem LUMO von EH_2 zu einer drastischen Verringerung der π-Bindungsstärke. Die Überlappungs-integrale der π-bindenden Orbitale sinken dabei kontinuierlich vom Kohlenstoff zum Zinn. Die drastische Verringerung der π-Bindungsstärke von der Cr-C- zur Cr-Si-Bindung kann man demnach nicht mit dem kleiner werdenden Überlappungsintegral begründen. Der deutliche Energieunterschied zwischen den Orbitalen liefert hier eine bessere Erklärung. Die soeben geschilderten Unterschiede in den Bindungsverhältnissen von Metallcarben- und Metallsilylenkomplexen kann man qualitativ auch anhand einfacher Extended-Hückel-Rechnungen demonstrieren. Das wird im nächsten Kapitel gezeigt.

Eine besondere Verbindungsklasse stellen die N-heterocyclischen Carbene und deren höhere Homologe dar, siehe Abbildung 6-4. Die Bindungsverhältnisse in Übergangs-metallkomplexen der Gruppe 11 mit solchen Liganden wurden von Boehme und Frenking untersucht [31]. Als Liganden wurden die einfachsten Vertreter dieser Verbindungen, das Imidazol-2-yliden und dessen höhere Homologe, verwendet. Die Bindungsstärke nimmt in der Reihenfolge C > Si > Ge ab. Die Metall-Ligand-Bindung hat überwiegend ionischen Charakter. Dabei tritt das positiv geladene Metall-Halogen-Fragment (MCl, M = Cu, Ag, Au) in σ-Wechselwirkung mit dem Donoratom E. Geringe kovalente Bindungsanteile sind ebenfalls vorhanden (Bindungsordnungen zwischen 0.45 und 0.76). Die π-Rückbindung vom Metall zum Ligand ist nur sehr gering.

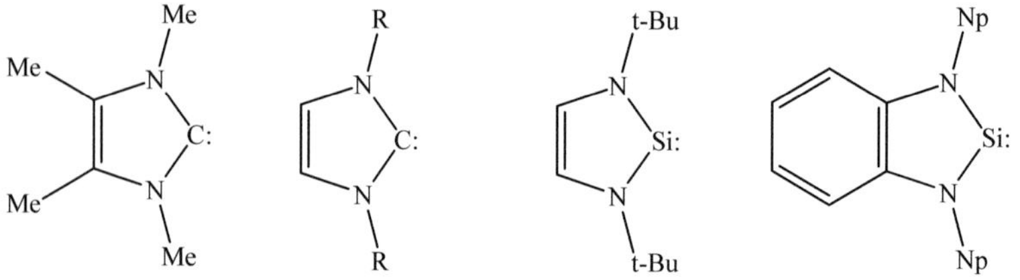

R = Adamantyl, Mesityl,
    Ph, p-Cl-C_6H_5

Np = Neopentyl

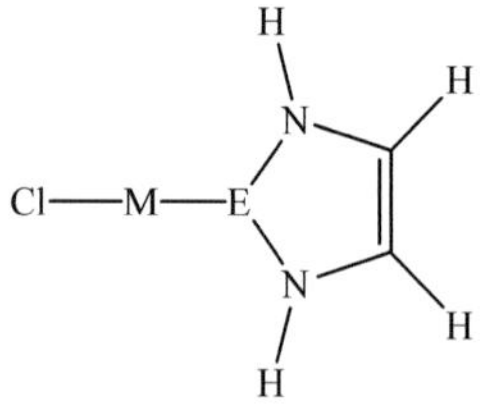

M = Cu, Ag, Au

E = C, Si, Ge

Abbildung 6-4: Beispiele für stabile Carbene und Silylene (oben) und in [31] untersuchte Verbindungen (unten).

6.3 Prinzipielle Schlussfolgerungen aus den unterschiedlichen Bindungsverhältnissen von Metallcarben- und Metallsilylenkomplexen

Exemplarisch sollen an dieser Stelle noch einmal prinzipielle Unterschiede zwischen Metallcarben- und Metallsilylenkomplexen aufgezeigt werden. Dazu werden die Bindungsverhältnisse in den Molekülen **1** bis **4** miteinander verglichen (Abbildung 6-5). Die vier Moleküle wurden mit dem im experimentellen Teil beschriebenen DFT-Verfahren optimiert und mit Hilfe der CDA, der NBO-Analyse und der EHT-Methode analysiert.

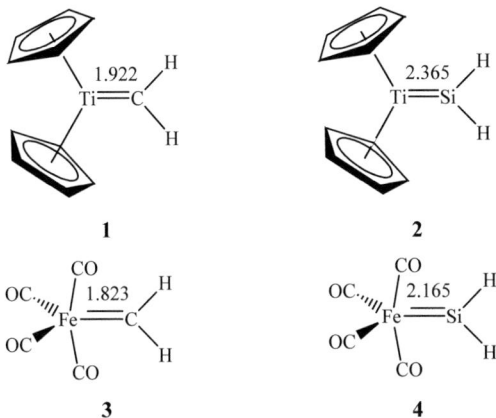

Abbildung 6-5: Ausgewählte Beispiele für ein Schrock-Carben bzw. -Silylen (oben) und ein Fischer-Carben bzw. -Silylen (unten). M-E-Bindungslängen in Å.

Die Ergebnisse der CDA sind in Tabelle 6-2 zusammengefasst. Die Verbindungen wurden für diesen Zweck in die Fragmente Cp_2Ti bzw. $(OC)_4Fe$ und SiH_2 bzw. CH_2 zerlegt und die Wechselwirkung der Orbitale dieser Fragmente miteinander analysiert. Der Restterm Δ ist bei den beiden Schrock-Komplexen **1** und **2** zu groß. Somit können die Bindungen zwischen Ti und C bzw. Si in diesen beiden Verbindungen nicht als Donor-Akzeptor-Wechselwirkungen zwischen closed-shell-Fragmenten betrachtet werden. Es handelt sich um Wechselwirkungen von open-shell-Fragmenten, wie sie auch nach dem Bindungsmodell von Taylor und Hall vorhergesagt werden [1]. Bei den Verbindungen **3** und **4** ist der Restterm nahezu Null, somit ist hier eine Betrachtungsweise als Donor-Akzeptor-Komplex sinnvoll. Beim Vergleich von **3** mit **4** fällt auf, dass das Silylenfragment in **4** eine höhere

Donorwirkung aufweist als das Carbenfragment in **3**. Die Rückbindung ist in beiden Komplexen fast gleich stark.

Tabelle 6-2: CDA der Verbindungen **1** bis **4**.

Molekül	d	b	r	Δ
$Cp_2Ti=CH_2$ (**1**)	0.426	0.003	-0.217	0.413
$Cp_2Ti=SiH_2$ (**2**)	0.131	0.036	-0.050	0.046
$(OC)_4Fe=CH_2$ (**3**)	0.477	0.378	-0.332	0.003
$(OC)_4Fe=SiH_2$ (**4**)	0.540	0.384	-0.373	0.008

(**d** – Donorbindung; **b** – Rückbindung; **r** - repulsive Polarisierung; Δ - Restterm)

Weitere Informationen über die Bindungsverhältnisse können aus der NBO-Analyse gewonnen werden. Die wichtigsten Ergebnisse bezüglich der MC- bzw. MSi-Bindungen der vier Verbindungen sind in Tabelle 6-3 zusammengefasst. In den beiden Titanium-komplexen **1** und **2** ist das Metallatom deutlich stärker positiv geladen als in den Eisen-komplexen. Dies ist aufgrund der unterschiedlichen Liganden am Metallatom auch leicht zu verstehen. Das Carben-Kohlenstoffatom hat eine negative Ladung in den Komplexen **1** (- 0.67) und **3** (- 0.53), während das elektropositivere Siliciumatom in den Verbindungen **2** (+ 0.48) und **4** (+ 0.57) positiv geladen ist. Der Wiberg-Bindungsindex für die Metall-Kohlenstoff bzw. Metall-Silicium-Bindung ist für die beiden Schrock-Komplexe deutlich größer als 1.00 (1.59 für **1** und 1.41 für **2**), während für die beiden Fischer-Komplexe ein drastisch reduzierter Bindungsindex beobachtet wird. Somit weisen die ME-Bindungen in beiden Schrock-Komplexen einen deutlich höheren Doppelbindungscharakter auf. Dieser unterschiedliche Bindungsgrad wird zudem verständlich, wenn man sich die Polarität der Bindungen ansieht. Dazu kann man den prozentualen Anteil der Atomorbitale vom Metall am Bindungsorbital (% M) aus der Tabelle 6-3 heranziehen. In den Schrock-Komplexen findet man recht wenig polare Bindungen. Das Titaniumatom hat einen Anteil von 31.5 (**1**) und 40.3 % (**2**) an der σ-Bindung und 53.8 bzw 59.7 % an der π-Bindung. Im Gegensatz dazu sind die Bindungen in den Fischer-Komplexen **3** und **4** deutlich polarer. Während der Anteil des Eisenatoms an den σ-Bindungen lediglich 16.6 (**3**) bzw. 37.8% beträgt, sind die Orbitale der π-Bindung überwiegend am Eisenatom lokalisiert (83.4 % bei **3** und 79.3 % bei **4**). Dies entspricht wiederum dem klassischen Bild der Singulett-Kopplung nach Taylor und Hall (siehe Abbildung 6-1a).

Tabelle 6-3: Ergebnisse der NBO-Analyse für die Verbindungen **1** bis **4**.

Molekül	q (Fe, Ti)	q (C, Si)	BO	Occ	%M
Cp$_2$Ti=CH$_2$ (**1**)	0.72	-0.67	1.59	σ 1.96	31.5
				π 1.90	53.8
Cp$_2$Ti=SiH$_2$ (**2**)	0.24	0.48	1.41	σ 1.92	40.3
				π 1.84	59.7
(OC)$_4$Fe=CH$_2$ (**3**)	-0.44	-0.53	0.93	σ 1.53	16.6
				π 1.84	83.4
(OC)$_4$Fe=SiH$_2$ (**4**)	-0.61	0.57	0.75	σ 1.62	37.8
				π 1.79	79.3

	Bindung	AO vom Metall (%)				AO von C bzw. Si (%)		
		s	p	d	f	s	p	d
1	σ	16.8		83.1		42.9	57.1	
	π		0.70	99.3			100	
2	σ	22.0		77.9		46.4	53.4	0.2
	π			99.8			99.7	0.3
3	σ	14.9	34.8	49.8	0.5	37.7	62.3	
	π		0.3	99.7			100	
4	σ	49.8	0.1	50.1		44.7	55.2	0.1
	π		0.1	99.9			99.7	0.3

(**q** – Ladung des Atoms, **BO** –Wiberg Bindungsindex, **Occ** – Besetzung der Bindungen, **% M** –Anteil des Metalls am Molekülorbital in %, **AO** – an den Bindungen beteiligte Atomorbitale in %)

Ergänzend zu diesen Bindungsanalysen wurde mit Hilfe der EHT-Methode eine Fragmentorbitalanalyse der vier Verbindungen vorgenommen. Die Wechselwirkungen der Grenzorbitale der Fragmente sind in den nachfolgenden Abbildungen dargestellt. Die Molekülorbitale der beiden Titaniumkomplexe in Abbildung 6-6 wurden aus den Fragmenten
Cp_2Ti und CH_2 bzw. SiH_2 konstruiert. Alle beteiligten Fragmente und die resultierenden
Gesamtmoleküle besitzen C_{2v}-Symmetrie, dementsprechend liegen Orbitale mit a_1- oder b_2-
Symmetrie vor. Das gewinkelte Titanocenfragment hat drei Grenzorbitale, die als $1a_1$, b_2
und $2a_1$ bezeichnet werden [32]. Die Gestalt dieser Fragmentorbitale ist in der Abbildung
skizziert.

Da die Fragmentorbitalanalyse mit der EHT-Methode keine Aussage über den elektronischen Zustand der Fragmente liefert, erfolgt die Besetzung der Fragmentorbitale hier
nach dem Modell von Taylor und Hall als Wechselwirkung von Triplett-Fragmenten.

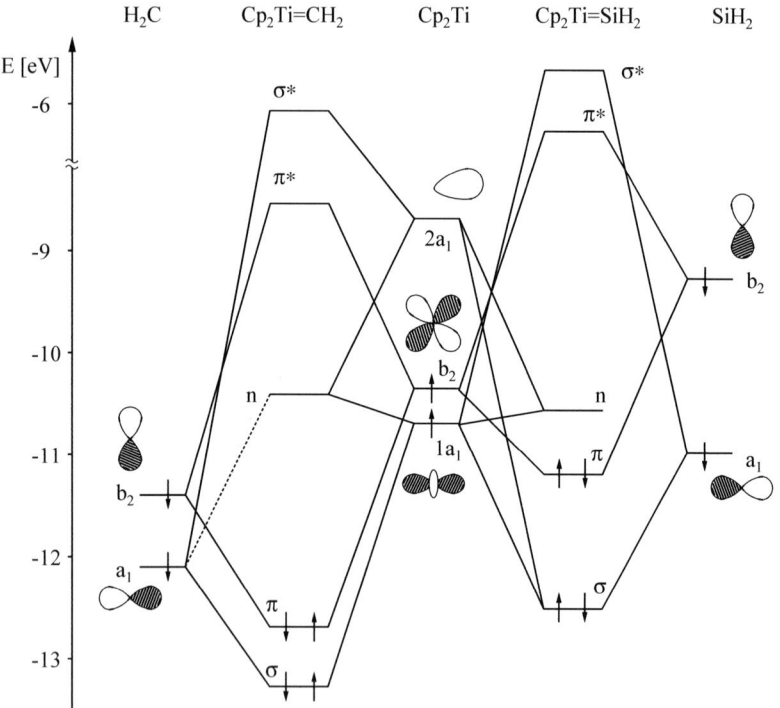

Abbildung 6-6: Fragmentorbitalanalyse der Verbindungen **1** und **2**.

Das Methylen- und das Silylenfragment verfügen jeweils über ein a_1- und ein b_2-Orbital. Diese bilden entsprechend ihrer Symmetrie entlang der Bindungsachse σ- bzw. π-Bindungen. Die Fragmentorbitale von Carben und Silylen sowie die resultierenden Molekülorbitale von $Cp_2Ti=CH_2$ (**1**) und $Cp_2Ti=SiH_2$ (**2**) haben die gleiche Reihenfolge und ähnliche Gestalt. Die Fragmentorbitale von SiH_2 liegen allerdings energetisch wesentlich höher als die von CH_2. Dies führt zu Unterschieden in der energetischen Lage der resultierenden Molekülorbitale. So haben sowohl die Orbitale der σ- als auch der π-Bindung von $Cp_2Ti=SiH_2$ (**2**) eine höhere Energie als die entsprechenden MOs von $Cp_2Ti=CH_2$ (**1**). Ähnliche Unterschiede zwischen Carben- und Silylenkomplexen wurden bei einem Vergleich der Bindungsverhältnisse in den kationischen Rutheniumkomplexen $[CpL_2Ru=EX_2]^+$ mit E = C, Si gefunden [33].

Die nichtbindenden Orbitale von **1** und **2** haben etwa die gleiche Energie. Das nichtbindende Orbital von **1** besitzt noch einen Anteil vom a_1-Orbital des Methylenfragmentes. Das nichtbindende Orbital von **2** ist gänzlich am Titanocenfragment lokalisiert. Aus den energetischen Unterschieden der Molekülorbitale kann man folgende qualitative Aussagen ableiten:

Titanocensilylen (**2**) ist stärker nukleophil, leichter oxidierbar und kinetisch weniger stabil als Titanocencarben (**1**). Diese Aussagen sollten im Wesentlichen auch für den Vergleich anderer Schrock-Silylene mit ihren strukturanalogen Carbenen gelten.

Die Fischer-Komplexe **3** und **4** wurden in gleicher Weise in Fragmente zerlegt (Abbildung 6-7). Das $(OC)_4Fe$-Fragment besitzt ebenfalls C_{2v}-Symmetrie, daher haben die Grenzorbitale dieselben Symmetriebezeichnungen wie beim Titanocenfragment. Im Unterschied zu Cp_2Ti besitzt das $(OC)_4Fe$-Fragment 16-Valenzelektronen, dadurch ist sowohl das $1a_1$- als auch das b_2-Orbital besetzt. Nach dem Modell von Taylor und Hall sollte bei diesen Komplexen eine Wechselwirkung von Singulett-Fragmenten stattfinden, dementsprechend wurden die Fragmentorbitale besetzt. Die Kombination des $(OC)_4Fe$-Fragmentes mit CH_2 oder SiH_2 führt zu 18-Valenzelektronen-Komplexen. Dadurch ist bei den Verbindungen **3** und **4** das nichtbindende MO ebenfalls besetzt.

Die Reihenfolge der Molekülorbitale von **3** und **4** ist gleich, die Gestalt der MOs der beiden Verbindungen ist ähnlich. Die höhere Energie der Grenzorbitale des Silylenfragmentes bewirkt wiederum einige Änderungen in der energetischen Lage der resultierenden Molekülorbitale von **4** im Vergleich zu den MOs von **3**. Das HOMO von $(OC)_4Fe=SiH_2$ (**4**) liegt energetisch höher als das von **3**. Somit sollte **4** stärker nukleophil sein als **3**. Aufgrund der großen Energiedifferenz zwischen dem b_2-Orbital von $(OC)_4Fe$ und dem b_2-Orbital von

SiH$_2$ sollte das resultierende π-Orbital mehr am Eisenatom und das π*-Orbital überwiegend am Siliciumatom lokalisiert sein. Tatsächlich findet man diese Verhältnisse auch in den MOs (siehe Abbildung 6-8 rechts). Bei (OC)$_4$Fe=CH$_2$ (3) sind die π-Orbitale sowohl am Eisen als auch am Kohlenstoffatom lokalisiert (siehe Abbildung 6-8 links).

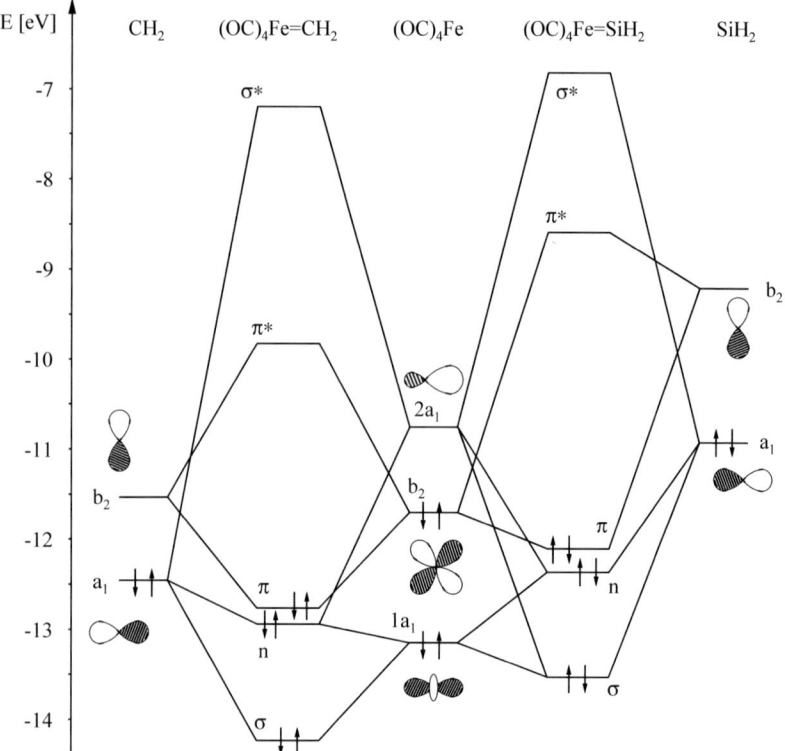

Abbildung 6-7: Fragmentorbitalanalyse der Verbindungen 3 und 4.

Mit den aufgeführten Unterschieden in den Molekülorbitalen kann man die unterschiedliche Reaktivität dieser Verbindungen erklären. Das energetisch höher liegende HOMO bei (OC)$_4$Fe=SiH$_2$ (4) führt zu stärkerer Nukleophilie. Aufgrund der ungleichmäßigen Verteilung der Koeffizienten der π-Orbitale sollte ein elektrophiler Angriff bei 4 bevorzugt am Eisenatom und ein nukleophiler Angriff bevorzugt am Siliciumatom erfolgen. Hervorragende Beispiele für einen nukleophilen Angriff am Siliciumatom sind die zahlreichen Donoraddukte der Metallsilylene.

Der Schlüssel zum Verständnis der unterschiedlichen Bindungsverhältnisse in Metallcarbenen und Metallsilylenen ist offensichtlich die sehr schwache π-Bindung in den
Metallsilylenen [15]. Der Silylenrest wirkt hauptsächlich als σ-Donor und akzeptiert aufgrund der mangelnden Rückbindung vom Übergangsmetall die Koordination zusätzlicher
Donorliganden.

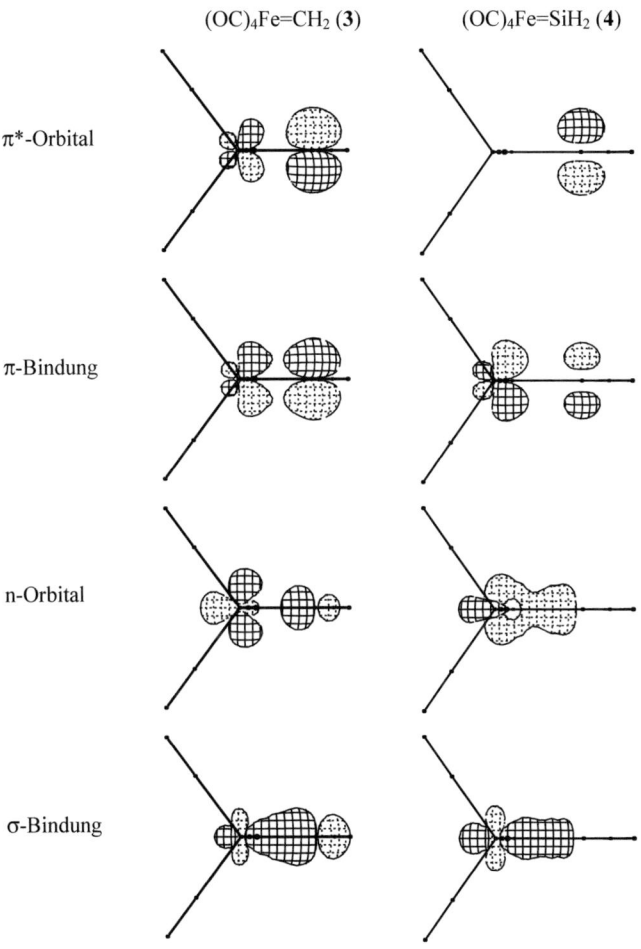

Abbildung 6-8: Ausgewählte Molekülorbitale von **3** (links) und **4** (rechts).

Literatur:

1   T. E. Taylor, M. B. Hall, *J. Am. Chem. Soc.* **1984**, *106*, 1576.

2   A. K. Rappé, W. A. Goddard III, *J. Am. Chem. Soc.* **1977**, *99*, 3966.

3   A. K. Rappé, W. A. Goddard III, *J. Am. Chem. Soc.* **1982**, *104*, 448.

4   E. A. Carter, A. Goddard III, *J. Phys. Chem.* **1984**, *88*, 1485.

5   E. A. Carter, A. Goddard III, *J. Am. Chem. Soc.* **1986**, *108*, 2180.

6   E. A. Carter, A. Goddard III, *J. Am. Chem. Soc.* **1986**, *108*, 4746.

7   G. Frenking und N. Fröhlich, *Chem. Rev.* **2000**, *100*, 717.

8   N. Fröhlich, G. Frenking, *Theoretical Models derived from Ab Initio Calculations Describing the Bonding Situation in Transition Metal Complexes;* in *Solid State Organometallic Chemistry: Methods and Applications* (Hrsg.: M. Gielen, R. Willem, B. Wrackmeyer,.), John Wiley & Sons **1999**, 174.

9   A. R. W. McKellar, P. R. Bunker, T. J. Sears, K. M. Evenson, R. J. Saykally, S. R. Langhoff, *J. Chem. Phys.* **1983**, *79*, 5251.

10   D. G. Leopold, K. K. Murray, A. E. S. Miller, W. C. Lineberger, *J. Chem. Phys.* **1985**, *83*, 4849.

11   P. R. Bunker, T. J. Sears, *J. Chem. Phys.* **1985**, *83*, 4866.

12   T. R. Cundari, M. S. Gordon, *J. Am. Chem. Soc.* **1991**, *113*, 5231.

13   J. Foster, S. F. Boys, *Rev. Mod. Phys.* **1960**, *32*, 300.

14   T. R. Cundari, M. S. Gordon, *J. Am. Chem. Soc.* **1992**, *114*, 539.

15   T. R. Cundari, *Chem. Rev.* **2000**, *100*, 807.

16   H. Jacobsen, G. Schreckenbach, T. Ziegler, *J. Phys. Chem.* **1994**, *98*, 11406.

17   H. Jacobsen, T. Ziegler, *Inorg. Chem.* **1996**, *35*, 775.

18   S. F. Vyboishchikov, G. Frenking, *Chem. Eur. J.* **1998**, *4*, 1428.

19   T. R. Cundari, M. S. Gordon, *J. Phys. Chem.* **1992**, *96*, 631.

20   T. R. Cundari, M. S. Gordon, *Organometallics* **1992**, *11*, 3122.

21   N. Matsunaga, S. Koseki, M. S. Gordon, *J. Chem. Phys.* **1996**, *104*, 7988.

22   G. Chung, M. S. Gordon, *Organometallics* **2003**, *22*, 42.

23   H. Nakatsuji, M. Hada, K. Kondo, *Chem. Phys. Lett.* **1992**, *196*, 404.

24   H. Nakatsuji, K. Hirao, *J. Chem. Phys.* **1978**, *68*, 2053.

25   A. Márquez, J. F. Sanz, *J. Am. Chem. Soc.* **1992**, *114*, 2903.

26   A. Márquez, J. F. Sanz, *J. Am. Chem. Soc.* **1992**, *114*, 10019.

27   B. T. Luke, J. A. Pople, M.-B. Krogh-Jespersen, Y. Apeloig, M. Karni, J.
     Chandrasekhar, P. v. Ragué-Schleyer, *J. Am. Chem. Soc.* **1986**, *108*, 270.

28   G. Trinquier, *J. Am. Chem. Soc.* **1990**, *112*, 2130.

29   P. Jutzi, *Angew. Chem.* **2000**, *112*, 3953; *Angew. Chem. Int. Ed. Engl.* **2000**, *39*,
     3797.

30   H. Jacobsen, T. Ziegler, *Organometallics* **1995**, *14*, 224.

31   C. Boehme, G. Frenking, *Organometallics* **1998**, *17*, 5801.

32   J. W. Lauher, R. Hoffmann, *J. Am. Chem. Soc.* **1976**, *98*, 1729.

33   F. P. Arnold Jr., *Organometallics* **1999**, *18*, 4800.

7 Zusammenfassung

In der vorliegenden Arbeit wurde die Reaktivität von Metallcarbenen und Metallsilylenen der Übergangsmetalle an ausgewählten Verbindungen mit Hilfe quantenchemischer Methoden untersucht. Dazu wurden die Moleküle mit einer DFT-Methode optimiert und die Übergangszustände für die diskutierten Reaktionen berechnet. Die Analyse der elektronischen Struktur der Verbindungen erfolgte mittels NBO-Analyse, CDA und in zwei Fällen mit der AIM-Methode. Fragmentorbital- und MO-Analysen wurden unter Verwendung der Erweiterten Hückel-Methode vorgenommen. Durch Vergleich der Molekülorbitale aus EHT- und DFT-Rechnungen wurde sichergestellt, dass die Molekülorbitale qualitativ die gleiche energetische Reihenfolge und Gestalt besitzen.

Bei den **Metallcarbenen** wurden zunächst Olefinierungsreaktionen mit Titanocenderivaten untersucht.

Die Olefinierung mit Petasis- und Grubbs-Reagenz verläuft ausschließlich über Titanocencarben als Intermediat.

Bei Einsatz von Tebbe-Reagenz in Gegenwart von zusätzlichen Basen geschieht dies ebenfalls. In Abwesenheit von zusätzlichen Basen hingegen kann die Carbonylverbindung selbst als Base wirken und zur Freisetzung des reaktiven Titanocencarbens beitragen.

Im Ergebnis systematischer Untersuchungen aller Koordinationsmöglichkeiten der Carbonylverbindung an Tebbe-Reagenz konnten zwei weitere alternative Mechanismen zur Olefinierung mit dieser Verbindung aufgezeigt werden.

Aus **Titanocenvinyliden** entstehen durch Cycloaddition **Titanacyclobutane und -butene**. Letztere weisen aufgrund der Anwesenheit der exocyclischen Methylengruppe im Vierring eine deutlich höhere Stabilität als die entsprechenden Verbindungen ohne exocyclische Methylengruppe auf. Die vorliegenden experimentellen Daten zu den Titanacyclobutanen und -butenen, die vorwiegend in der Arbeitsgruppe von Professor R. Beckhaus gesammelt wurden, ermöglichen einen detaillierten Vergleich von berechneten mit experimentell beobachteten Eigenschaften dieser Verbindungen. Hervorzuheben sind:

- Die Mechanismen zur Bildung von Sechsring-Strukturen ausgehend von Titanacyclobutenen und Azatitanacyclobutenen wurden aufgeklärt.

- Die Umlagerung von Titanaoxetanen mit der exocyclischen Methylengruppe in α-Stellung zum Titaniumatom in Titanaoxetane mit der exocyclischen Methylengruppe in β-Stellung, die bisher experimentell noch nicht beobachtet worden ist, sollte aufgrund der relativ geringen Aktivierungsenergie möglich sein.

- Der in der Literatur vorgeschlagene Mechanismus zur Bildung von Polyacetylen über die elektrocyclische Ringöffnungsreaktion von Titanacyclobuten konnte bestätigt werden.

- In einer vergleichenden Diskussion unter Einbeziehung von MO-Analysen gelang es, einfache Regeln für die Vorhersage der Reaktivität der Titanacyclobutane und -butene abzuleiten.

Da es nur relativ wenige experimentelle Daten zur Reaktivität von **Metallsilylenen** gibt, wurden deren Cycloadditionsreaktionen an Tetracarbonyl(dimethylsilylen)eisen als ausgewählter Musterverbindung untersucht.

Im Ergebnis konnte gezeigt werden, dass Cycloadditionen dieser Verbindung mit Alkinen und Carbonylverbindungen möglich sein sollten.

Bei den Folgereaktionen von Ferrasilacyclobutanen und -butenen sind vorzugsweise elektrocyclische Ringöffnungsreaktionen und Cycloreversionen zu erwarten.

Metathesereaktionen in Abwesenheit zusätzlicher Donorliganden sind aufgrund ihrer hohen Aktivierungsenergien und starken Endothermie wenig wahrscheinlich.

Die Analyse der Molekülorbitale zeigte deutliche **Unterschiede** in der Lage der Grenzorbitale **zwischen Metallcarbenen und Metallsilylenen.** So haben sowohl die Molekülorbitale der σ- als auch der π-Bindung von Metallsilylenen eine höhere Energie als die der entsprechenden MOs von Metallcarbenen.

Das energetisch höher liegende HOMO bei Metallsilylenen bedingt eine stärkere Nukleophilie dieser Verbindungen.

Durch die deutlich höhere Energie der Grenzorbitale des Silylenfragmentes kommt eine wesentlich schwächere π-Bindung in Metallsilylenen zustande.

Der Silylenrest wirkt hauptsächlich als σ-Donor und akzeptiert wegen der mangelnden Rückbindung vom Übergangsmetall die Koordination zusätzlicher Donorliganden.

Zu den **Mechanismen der [2+2]-Cycloadditionen** können folgende grundlegende Aussagen getroffen werden:

Das Symmetrieverbot für thermische [2+2]-Cycloadditionen wird durch die Anwesenheit des Übergangsmetalls aufgehoben. Daher benötigen die Cycloadditionen mit unpolaren Reagenzien bei $Cp_2Ti=C=CH_2$ sehr geringe und bei $(OC)_4Fe=SiMe_2$ moderate Aktivierungsenergie.

Bei der Cycloaddition von $(OC)_4Fe=SiMe_2$ mit unpolaren Reagenzien koordinieren diese im Übergangszustand ausschließlich am Siliciumatom. Dies ist auf die polare Eisen-Silicium-Bindung und die damit verbundene höhere Elektrophilie des Siliciumatoms zurückzuführen.

Die Cycloaddition mit polaren Reagenzien verläuft in allen untersuchten Reaktionen mit geringer Aktivierungsenergie über die primäre Bildung von Addukten. Damit handelt es sich bei diesen Reaktionen um nichtsymmetrische konzertierte Cycloadditionen, da an der Ausbildung des Übergangszustandes 6 Elektronen beteiligt sind bzw. um asynchrone konzertierte Reaktionen, da zuerst ein nukleophiler Angriff mit Adduktbildung erfolgt.

Zur Differenzierung der Aussagekraft der erhaltenen Resultate sei betont:
Die Reaktivität von Titanocencarben und -vinyliden wurde anhand **konkreter** Verbindungen und größtenteils bekannter Reaktionen charakterisiert. Die Untersuchungen zur Reaktivität von Tetracarbonyl(dimethylsilylen)eisen reichen dagegen weiter in experimentell noch wenig erkundetes bzw. unbekanntes Terrain hinein. Ich hoffe, dass die gewonnenen Vorhersagen für die Initiierung künftiger Synthesearbeiten hilfreich sind.

8 Experimenteller Teil

8.1 Verwendete Methoden und Programme

8.1.1 Extended-Hückel-Berechnungen

Die Molekülorbitalberechnungen erfolgten mit dem Programm CACAO (Computer Aided Composition of Atomic Orbitals) [1]. Die Molekülgeometrien wurden für diesen Zweck entsprechend den Daten der Einkristall-Strukturanalysen konstruiert. Falls von dem betreffenden Molekül keine Strukturanalyse verfügbar war, wurde eine mit DFT-Methoden optimierte Geometrie verwendet. CACAO ermöglicht unter anderem Fragment-orbitalanalysen und die Darstellung von Molekülorbitalen.

8.1.2 DFT-Berechnungen

Die Berechnungen wurden mit dem Programmpaket GAUSSIAN 98 durchgeführt [2]. Alle beschriebenen Molekülgeometrien wurden vollständig optimiert. Bei dem verwendeten Dichtefunktionalverfahren handelt es sich um eine Kombination aus Beckes Drei-Para-meter-Hybrid-Austauschfunktional und dem Korrelationsfunktional nach Lee, Yang und Parr (B3LYP) [3, 4]. Die Geometrieoptimierungen und Frequenzrechnungen wurden mit einem effektiven Kernpotenzial und einem Valenz-Double-Zeta-Basissatz für die Über-gangsmetalle Titanium und Eisen [5] und dem 6-31G* Basissatz für alle Hauptgruppen-elemente durchgeführt [6, 7]. Für das Element Eisen wurde eine zusätzliche f-Polarisationsfunktion verwendet [8]. Durch Berechnung der Hesse-Matrizen wurden alle optimierten Geometrien als Minima mit 0 imaginären Frequenzen oder als Übergangs-zustände mit einer imaginären Frequenz identifiziert. Zur genaueren Untersuchung der Reaktionswege wurden ausgehend von den Übergangszuständen die intrinsischen Reaktionskoordinaten (IRC) berechnet [9, 10]. Die Energieangaben in den schematischen Darstellungen der Energiepotenzialflächen sind in kJ/mol angegeben und wurden aus den Gesamtenergien der optimierten Moleküle unter Einbeziehung der Nullpunkts-schwingungskorrektur berechnet. Die CDA-Berechnungen wurden mit dem Programm CDA 2.1 durchgeführt [11]. Eine ausführliche Beschreibung der Methode und der Interpretation der Ergebnisse findet man in [12].

8.1.3 Auswahl der Methode

Vor Beginn der systematischen Untersuchungen wurde die Leistungsfähigkeit verschiedener ab initio- und DFT-Methoden zur Reproduktion von Molekülgeometrien getestet. Dazu wurden an zwei ausgewählten Beispielen die optimierten Molekülgeometrien mit den Daten der Einkristall-Strukturanalysen verglichen. Die Moleküle Dimethyltitanocen (Cp_2TiMe_2) [13] und cis-Tetracarbonylbis(trimethylsilyl)eisen $(OC)_4Fe(SiMe_3)_2$ [14] dienten als Referenzmoleküle. Die Daten sind in den nachfolgenden Tabellen zusammengestellt. Werte die besonders geringe Abweichungen zur Strukturanalyse aufweisen, sind in den Spalten „**Differenzen**" bzw. Standardabweichung „**S**" **fett** hervorgehoben. Als Basissatz für die Tests wurde die in Kapitel 8.1.2 beschriebene Kombination verwendet. Für die Eisenverbindung wurden zwei Testreihen mit und ohne zusätzliche f-Polarisationsfunktion durchgeführt.

Tabelle 8-1: Vergleich der Daten der Einkristall-Strukturanalyse von Cp_2TiMe_2 mit optimierten Geometrien unter Verwendung verschiedener Methoden.

Methode	Bindungen TiC / Å	Differenzen Δ(TiC) / Å	Winkel C-Ti-C / °	Differenzen Δ(C-Ti-C) / °
RKSA	2.181 / 2.170	-	91.287	-
HF	2.132	-0.044	88.64	-2.65
SVWN	2.121	-0.055	93.22	1.93
SVWN5	2.124	-0.052	93.21	1.92
BLYP	2.178	**0.002**	92.91	1.62
B3LYP	2.155	-0.021	91.77	**0.48**
B3PW91	2.146	-0.030	91.75	**0.46**
BP86	2.163	-0.013	92.82	1.53
MP2	2.177	**0.001**	92.86	1.57
CCSD	2.142	-0.034	89.46	-1.83

Erklärung der Abkürzungen in Tabelle 8-1 bis Tabelle 8-3:

MAD   - durchschnittliche absolute Abweichung

S   - Standardabweichung

RKSA   - Einkristall-Strukturanalyse

HF   - Hartree-Fock-Methode

SVWN   - Slater-Austauschfunktional und Korrelationsfunktional nach Vosko, Wilk und Nusair

SVWN5 - Slater-Austauschfunktional und Korrelationsfunktional Nummer 5 nach Vosko, Wilk und Nusair

BLYP   - Austauschfunktional nach Becke 1988 und Korrelationsfunktional nach Lee,
          Yang und Parr

B3LYP   - 3-Parameter-Hybrid-Austauschfunktional nach Becke und Korrelations-
          funktional nach Lee, Yang und Parr

B3PW91 - 3-Parameter-Hybrid-Austauschfunktional nach Becke und Korrelations-
          funktional nach Perdew und Wang 1991

BP86   - Austauschfunktional nach Becke 1988 und Korrelationsfunktional nach
          Perdew 1991

MP2   - Störungstheorie 2. Ordnung nach Møller-Plesset

CCSD   - Coupled-Cluster-Methode mit Einfach- und Zweifachanregungen

Tabelle 8-2: Vergleich der Daten der Einkristall-Strukturanalyse von $(OC)_4Fe(SiMe_3)_2$ mit optimierten Geometrien unter Verwendung verschiedener Methoden. Alle Werte **ohne** f-Polarisationsfunktion am Eisenatom.

Methode	Bindungen / Å			MAD / Å	S / Å
	FeSi	FeC(eq)	FeC(ax)		
RKSA	2.456	1.793	1.774 / 1.755	-	-
HF	2.646	2.09	2.047	0.26	0.26
SVWN	2.422	1.735	1.73	0.04	**0.04**
SVWN5	2.429	1.737	1.733	0.04	**0.04**
BLYP	2.571	1.796	1.789	0.05	0.07
B3LYP	2.524	1.784	1.774	0.03	**0.04**
B3PW91	2.487	1.765	1.759	0.02	**0.02**
BP86	2.516	1.775	1.77	0.03	**0.04**
MP2	2.436	1.717	1.697	0.05	0.06

Methode	Winkel / °			MAD / °	S / °
	Si-Fe-Si	C-Fe-C(eq)	C-Fe-C(ax)		
RKSA	111.8	89.55	141.21	-	-
HF	104.22	94.59	166.75	12.72	15.65
SVWN	113.82	91.06	132.89	3.95	5.02
SVWN5	113.76	91.03	133.22	3.81	4.83
BLYP	110.48	90.83	142.43	1.27	**1.27**
B3LYP	109.39	91.55	144.31	2.50	**2.54**
B3PW91	110.63	90.61	142.97	1.33	**1.37**
BP86	111.54	90.17	140.82	0.42	**0.45**
MP2	147.5	76.7	111.2	26.19	27.93

Tabelle 8-3: Vergleich der Daten der Einkristall-Strukturanalyse von $(OC)_4Fe(SiMe_3)_2$ mit optimierten Geometrien unter Verwendung verschiedener Methoden. Alle Werte **mit** f-Polarisationsfunktion am Eisenatom.

Methode	Bindungen / Å			MAD / Å	S / Å
	FeSi	FeC(eq)	FeC(ax)		
RKSA	2.456	1.793	1.774 / 1.755		
HF	2.65	2.1	2.055	0.26	0.27
SVWN	2.423	1.734	1.729	0.04	**0.04**
SVWN5	2.429	1.737	1.733	0.04	**0.04**
BLYP	2.571	1.795	1.788	0.05	0.07
B3LYP	2.525	1.783	1.774	0.03	**0.04**
B3PW91	2.487	1.764	1.759	0.02	**0.02**
BP86	2.516	1.774	1.77	0.03	**0.04**

Methode	Winkel / °			MAD / °	S / °
	Si-Fe-Si	C-Fe-C(eq)	C-Fe-C(ax)		
RKSA	111.8	89.55	141.21		
HF	104.34	94.41	167.13	12.75	15.82
SVWN	113.89	91.03	132.73	4.02	5.11
SVWN5	112.38	91.58	135.16	2.89	3.70
BLYP	110.423	90.86	142.54	1.34	**1.34**
B3LYP	109.38	91.58	144.37	2.54	**2.58**
B3PW91	110.63	90.63	143.02	1.35	**1.39**
BP86	111.55	90.14	140.82	0.41	**0.43**

Aus den durchgeführten Testrechnungen geht hervor, dass die Ergebnisse der Hartree-Fock-Rechnungen (HF) häufig recht große Abweichungen von den Daten der Struktur-analyse aufweisen. Die MP2-Methode zeigte extrem starke Abweichungen bei den Winkeln der Eisenverbindung. Über Probleme mit MP2-Berechnungen an 3d-Übergangs-metallen wurde bereits an anderer Stelle berichtet [15]. Die Dichtefunktionalmethoden weisen generell eine bessere Übereinstimmung der berechneten Strukturparameter mit den Daten der Strukturanalyse auf. Die Hybridfunktionale BLYP, B3LYP, B3PW91, BP86 gehören häufig zu den Methoden mit den geringsten Abweichungen. **Welches** der Hybrid-funktionale nun die beste Performance aufweist, kann aus den wenigen Daten nicht geschlussfolgert werden. Einen ausführlichen Vergleich der Leistungsfähigkeit und Genauigkeit der verschiedenen DFT-Methoden findet man in [16]. Da **B3LYP** eine häufig genutzte Methode ist, deren Leistungsfähigkeit in zahlreichen Arbeiten nachgewiesen wurde, wurde sie für alle weiteren Berechnungen verwendet.

8.2 Kernpotenziale und Basissätze für die DFT-Berechnungen

Nachfolgend sind die verwendeten effektiven Kernpotenziale für die Übergangsmetalle (Kapitel 8.2.1) und die Basissätze der Elemente (Kapitel 8.2.2) wiedergegeben. Die Basissätze wurden im Programm Gaussian 98 mit dem Befehl „Gen" als „General basis cards" mit 5 d-Funktionen eingelesen.

8.2.1 Kernpotenziale

Das effektive Kernpotenzial wird durch einen Satz von Gaußfunktionen beschrieben:

$$U_{ECP} = \sum_k d_k r^{n_k} e^{-\zeta_k r^2} \quad .$$

Dabei stellen d_k, n_k und ζ_k die Parameter dieser Funktionen dar, welche in den nachfolgenden Tabellen zusammengefasst sind.

Tabelle 8-4: Effektives Kernpotenzial für Titanium (22 Elektronen).

n_k	ζ_k	d_k
D		
1	265.3263909	-10.00000000
2	47.7687815	-51.84278160
2	11.8903334	-9.14291450
S-D		
0	81.4730696	3.00000000
1	72.6496724	19.48255790
2	31.8128213	207.33492790
2	6.1664468	235.67445010
2	5.8268347	-166.87843870
P-D		
0	50.2966943	5.00000000
1	63.5089754	5.53488220
2	26.0996084	177.84193840
2	5.6022573	107.42071530
2	5.2171069	-71.90659020

Tabelle 8-5: Effektives Kernpotenzial für Eisen (26 Elektronen).

n_k	ζ_k	d_k
D		
1	392.6149787	-10.00000000
2	71.1756979	-63.26675180
2	17.7320281	-10.96133380
S-D		
0	126.0571895	3.00000000
1	138.1264251	18.17291370
2	54.2098858	339.12311640☐
2	9.2837966	317.10680120
2	8.6289082	-207.34216490
P-D		
0	83.1759490	5.00000000
1	106.0559938	5.95359300
2	42.8284937	294.26655270
2	8.7701805	154.42446350
2	8.0397818	-95.31642490

8.2.2 Basissätze

Im Kapitel 2 (Quantenchemische Methoden) wurde bereits die allgemeine Form von Gaußfunktionen (Gaussian Type Orbitals -GTO) besprochen:

$$\chi = N_{lmn\alpha} x^l y^m z^n e^{-\alpha r^2} \quad .$$

Die Funktionen werden normiert, so dass gilt: $\int \chi^2 = 1$.

Für Funktionen vom s-, p- und d-Typ ergeben sich damit die primitiven Gaußfunktionen:

s-Funktion

$$\chi_s = \left(\frac{2\alpha}{\pi}\right)^{\frac{3}{4}} e^{-\alpha r^2} \quad ,$$

p_y-Funktion

$$\chi_y = \left(\frac{128\alpha^5}{\pi^3}\right)^{\frac{1}{4}} y e^{-\alpha r^2} \quad ,$$

d_{xy}-Funktion

$$\chi_y = \left(\frac{2048\alpha^7}{\pi^3}\right)^{\frac{1}{4}} xy e^{-\alpha r^2} \quad .$$

Aus diesen primitiven Gaußfunktionen entstehen durch Linearkombination die kontrahier-ten Gaußfunktionen: $\chi_{kontrahiert} = \sum d\chi_i$.

Zur Berechnung braucht man also die Koeffizienten d und die Exponenten α. Diese sind in den nachfolgenden Listen zusammengestellt. In der ersten Spalte stehen jeweils die Exponenten α, in der zweiten Spalte die Koeffizienten d. Beim Basissatz 6-31G* werden für s- und p-Funktionen in der Valenzschale jeweils die gleichen Exponenten verwendet, nur die Koeffizienten sind verschieden. In diesem Fall stehen drei Spalten nebeneinander:

- erste Spalte - Exponenten α,

- zweite Spalte - Koeffizienten für s-Funktionen,

- dritte Spalte - Koeffizienten für p-Funktionen.

In der Zeile über den Zahlenwerten stehen jeweils noch die Art der Gaußfunktionen (s, p, d oder f), die Anzahl der primitiven Gaußfunktionen und ein Faktor, der jedoch bei den verwendeten Funktionen überall 1.0 ist und deshalb keine Rolle spielt.

```
              α                d
Wasserstoff
  S     3 1.00
   0.1873113696D+02   0.3349460434D-01
   0.2825394365D+01   0.2347269535D+00
   0.6401216923D+00   0.8137573262D+00
  S     1 1.00
   0.1612777588D+00   0.1000000000D+01
****
Kohlenstoff
  S     6 1.00
   0.3047524880D+04   0.1834737130D-02
   0.4573695180D+03   0.1403732280D-01
   0.1039486850D+03   0.6884262220D-01
   0.2921015530D+02   0.2321844430D+00
   0.9286662960D+01   0.4679413480D+00
   0.3163926960D+01   0.3623119850D+00
  SP    3 1.00
   0.7868272350D+01  -0.1193324200D+00   0.6899906660D-01
   0.1881288540D+01  -0.1608541520D+00   0.3164239610D+00
   0.5442492580D+00   0.1143456440D+01   0.7443082910D+00
  SP    1 1.00
   0.1687144782D+00   0.1000000000D+01   0.1000000000D+01
  D     1 1.00
   0.8000000000D+00   0.1000000000D+01
****
```

Stickstoff
```
S    6 1.00
  0.4173511460D+04   0.1834772160D-02
  0.6274579110D+03   0.1399462700D-01
  0.1429020930D+03   0.6858655180D-01
  0.4023432930D+02   0.2322408730D+00
  0.1282021290D+02   0.4690699480D+00
  0.4390437010D+01   0.3604551990D+00
SP   3 1.00
  0.1162636186D+02  -0.1149611820D+00   0.6757974390D-01
  0.2716279807D+01  -0.1691174790D+00   0.3239072960D+00
  0.7722183966D+00   0.1145851950D+01   0.7408951400D+00
SP   1 1.00
  0.2120314975D+00   0.1000000000D+01   0.1000000000D+01
D    1 1.00
  0.8000000000D+00   0.1000000000D+01
****
```

Sauerstoff
```
S    6 1.00
  0.5484671660D+04   0.1831074430D-02
  0.8252349460D+03   0.1395017220D-01
  0.1880469580D+03   0.6844507810D-01
  0.5296450000D+02   0.2327143360D+00
  0.1689757040D+02   0.4701928980D+00
  0.5799635340D+01   0.3585208530D+00
SP   3 1.00
  0.1553961625D+02  -0.1107775490D+00   0.7087426820D-01
  0.3599933586D+01  -0.1480262620D+00   0.3397528390D+00
  0.1013761750D+01   0.1130767010D+01   0.7271585770D+00
SP   1 1.00
  0.2700058226D+00   0.1000000000D+01   0.1000000000D+01
D    1 1.00
  0.8000000000D+00   0.1000000000D+01
****
```

Aluminium
```
S      6 1.00
  0.1398310000D+05   0.1942670000D-02
  0.2098750000D+04   0.1485990000D-01
  0.4777050000D+03   0.7284940000D-01
  0.1343600000D+03   0.2468300000D+00
  0.4287090000D+02   0.4872580000D+00
  0.1451890000D+02   0.3234960000D+00
SP     6 1.00
  0.2396680000D+03  -0.2926190000D-02   0.4602850000D-02
  0.5744190000D+02  -0.3740830000D-01   0.3319900000D-01
  0.1828590000D+02  -0.1144870000D+00   0.1362820000D+00
  0.6599140000D+01   0.1156350000D+00   0.3304760000D+00
  0.2490490000D+01   0.6125950000D+00   0.4491460000D+00
  0.9445450000D+00   0.3937990000D+00   0.2657040000D+00
SP     3 1.00
  0.1277900000D+01  -0.2276060000D+00  -0.1751260000D-01
  0.3975900000D+00   0.1445830000D-02   0.2445330000D+00
  0.1600950000D+00   0.1092790000D+01   0.8049340000D+00
SP     1 1.00
  0.5565770000D-01   0.1000000000D+01   0.1000000000D+01
D      1 1.00
  0.3250000000D+00   0.1000000000D+01
****
```
Silicium
```
S      6 1.00
  0.1611590000D+05   0.1959480000D-02
  0.2425580000D+04   0.1492880000D-01
  0.5538670000D+03   0.7284780000D-01
  0.1563400000D+03   0.2461300000D+00
  0.5006830000D+02   0.4859140000D+00
  0.1701780000D+02   0.3250020000D+00
SP     6 1.00
  0.2927180000D+03  -0.2780940000D-02   0.4438260000D-02
  0.6987310000D+02  -0.3571460000D-01   0.3266790000D-01
  0.2233630000D+02  -0.1149850000D+00   0.1347210000D+00
  0.8150390000D+01   0.9356340000D-01   0.3286780000D+00
  0.3134580000D+01   0.6030170000D+00   0.4496400000D+00
  0.1225430000D+01   0.4189590000D+00   0.2613720000D+00
SP     3 1.00
  0.1727380000D+01  -0.2446300000D+00  -0.1779510000D-01
  0.5729220000D+00   0.4315720000D-02   0.2535390000D+00
  0.2221920000D+00   0.1098180000D+01   0.8006690000D+00
SP     1 1.00
  0.7783690000D-01   0.1000000000D+01   0.1000000000D+01
D      1 1.00
  0.4500000000D+00   0.1000000000D+01
****
```

Chlor
```
S     6 1.00
  0.2518010000D+05   0.1832960000D-02
  0.3780350000D+04   0.1403420000D-01
  0.8604740000D+03   0.6909740000D-01
  0.2421450000D+03   0.2374520000D+00
  0.7733490000D+02   0.4830340000D+00
  0.2624700000D+02   0.3398560000D+00
SP    6 1.00
  0.4917650000D+03  -0.2297390000D-02   0.3989400000D-02
  0.1169840000D+03  -0.3071370000D-01   0.3031770000D-01
  0.3741530000D+02  -0.1125280000D+00   0.1298800000D+00
  0.1378340000D+02   0.4501630000D-01   0.3279510000D+00
  0.5452150000D+01   0.5893530000D+00   0.4535270000D+00
  0.2225880000D+01   0.4652060000D+00   0.2521540000D+00
SP    3 1.00
  0.3186490000D+01  -0.2518270000D+00  -0.1429930000D-01
  0.1144270000D+01   0.6158900000D-01   0.3235720000D+00
  0.4203770000D+00   0.1060180000D+01   0.7435070000D+00
SP    1 1.00
  0.1426570000D+00   0.1000000000D+01   0.1000000000D+01
D     1 1.00
  0.7500000000D+00   0.1000000000D+01
****
```
Titanium
```
S     3 1.00
  0.4372000000D+01  -0.3637098000D+00
  0.1098000000D+01   0.8184533000D+00
  0.4178000000D+00   0.4184526000D+00
S     4 1.00
  0.4372000000D+01   0.2049027000D+00
  0.1098000000D+01  -0.5575413000D+00
  0.4178000000D+00  -0.5893652000D+00
  0.8720000000D-01   0.1145166000D+01
S     1 1.00
  0.3140000000D-01   0.1000000000D+01
P     3 1.00
  0.1252000000D+02  -0.4569080000D-01
  0.1491000000D+01   0.6203313000D+00
  0.4859000000D+00   0.4765329000D+00
P     1 1.00
  0.5300000000D-01   0.1000000000D+01
P     1 1.00
  0.1600000000D-01   0.1000000000D+01
D     4 1.00
  0.2021000000D+02   0.3416820000D-01
  0.5495000000D+01   0.1710006000D+00
  0.1699000000D+01   0.4405849000D+00
  0.4840000000D+00   0.6114246000D+00
D     1 1.00
  0.1157000000D+00   0.1000000000D+01
****
```

Eisen
```
S    3 1.00
 0.6422000000D+01  -0.3927882000D+00
 0.1826000000D+01   0.7712643000D+00
 0.7135000000D+00   0.4920228000D+00
S    4 1.00
 0.6422000000D+01   0.1786877000D+00
 0.1826000000D+01  -0.4194032000D+00
 0.7135000000D+00  -0.4568185000D+00
 0.1021000000D+00   0.1103505000D+01
S    1 1.00
 0.3630000000D-01   0.1000000000D+01
P    3 1.00
 0.1948000000D+02  -0.4702820000D-01
 0.2389000000D+01   0.6248841000D+00
 0.7795000000D+00   0.4722542000D+00
P    1 1.00
 0.7400000000D-01   0.1000000000D+01
P    1 1.00
 0.2200000000D-01   0.1000000000D+01
D    4 1.00
 0.3708000000D+02   0.3290000000D-01
 0.1010000000D+02   0.1787418000D+00
 0.3220000000D+01   0.4487657000D+00
 0.9628000000D+00   0.5876361000D+00
D    1 1.00
 0.2262000000D+00   0.1000000000D+01
F    1 1.00
 0.2462000000D+01   0.1000000000D+01
****
```

8.3 Energien der optimierten Moleküle

Alle Energieangaben in den vorangehenden Kapiteln beziehen sich auf die Gesamtenergie (**E**, elektronische Energie) des untersuchten Systems einschließlich Nullpunkts-schwingungskorrektur (**ZPE**). In den nachfolgenden Tabellen sind die absoluten Energie-angaben in Hartree zusammengestellt. Die Umrechnung von Hartree in kJ/mol ist: 1H = 2625.5 kJ/mol.

Enthalpie (**H⁰**) und freie Enthalpie (**G⁰**, Gibbssche Energie) werden ebenfalls in Hartree bei Raumtemperatur (298.15 Kelvin) und Normaldruck angegeben.

8.3.1 Titanocenverbindungen für Olefinierungsreaktionen

Tabelle 8-6: Gesamtenergien E, Nullpunktsschwingungsenergie ZPE, Gesamtenergie mit Nullpunktsschwingungskorrektur E+ZPE, Anzahl n(imag) und Frequenz F der negativen Schwingungsfrequenzen für die berechneten Moleküle aus Kapitel 3.

Moleküle	E / H	ZPE / H	E+ZPE / H	n(imag)	F / cm^{-1}
1	-524.99024	0.24231	-524.74793	0	-
2	-641.70750	0.30804	-641.39946	0	-
3	-1267.04488	0.27046	-1266.77443	0	-
4	-484.44946	0.19359	-484.25587	0	-
5	-599.03720	0.22801	-598.80919	0	-
6	-520.44243	0.17104	-520.27139	0	-
7	-1040.95105	0.34578	-1040.60527	0	-
8a	-639.57473	0.27686	-639.29787	0	-
8b	-639.57423	0.27715	-639.29708	0	-
9	-560.95236	0.21987	-560.73248	0	-
10	-756.29408	0.34295	-755.95114	0	-
11	-1381.60780	0.30317	-1381.30463	0	-
12	-1303.05207	0.24747	-1302.80459	0	-
13	-1381.59859	0.30423	-1381.29436	0	-
Addukte					
AD$_{1-8}$	-639.46508	0.27380	-639.19128	0	-
AD$_{3-5}$	-1381.54591	0.30112	-1381.24479	0	-
AD$_{3-13}$	-1381.54635	0.29823	-1381.24811	0	-
AD$_{4-5}$	-598.96426	0.22341	-598.74085	0	-
Übergangszustände					
TS$_{1-4}$	-524.93267	0.23873	-524.69394	1	-1433.66
TS$_{1-8}$	-639.44224	0.27435	-639.16789	1	-213.34
TS$_{2-4}$	-641.66885	0.30428	-641.36457	1	-71.72
TS$_{2-10}$	-756.17293	0.33835	-755.83458	1	-211.07
TS$_{3-4}$	-1267.01599	0.26947	-1266.74652	1	-38.98
TS$_{3P1-4}$	-1515.30953	0.36093	-1514.94861	1	-13.99
TS$_{3P2-4}$	-1515.30467	0.36051	-1514.94416	1	-104.0
TS$_{3-5}$	-1381.52113	0.29934	-1381.22179	1	-202.60
TS$_{3-11}$	-1381.45871	0.29572	-1381.16298	1	-28.63
TS$_{3-13}$	-1381.51463	0.29898	-1381.21565	1	-115.06
TS$_{4-5}$	-598.96020	0.22295	-598.73725	1	-331.78
TS$_{5-6}$	-599.02214	0.22630	-598.79585	1	-379.35
TS$_{8-6}$	-639.46535	0.26926	-639.19608	1	-1341.09
TS$_{8-9}$	-639.46449	0.26826	-639.19622	1	-1890.14
TS$_{10-6}$	-756.18836	0.33592	-755.85245	1	-626.60
TS$_{11-12}$	-1381.58916	0.30014	-1381.28902	1	-85.58
TS$_{13-12}$	-1381.61177	0.30211	-1381.30966	1	-396.70

Tabelle 8-7: Enthalpie (H^0) und freie Enthalpie (G^0) für die berechneten Moleküle aus Kapitel 3.

Moleküle	H^0 / H	G^0 / H
1	-524.73306	-524.78654
2	-641.38235	-641.44074
3	-1266.75434	-1266.82146
4	-484.24385	-484.29272
5	-598.79502	-598.84890
6	-520.25922	-520.31067
7	-1040.58086	-1040.65592
8a	-639.28066	-639.34164
8b	-639.27991	-639.34100
9	-560.71834	-560.77154
10	-755.93238	-755.99456
11	-1381.28197	-1381.35534
12	-1302.78446	-1302.85265
13	-1381.27193	-1381.34427
Addukte		
AD_{1-8}	-639.17374	-639.23355
AD_{3-5}	-1381.22181	-1381.29454
AD_{3-13}	-1381.22313	-1381.30457
AD_{4-5}	-598.72559	-598.78081
Übergangszustände		
TS_{1-4}	-524.68003	-524.73215
TS_{1-8}	-639.15119	-639.20928
TS_{2-4}	-641.34692	-641.40780
TS_{2-10}	-755.81500	-755.87967
TS_{3-4}	-1266.72709	-1266.79228
TS_{3P1-4}	-1514.92350	-1515.00376
TS_{3P2-4}	-1514.91894	-1514.99892
TS_{3-5}	-1381.19879	-1381.27247
TS_{3-11}	-1381.13872	-1381.21642
TS_{3-13}	-1381.19250	-1381.26656
TS_{4-5}	-598.72244	-598.77729
TS_{5-6}	-598.78158	-598.83613
TS_{8-6}	-639.17892	-639.24094
TS_{8-9}	-639.17872	-639.24088
TS_{10-6}	-755.83182	-755.89996
TS_{11-12}	-1381.26519	-1381.34156
TS_{13-12}	-1381.28710	-1381.36149

8.3.2   Titanacyclobutane und -butene

Tabelle 8-8: Gesamtenergien E, Nullpunktsschwingungsenergie ZPE, Gesamtenergie mit Nullpunktsschwingungskorrektur E+ZPE, Anzahl n(imag) und Frequenz F der negativen Schwingungsfrequenzen für die berechneten Moleküle aus Kapitel 4.

Moleküle	E / H	ZPE / H	E+ ZPE / H	n(imag)	F / cm^{-1}
1	-522.54234	0.19838	-522.34396	0	-
2	-563.06538	0.24771	-562.81767	0	-
3	-601.16856	0.25612	-600.91243	0	-
4	-599.94296	0.23174	-599.71122	0	-
5	-616.01258	0.22062	-615.79196	0	-
6	-637.11662	0.23202	-636.88461	0	-
7	-637.13066	0.23241	-636.89824	0	-
8	-677.36091	0.26674	-677.09417	0	-
9	-599.91348	0.23158	-599.68190	0	-
10	-677.31786	0.26481	-677.05305	0	-
11	-520.44243	0.17104	-520.27139	0	-
12	-615.99558	0.21920	-615.77637	0	-
13	-709.51305	0.24396	-709.26909	0	-
Addukte					
AD$_{1-5}$	-615.98115	0.21700	-615.76416	0	-
AD$_{1-6}$	-637.05880	0.22812	-636.83068	0	-
AD$_{12-13}$	-709.43568	0.23783	-709.19784	0	-
Übergangszustand					
TS$_{1-2}$	-563.02002	0.24367	-562.77635	1	-1403.27
TS$_{1-3}$	-601.12913	0.25062	-600.87851	1	-42.52
TS$_{1-4}$	-599.86894	0.22588	-599.64306	1	-58.76
TS$_{1-5}$	-615.96581	0.21600	-615.74981	1	-197.02
TS$_{1-6}$	-637.05285	0.22785	-636.82501	1	-313.09
TS$_{4-8}$	-677.21965	0.26152	-676.95813	1	-274.80
TS$_{4-9}$	-599.89359	0.23022	-599.66337	1	-87.75
TS$_{5-12}$	-615.97648	0.21869	-615.75779	1	-148.14
TS$_{5-13}$	-709.39669	0.23969	-709.15700	1	-226.22
TS$_{6-11}$	-637.08544	0.23011	-636.85533	1	-334.50
TS$_{7-11}$	-637.08976	0.22946	-636.86030	1	-382.90
TS$_{9-10}$	-677.24154	0.25935	-676.98219	1	-46.96
TS$_{12-13}$	-709.42742	0.23808	-709.18935	1	-291.85

Tabelle 8-9: Enthalpie (H^0) und freie Enthalpie (G^0) für die berechneten Moleküle aus Kapitel 4.

Moleküle	H^0 / H	G^0 / H
1	-522.33069	-522.38310
2	-562.80208	-562.85794
3	-600.89722	-600.95312
4	-599.69607	-599.75279
5	-615.77698	-615.83330
6	-636.86926	-636.92697
7	-636.88333	-636.93898
8	-677.07749	-677.13741
9	-599.66643	-599.72373
10	-677.03568	-677.09655
11	-520.25922	-520.31067
12	-615.76032	-615.82134
13	-709.25270	-709.31259
Addukte		
AD_{1-5}	-615.74800	-615.80616
AD_{1-6}	-636.81419	-636.87273
AD_{12-13}	-709.17874	-709.24630
Übergangszustände		
TS_{1-2}	-562.76094	-562.81636
TS_{1-3}	-600.86127	-600.92400
TS_{1-4}	-599.62622	-599.68760
TS_{1-5}	-615.73355	-615.79311
TS_{1-6}	-636.80894	-636.86733
TS_{4-8}	-676.94067	-677.00104
TS_{4-9}	-599.64863	-599.70295
TS_{5-9}	-615.74254	-615.79963
TS_{5-13}	-709.13984	-709.20066
TS_{6-8}	-636.83999	-636.89695
TS_{7-8}	-636.84491	-636.90184
TS_{9-10}	-676.96326	-677.02859
TS_{12-13}	-709.17164	-709.23394

8.3.3 Metallsilylenkomplexe

Tabelle 8-10: Gesamtenergien E, Nullpunktsschwingungsenergie ZPE, Gesamtenergie mit Nullpunktsschwingungskorrektur E+ZPE, Anzahl n(imag) und Frequenz F der negativen Schwingungsfrequenzen für die berechneten Moleküle aus Kapitel 5.

Moleküle	E / H	ZPE / H	E+ZPE / H	n(imag)	F / cm^{-1}
1	-1766.51756	0.37020	-1766.14735	0	-
2	-1120.64585	0.23667	-1120.40918	0	-
3	-1178.61582	0.23083	-1178.38499	0	-
4	-946.13868	0.10989	-946.02879	0	-
5	-1892.33411	0.22365	-1892.11046	0	-
6	-1023.52053	0.14211	-1023.37842	0	-
7	-1024.74985	0.16549	-1024.58436	0	-
8	-1060.69078	0.14250	-1060.54827	0	-
9	-1039.58640	0.13051	-1039.45588	0	-
10	-1023.47480	0.14104	-1023.33376	0	-
11	-1039.55966	0.12947	-1039.43020	0	-
12	-616.04788	0.05926	-615.98862	0	-
13	-408.59737	0.09925	-408.49812	0	-
14	-444.56620	0.07702	-444.48918	0	-
Addukte					
AD$_{4-8}$	-1060.65998	0.14087	-1060.51911	0	-
AD$_{4-9}$	-1039.57546	0.12868	-1039.44677	0	-
Übergangszustände					
TS$_{4-5}$	-1892.28204	0.22082	-1892.06122	1	-38.72
TS$_{4-6}$	-1023.45802	0.13806	-1023.31996	1	-277.28
TS$_{4-7}$	-1024.71636	0.16412	-1024.55224	1	-225.45
TS$_{4-8}$	-1060.65219	0.13984	-1060.51236	1	-244.99
TS$_{4-9}$	-1039.55553	0.12752	-1039.42801	1	-268.38
TS$_{6-10}$	-1023.47055	0.14036	-1023.33019	1	-73.85
TS$_{7-12}$	-1024.64363	0.15889	-1024.48474	1	-10.01
TS$_{8-12}$	-1060.61428	0.13715	-1060.47713	1	-22.87
TS$_{9-11}$	-1039.55017	0.12915	-1039.42103	1	-123.86

Tabelle 8-11: Enthalpie (H^0) und freie Enthalpie (G^0) für die berechneten Moleküle aus Kapitel 5.

Moleküle	H^0 / H	G^0 / H
1	-1766.11465	-1766.21052
2	-1120.38737	-1120.45811
3	-1178.36292	-1178.43648
4	-946.01219	-946.07417
5	-1892.07811	-1892.17284
6	-1023.36016	-1023.42332
7	-1024.56560	-1024.63019
8	-1060.52991	-1060.59367
9	-1039.43765	-1039.50103
10	-1023.31482	-1023.38169
11	-1039.41093	-1039.48079
12	-615.97648	-616.02878
13	-408.49026	-408.52802
14	-444.48162	-444.52031
Addukte		
AD_{4-8}	-1060.49990	-1060.56587
AD_{4-9}	-1039.42730	-1039.49508
Übergangszustände		
TS_{4-5}	-1892.02787	-1892.13221
TS_{4-6}	-1023.30089	-1023.36657
TS_{4-7}	-1024.53338	-1024.59876
TS_{4-8}	-1060.49356	-1060.55849
TS_{4-9}	-1039.40921	-1039.47414
TS_{6-10}	-1023.31193	-1023.37704
TS_{7-12}	-1024.46420	-1024.53859
TS_{8-12}	-1060.45719	-1060.52965
TS_{9-11}	-1039.40274	-1039.46796

8.3.4   Organische Verbindungen

Tabelle 8-12: Gesamtenergien E, Nullpunktsschwingungsenergie ZPE, Gesamtenergie mit Nullpunktsschwingungskorrektur E+ZPE, Anzahl n(imag) der negativen Schwingungsfrequenzen für die berechneten Moleküle.

Molekül	E / H	ZPE / H	E+ZPE / H	n(imag)
Allen	-116.6577	0.0555	-116.6022	0
Ethen	-78.58751	0.05123	-78.53628	0
Ethin	-77.3257	0.02663	-77.29906	0
Formaldehyd	-114.5013	0.02683	-114.4745	0
HCN	-93.42262	0.01646	-93.40616	0
HMPA	-820.3422	0.25669	-820.0855	0
Isobuten	-157.2274	0.10851	-157.1189	0
Methan	-40.51841	0.04521	-40.4732	0
Me_2AlCl	-782.5459	0.07325	-782.4726	0
$Me_2AlCl•Pyridin$	-1030.874	0.16492	-1030.709	0
$Me_2AlCl•O=CH_2$	-897.0774	0.10356	-896.9738	0
NMe_3	-174.4741	0.12113	-174.3529	0
$(OSiMe_2)_3$	-1334.012	0.24	-1333.772	0
Pyridin	-248.285	0.08904	-248.1959	0
THF	-232.4494	0.11737	-232.3321	0

Tabelle 8-13: Enthalpie (H^0) und freie Enthalpie (G^0) für die berechneten Moleküle.

Molekül	H^0 / H	G^0 / H
Allen	-116.59747	-116.62627
Ethen	-78.53224	-78.55710
Ethin	-77.29514	-77.31804
Formaldehyd	-114.46983	-114.49530
HCN	-93.40267	-93.42553
HMPA	-820.06634	-820.12409
Isobuten	-157.11254	-157.14608
Methan	-40.46937	-40.49050
Me_2AlCl	-782.46419	-782.50543
$Me_2AlCl•Pyridin$	-1030.69550	-1030.74970
$Me_2AlCl•O=CH_2$	-896.96229	-897.01004
NMe_3	-174.34693	-174.37954
$(OSiMe_2)_3$	-1333.75122	-1333.81857
Pyridin	-248.19071	-248.22333
THF	-232.32617	-232.36083

8.4 Probleme und Besonderheiten bei den Geometrieoptimierungen

In einigen Fällen bereitete die Optimierung der Molekülgeometrien erhebliche Schwierigkeiten. Probleme traten insbesondere dann auf, wenn die Moleküle mehrere Torsionsfreiheitsgrade entlang von Ketten besitzen, wie z. B. bei $Cp_2Ti=N-CH=C=CH_2$. Solche Moleküle haben eine flache Potenzialhyperfläche in der Nähe des Minimums. Hier wurden zunächst mehrere Optimierungen mit verschiedenen Startgeometrien durchgeführt, bis eine Struktur erhalten wurde, für die man nur noch ein oder zwei imaginäre Frequenzen mit geringer Energie fand. Die Molekülgeometrie wurde dann noch einmal entsprechend den negativen Schwingungsfrequenzen verändert und einer Optimierung mit Berechnung der Kraftkonstanten bei jedem Optimierungszyklus unterworfen ("Opt=CalcAll"). Diese Methode führt meist zum Erfolg, ist jedoch äußerst rechenzeitintensiv!

Das Auffinden von Übergangszuständen gelang nur in wenigen Fällen mit der alleinigen Eingabe von Edukt- und Produktgeometrie ("QST2"). Die Eingabe von Edukt-, Produktgeometrie und vermuteter Geometrie des Übergangszustandes führt dagegen häufig zum Erfolg ("QST3", siehe auch Kapitel 2.7.4). Der Erfolg blieb jedoch auch hierbei zunächst aus, wenn die Geometrie des Übergangszustandes falsch oder sehr ungenau vorhergesagt wurde! Dies war zum Beispiel bei Reaktionen mit extrem späten oder frühen Übergangszuständen des Öfteren der Fall (siehe Abbildung 8-1). Eine schrittweise Veränderung der Molekülgeometrie entsprechend den imaginären Schwingungsfrequenzen und erneute Geometrieoptimierung führte auch in diesen Fällen zum Erfolg.

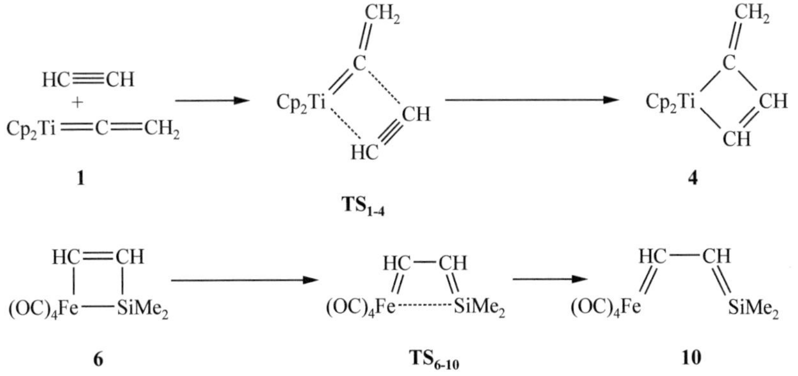

Abbildung 8-1: Beispiele für Reaktionen mit sehr frühen (oben, aus Kapitel 4) oder späten Übergangszuständen (unten, aus Kapitel 5).

Bei den Reaktionen von Titanocencarben und -vinyliden mit Donormolekülen war die Existenz von Addukten, die den eigentlichen Übergangszuständen vorgelagert sind, zunächst nicht bekannt. Die Suche nach den Übergangszuständen führte bei diesen Reaktionen in einigen Fällen zum Auffinden der Addukte. Diese wurden dann einer vollständigen Geometrieoptimierung unterzogen und mit einer Frequenzrechnung als Minima verifiziert. Es gelang danach die Übergangszustände der Reaktionen mit der QST3-Methode, ausgehend von den Geometrien der Addukte, der Produkte und der vermuteten Struktur des Übergangszustandes, zu finden.

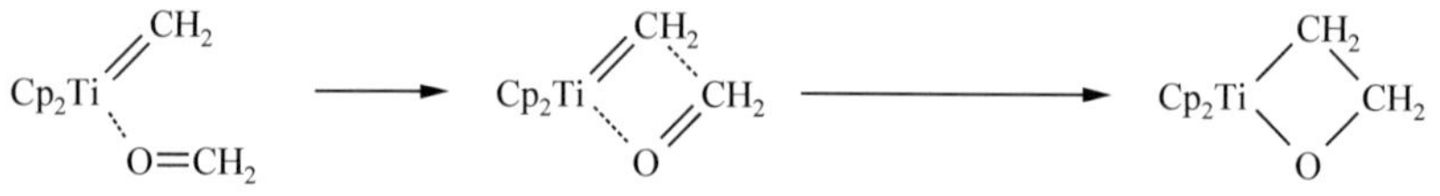

Abbildung 8-2: Beispiel für ein dem Übergangszustand vorgelagertes Addukt aus Kapitel 3.

8.5 Vergleich zwischen berechneten und gemessenen Strukturen

Beim Vergleich von optimierten Geometrien mit den Daten von Einkristall-Strukturanalysen sollte man immer bedenken, dass erstere für isolierte Moleküle im Vakuum berechnet wurden und somit jegliche Wechselwirkungen mit anderen Molekülen ausgeblendet sind. Die Einkristall-Strukturanalyse hingegen bietet einen Einblick in die Struktur der Verbindung im Festkörper unter Mitwirkung von Kristallpackungseffekten und intermolekularen Wechselwirkungen. Somit können durchaus beträchtliche Unterschiede in den geometrischen Parametern von optimierten Molekülen und Kristallstrukturdaten auftreten.

Die in dieser Arbeit betrachteten Reaktionen wiederum laufen in Lösungsmitteln ab. Für gelöste Moleküle entfallen die Kristallpackungseffekte, dafür kommen Solvatationseffekte hinzu, die die Geometrie und die Energie der Moleküle deutlich verändern können. Die Berücksichtigung von Solvatationseffekten wäre für die Betrachtung von chemischen Reaktionen in Lösung zwar wünschenswert, würde aber den rechnerischen Aufwand beträchtlich erhöhen.

Auf eine Besonderheit sei an dieser Stelle hingewiesen: Bei sehr großen Molekülen mit vielen Freiheitsgraden bezüglich der Winkel und Torsionswinkel kann die Potenzialhyperfläche in der Nähe des Minimums recht flach sein. Dies kann durchaus zu mehreren leicht unterschiedlichen Geometrien führen. Als Beispiel seien hier zwei optimierte Geometrien von $(OC)_4FeSiMe_2 \bullet HMPA$ angeführt (siehe Tabelle 8-14). Diese wurden aus unterschiedlichen Startgeometrien erhalten und unterscheiden sich etwas in Bindungslängen und -winkeln. Beide Strukturen zeigen bei der Frequenzrechnung 0 imaginäre Frequenzen und sind daher als Minima zu betrachten. Man könnte zur genaueren Charakterisierung die Konvergenzkriterien bei der Geometrieoptimierung viel enger setzen. Dies würde aber zu einer deutlichen Erhöhung der Rechenzeiten führen und nur unwesentliche Verbesserungen herbeiführen.

Tabelle 8-14: Vergleich der Daten der Einkristall-Stukturanalyse [17] mit zwei optimierten Geometrien von $(OC)_4FeSiMe_2 \bullet HMPA$ (**1**) (Bindungslängen in Å und Winkel in °).

	Strukturanalyse	optimierte Geometrie A	optimierte Geometrie B
Fe-Si	2.280(1) / 2.294(1)	2.30	2.303
Si-C	1.862(5) / 1.855(5)	1.898 / 1.899	1.898 / 1.900
	1.866(5) / 1.858(5)		
Si-O	1.735(3) / 1.731(3)	1.811	1.817
Fe-C(ax)	1.792(6) / 1.783(5)	1.778	1.778
Fe-C(äq)	1.753(5) bis 1.764(6)	1.755 / 1.756 / 1.769	1.752 / 1.765 / 1.767
O-P	1.528(3) /1.520(3)	1.543	1.536
P-N	1.607(4) bis 1.629(4)	1.653 / 1.656 / 1.667	1.655 / 1.657 / 1.661
Fe-Si-O	110.4(1) / 109.6(1)	114.0	112.0
Fe-Si-C1	115.5(2) / 116.8(2)	117.2 / 117.9	117.6 / 118.3
Fe-Si-C2	115.6(2) / 115.2(2)		
O-Si-C1	102.3(2) / 101.8(2)	98.9 / 99.3	98.6 / 101.3
O-Si-C2	103.6(2) / 104.1(2)		
C1-Si-C2	107.9(2) / 107.8(2)	106.4	106.2

Vergleiche ausgewählter Strukturanalysen sind bereits an geeigneten Stellen in die einzelnen Kapitel integriert worden (Cp$_2$TiMe$_2$ in Kapitel 3.2; Tebbe-Reagenz in Kapitel 3.4; $(OC)_4FeSiMe_2 \bullet HMPA$ in Kapitel 5.1 bzw. obige Tabelle).

8.5.1 Titanacyclobutane und -butene

Es gibt eine Vielzahl von strukturell charakterisierten Titanacyclobutanen und -butenen mit exocyclischer Methylengruppe. Deshalb bietet sich für diese Verbindungen noch einmal ein ausführlicher Vergleich der Daten der Einkristall-Strukturanalysen mit den optimierten Geometrien an. Die entsprechenden Daten sind hier zusammengestellt.

optimierten Strukturen   **Einkristall-Strukturanalysen**

Cp = C$_5$H$_5^-$ Cp* = C$_5$Me$_5^-$

Die Daten der Strukturanalysen wurden aus der Literatur entnommen:

III   R. Beckhaus, S. Flatau, S. Trojanov, P. Hofmann, *Chem. Ber.* **1992**, *125*, 291.

XI   R. Beckhaus, J. Sang, T. Wagner, B. Ganter, *Organometallics* **1996**, *15*, 1176.

IX   R. Beckhaus, I. Strauß, T. Wagner, *Angew. Chem.* **1995**, *107*, 738; *Angew. Chem.*
        Int. Ed. Engl. **1995**, *34*, 688.

V, VI R. Beckhaus, I. Strauß, T. Wagner, P. Kiprof, *Angew. Chem.* **1993**, *105*, 281;
        Angew. Chem. Int. Ed. Engl. **1993**, *32*, 264.

XIV   D. J. Schwartz, M. R. Smith III, R. A. Andersen, *Organometallics* **1996**, *15*, 1446.

Erklärung zum Lesen der Tabelle 8-15, Tabelle 8-16, Abbildung 8-4 und Abbildung 8-5:

calc. = berechnete Werte

meas. = Daten aus der Einkristall-Strukturanalyse

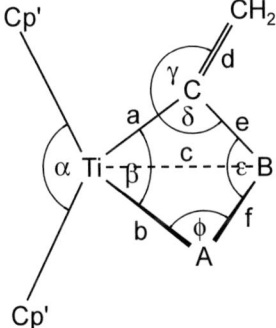

Abbildung 8-3: In Tabelle 8-15, Tabelle 8-16, Abbildung 8-4 und Abbildung 8-5 verwendete Abkürzungen der Strukturparameter von Titanacyclobutanen und -butenen.

Tabelle 8-15: Vergleich der Daten der Einkristall-Strukturanalysen mit optimierten Geometrien (Bindungslängen in Å).

Verbindung	a	a	b	b	c	c
	calc.	meas.	calc.	meas.	calc.	meas.
3/III	2.055	2.068	2.113	2.137	2.474	2.470
4/XIa	2.091	2.104	2.069	2.109	2.448	2.500
4/XIb	2.091	2.102	2.069	2.173	2.448	2.500
4/XIc	2.091	2.110	2.069	2.111	2.448	2.540
5/IX	2.098	2.134	1.997	2.017	2.381	2.480
6a/V	2.129	2.119	1.910	1.966	2.503	2.530
6b/VI	2.126	2.121	1.920	1.983	2.520	2.520
7/XIV	2.170	2.074	1.896	1.992	2.446	2.470

Verbindung	d	d	e	e	f	f
	calc.	meas.	calc.	meas.	calc.	meas.
3/III	1.332	1.321	1.559	1.521	1.569	1.520
4/XIa	1.338	1.377	1.481	1.434	1.351	1.365
4/XIb	1.338	1.322	1.481	1.502	1.351	1.352
4/XIc	1.338	1.342	1.481	1.495	1.351	1.367
5/IX	1.336	1.337	1.481	1.485	1.289	1.290
6a/V	1.337	1.318	1.421	1.466	1.379	1.362
6b/VI	1.333	1.325	1.479	1.477	1.376	1.348
7/XIV	1.343	1.318	1.497	1.428	1.380	1.408

Statistische Daten zu Tabelle 8-15:

maximale Abweichung = 0.104 Å

minimale Abweichung = 0.0 Å

durchschnittlicher Fehler = ±0.023 Å

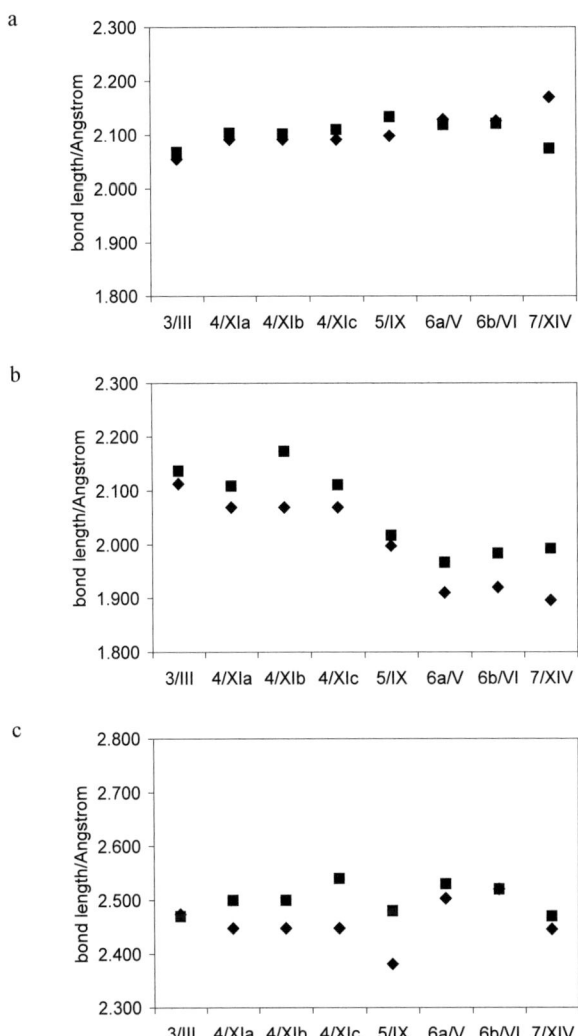

Abbildung 8-4: Grafische Darstellung der Daten aus Tabelle 8-15.

Symbole in Abbildung 8-4 und Abbildung 8-5:

◆   Werte aus DFT-Berechnungen

■   Werte aus der Einkristall-Strukturanalyse

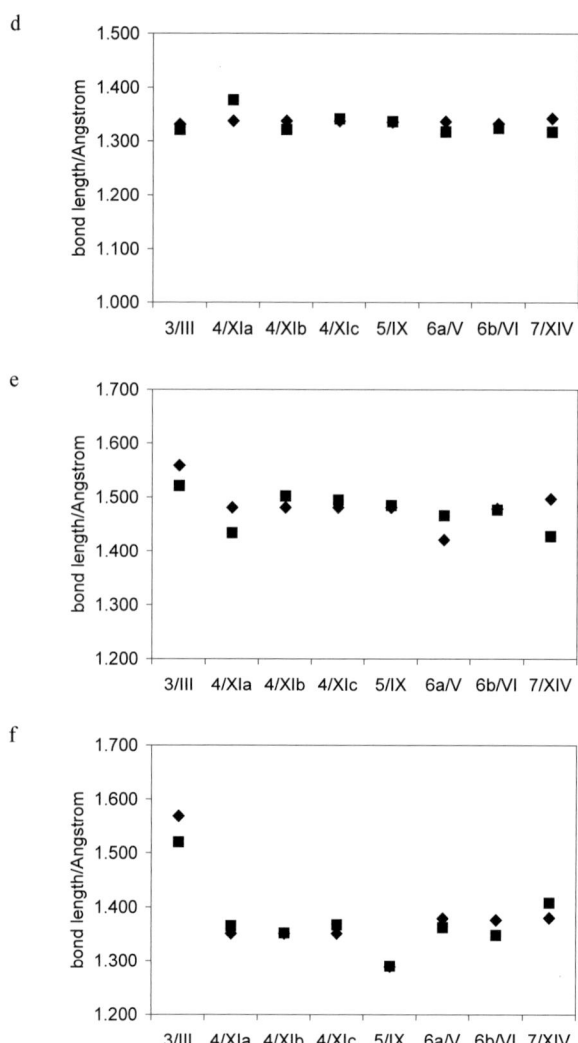

Fortsetzung von Abbildung 8-4

Tabelle 8-16: Vergleich der Daten der Einkristall-Strukturanalysen mit optimierten Geometrien (Winkel in °).

Verbindung	α calc.	α meas.	β calc.	β meas.	γ calc.	γ meas.
3/III	135.7	138.5	77.9	83.1	151.4	152.4
4/XIa	134.5	139.8	70.6	68	150.3	146.6
4/XIb	134.5	137.9	70.6	69.3	150.3	149
4/XIc	134.5	141.4	70.6	68.5	150.3	146.7
5/IX	135	140	70.7	67.85	154.2	145.4
6a/V	134	140.3	68.1	67.5	141.1	139.1
6b/VI	134.5	140.8	68.6	67.6	146.2	147.3
7/XIV	134.6	139	69.3	68.7		

Verbindung	δ calc.	δ meas.	ε calc.	ε meas.	φ calc.	φ meas.
3/III	85.3	85.5	113.8	115.1	83	75.2
4/XIa	84.7	87.8	115.9	114.8	88.8	89.4
4/XIb	84.7	86.5	115.9	116.7	88.8	87.4
4/XIc	84.7	88	115.9	112.1	88.8	91.4
5/IX	81.5	84.4	117.6	113.2	90.3	94.5
6a/V	86	87.9	105.4	106.9	97.8	97.5
6b/VI	86.7	87.2	106.3	107.9	98.4	96.7
7/XIV	81.5	87.8			95.3	91.7

Statistische Daten zu Tabelle 8-16:

maximale Abweichung = 8.8°

minimale Abweichung = 0.2°

durchschnittlicher Fehler = ±1.7°

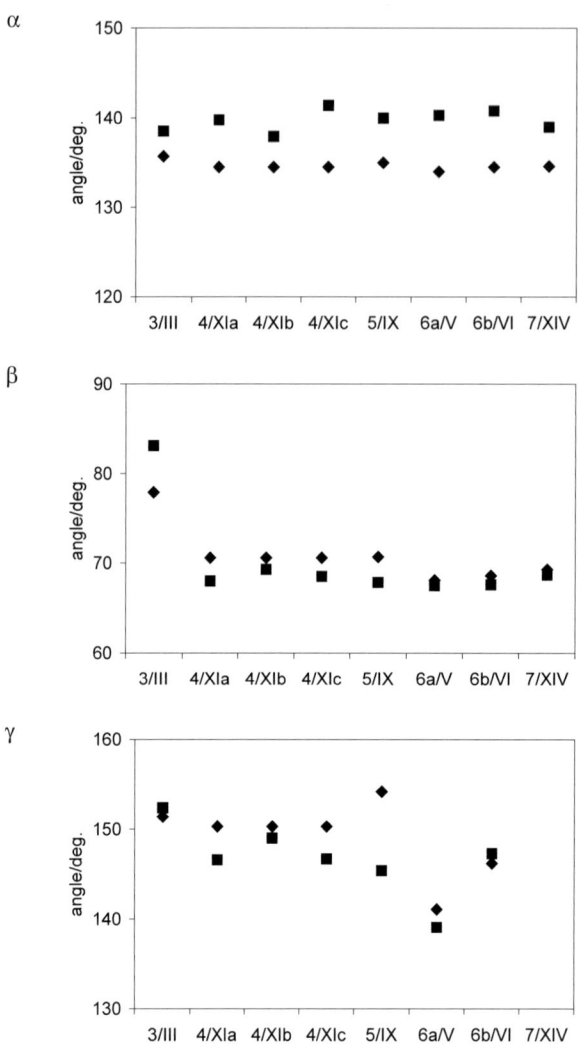

Abbildung 8-5: Grafische Darstellung der Daten aus Tabelle 8-16.

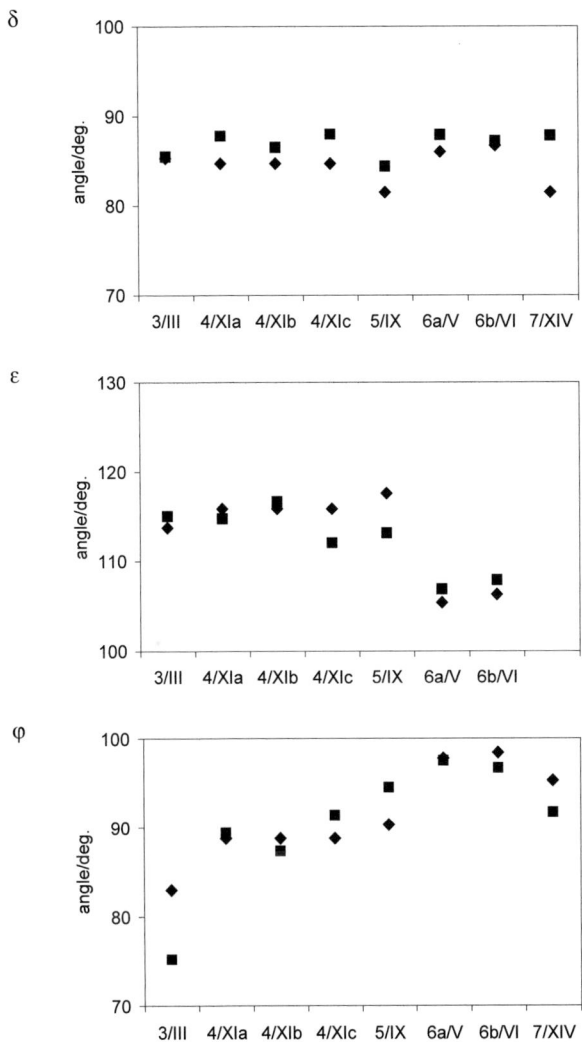

Fortsetzung von Abbildung 8-5

Literatur:

1   C. Mealli, D. M. Proserpio, *J. Chem. Educ.* **1990**, *67*, 399.

2   Gaussian 98, Revision A.6, M. J. Frisch, G. W. Trucks, H. B. Schlegel, G. E. Scuseria, M. A. Robb, J. R. Cheeseman, V. G. Zakrzewski, J. A. Montgomery, Jr., R. E. Stratmann, J. C. Burant, S. Dapprich, J. M. Millam, A. D. Daniels, K. N. Kudin, M. C. Strain, O. Farkas, J. Tomasi, V. Barone, M. Cossi, R. Cammi, B. Mennucci, C. Pomelli, C. Adamo, S. Clifford, J. Ochterski, G. A. Petersson, P. Y. Ayala, Q. Cui, K. Morokuma, D. K. Malick, A. D. Rabuck, K. Raghavachari, J. B. Foresman, J. Cioslowski, J. V. Ortiz, B. B. Stefanov, G. Liu, A. Liashenko, P. Piskorz, I. Komaromi, R. Gomperts, R. L. Martin, D. J. Fox, T. Keith, M. A. Al-Laham, C. Y. Peng, A. Nanayakkara, C. Gonzalez, M. Challacombe, P. M. W. Gill, B. Johnson, W. Chen, M. W. Wong, J. L. Andres, C. Gonzalez, M. Head-Gordon, E. S. Replogle, and J. A. Pople, Gaussian, Inc., Pittsburgh PA, **1998**.

3   A. D. Becke, *J. Chem. Phys.* **1993**, *98*, 5648.

4   C. Lee, W. Yang, R. G. Parr, *Physical Rev.* **1988**, *B37*, 785.

5   P. J. Hay, W. R. Wadt, *J. Chem. Phys.* **1985**, 299.

6   P.C. Hariharan, J.A. Pople, *Theor. Chim. Acta* **1973**, *28*, 213.

7   M. M. Francl, W. J. Pietro, W. J. Hehre, J. S. Binkley, M. S. Gordon, D. J. DeFrees, J. A. Pople, *J. Chem. Phys.* **1982**, *77*, 3654.

8   A. W. Ehlers, M. Böhme, S. Dapprich, A. Gobbi, A. Höllwarth, V. Jonas, K. F. Köhler, R. Stegmann, A. Veldkamp, G. Frenking, *Chem. Phys. Lett.* **1993**, *208*, 111.

9   K. Fukui, *Acc. Chem. Res.* **1981**, *14*, 363.

10   C. Gonzalez, H. B. Schlegel, *J. Chem. Phys.* **1991**, *95*, 5853.

11   S. Dapprich, G. Frenking, Marburg; CDA 2.1; **1994**. Das Programm kann per FTP heruntergeladen werden: ftp.chemic.uni-marburg.de/pub/cda.

12   S. Dapprich, G. Frenking, *J. Phys. Chem.* **1995**, *99*, 9352.

13   U. Thewalt, T. Wohrle, *J. Organomet. Chem.*, **1994**, *464*, C17.

14   L. Vancea, M. J. Bennett, C. E. Jones, R. A. Smith, W. A. G. Graham, *Inorg. Chem.* **1977**, *16*, 897.

15   M. Torrent, M. Solà, G. Frenking, *Chem. Rev.* **2000**, *100*, 439.

16   W. Koch, M. C. Holthausen, *A Chemist's Guide to Density Functional Theory*, Wiley-VCH, Weinheim **2000**, 119.

17 C. Leis, D. L. Wilkinson, H. Handwerker, C. Zybill, G. Müller, *Organometallics* **1992**, *11*, 514.

9 Übersichtstafeln der Verbindungen

9.1 Titanocenverbindungen für Olefinierungsreaktionen

Übersicht über die in Kapitel 3 besprochenen Moleküle, Addukte und Übergangszustände.

Moleküle

Addukte

Übergangszustände

TS_{1-4} TS_{1-8} TS_{2-4}

TS_{2-10}

TS_{3-4} TS_{3P1-4} TS_{3P2-4}

TS_{3-5} TS_{3-11} TS_{3-13}

TS_{4-5} TS_{5-6} TS_{8-6} TS_{8-9}

TS_{10-6} TS_{11-12} TS_{13-12}

9.2   Titanacyclobutane und –butene

Übersicht über die in Kapitel 4 besprochenen Moleküle, Addukte und Übergangszustände.

Moleküle

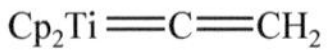

$$Cp_2Ti = C = CH_2$$

1

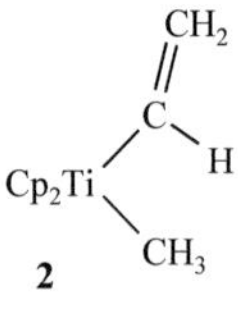

2

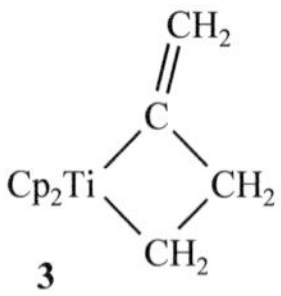

3

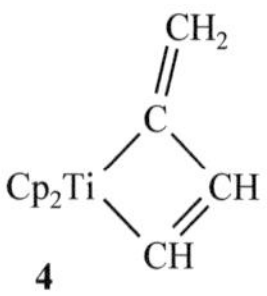

4

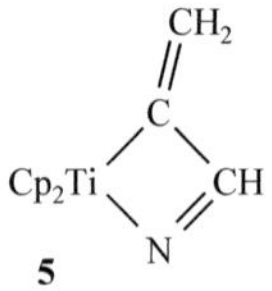

5

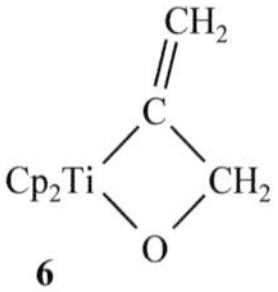

6

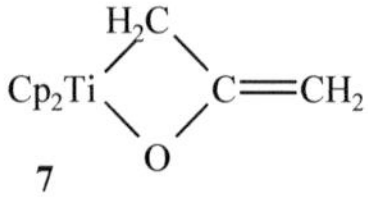

7

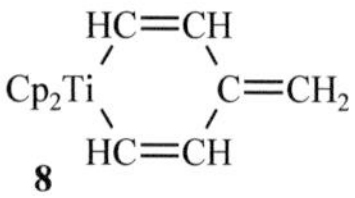

8

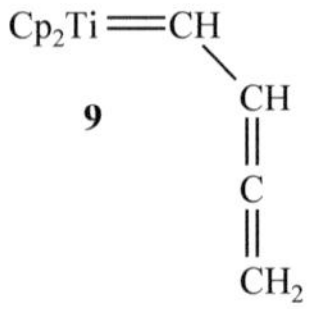

9

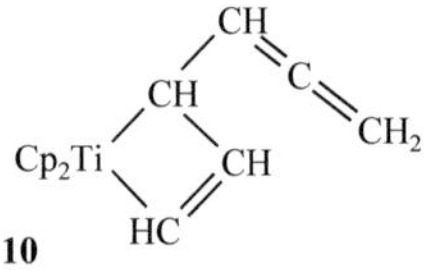

10

$$Cp_2Ti = O$$

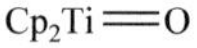

11

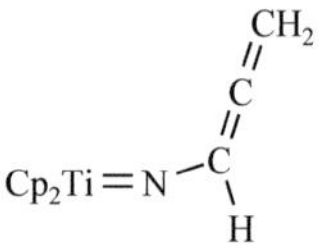

12

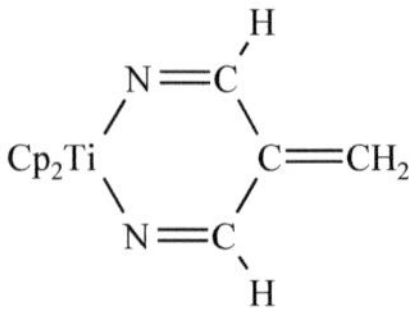

13

Addukte

AD_{1-5} AD_{1-6} AD_{12-13}

Übergangszustände

TS_{1-2} TS_{1-3} TS_{1-4} TS_{1-5}

TS_{1-6} TS_{4-8} TS_{4-9} TS_{5-12}

TS_{5-13} TS_{6-11} TS_{7-11}

TS_{9-10} TS_{12-13}

9.3 Metallsilylenkomplexe

Übersicht über die in Kapitel 5 besprochenen Moleküle, Addukte und Übergangszustände.

Moleküle

$(OC)_4Fe \cdots SiMe_2 \cdot HMPA$ **1**

$(OC)_4Fe \cdots SiMe_2 \cdot NMe_3$ **2** $(OC)_4Fe = SiMe_2$

$(OC)_4Fe \cdots SiMe_2 \cdot THF$ **3**   **4**

$$
\begin{array}{ccc}
Me_2Si \!-\! Fe(CO)_4 & HC \!=\! CH & H_2C \!-\! CH_2 \\
| \quad\quad\quad | & | \quad\quad | & | \quad\quad | \\
(OC)_4Fe \!-\! SiMe_2 & (OC)_4Fe \!-\! SiMe_2 & (OC)_4Fe \!-\! SiMe_2 \\
\mathbf{5} & \mathbf{6} & \mathbf{7}
\end{array}
$$

$$
\begin{array}{ccc}
H_2C \!-\! O & HC \!=\! N & HC \!-\! CH \\
| \quad\quad | & | \quad\quad | & \!/\!/ \quad\quad \backslash\backslash \\
(OC)_4Fe \!-\! SiMe_2 & (OC)_4Fe \!-\! SiMe_2 & (OC)_4Fe \quad\quad SiMe_2 \\
\mathbf{8} & \mathbf{9} & \mathbf{10}
\end{array}
$$

$$
\begin{array}{cccc}
HC \!-\! N & & & \\
\!/\!/ \quad\quad \backslash\backslash & (OC)_4Fe = CH_2 & Me_2Si = CH_2 & Me_2Si = O \\
(OC)_4Fe \quad\quad SiMe_2 & & & \\
\mathbf{11} & \mathbf{12} & \mathbf{13} & \mathbf{14}
\end{array}
$$

Addukte

$$
\begin{array}{cc}
H_2C \!\!\diagdown\!\!_O & HC \!\!\equiv\!\!_N \\
\vdots & \vdots \\
(OC)_4Fe = SiMe_2 & (OC)_4Fe = SiMe_2 \\
\mathbf{AD_{4\text{-}8}} & \mathbf{AD_{4\text{-}9}}
\end{array}
$$

Übergangszustände

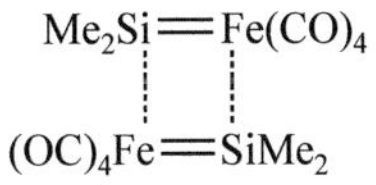

$$Me_2Si = Fe(CO)_4$$
$$(OC)_4Fe = SiMe_2$$

TS$_{4-5}$

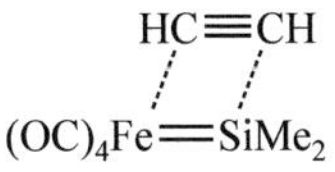

$$HC \equiv CH$$
$$(OC)_4Fe = SiMe_2$$

TS$_{4-6}$

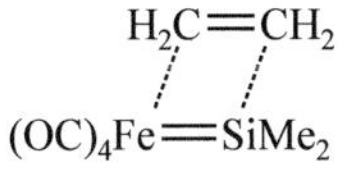

$$H_2C = CH_2$$
$$(OC)_4Fe = SiMe_2$$

TS$_{4-7}$

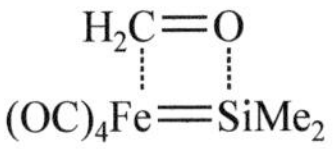

$$H_2C = O$$
$$(OC)_4Fe = SiMe_2$$

TS$_{4-8}$

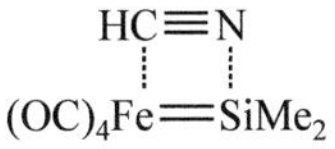

$$HC \equiv N$$
$$(OC)_4Fe = SiMe_2$$

TS$_{4-9}$

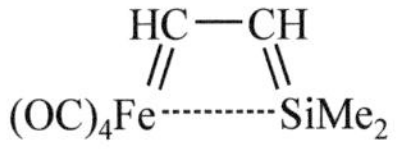

$$HC - CH$$
$$(OC)_4Fe \cdots\cdots SiMe_2$$

TS$_{6-10}$

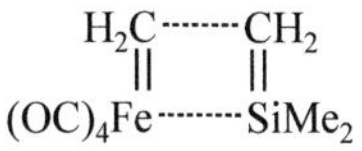

$$H_2C \cdots\cdots CH_2$$
$$(OC)_4Fe \cdots\cdots SiMe_2$$

TS$_{7-12}$

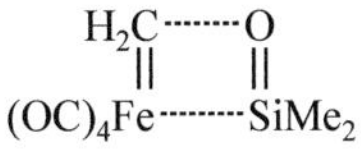

$$H_2C \cdots\cdots O$$
$$(OC)_4Fe \cdots\cdots SiMe_2$$

TS$_{8-12}$

$$HC - N$$
$$(OC)_4Fe \cdots\cdots SiMe_2$$

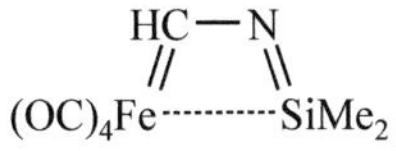

TS$_{9-11}$

Danksagung

Mein Dank gilt allen Mitarbeitern des Institutes für Anorganische Chemie der TU Berg-akademie Freiberg für die gute Zusammenarbeit. Im Besonderen möchte ich mich bei Herrn Professor Gerhard Roewer für die in den letzten Jahren gewährte Unterstützung und die interessanten Diskussionen bedanken. Für die Durchsicht des Kapitels „Quanten-chemische Methoden" danke ich Herrn Professor Horst Hartmann.

Frau Betty Günther danke ich für die Arbeit an der Literaturdatenbank und die zahlreichen Zeichnungen von Molekülen, Formeln und Schemata, die sie für mich anfertigte.

Ganz herzlich möchte ich Heike, Jörg Wagler, Florian Hoffmann, Birgit Schluttig und Ralf Oestereich für Korrekturen und Ergänzungen danken.

Mein besonderer Dank gilt dem Universitätsrechenzentrum der TU Bergakademie Freiberg für die Bereitstellung von Rechenzeit, Speicherplatz und Unterstützung beim Installieren, Einrichten und Testen von Programmen, insbesondere Dr. Klaus Schneider und Dr. Dieter Simon. Dem Universitätsrechenzentrum der Technischen Universität Chemnitz danke ich ebenfalls für die Möglichkeit, die dortigen Ressourcen nutzen zu dürfen. Herr Mike Becher unterstützte mich dort beim Einrichten der Arbeitsumgebung.